示范院校国家级重点建设专业

■ 建筑工程技术专业课程改革系列教材

——学习领域十七

施工项目管理

主　编　张　迪
副主编　何玉红　谈云波

中国水利水电出版社
www.waterpub.com.cn

内 容 提 要

本教材是示范院校国家级重点建设专业——建筑工程技术专业课程改革系列教材之一。"施工项目管理"课程共由两部分组成，第一部分是《施工项目管理》教材，主要解决干什么和怎么干的问题；第二部分与之配套的《施工项目管理实训》，主要解决做一做的问题。课程内容中附有大量的实例，有利于学生学习操作技能。理论、实例、工作页、学习页及实训等各种环节相结合，构成了培养学生完整的课程体系，使理论、实践、技能、素质四位一体，做到教、学、做相结合。为了达到上述目的，第一部分教材的内容体系是按照施工项目的工作先后开展顺序编排的，即施工项目的招标与投标、施工项目部的组建、施工项目的施工准备、施工规划的编制、项目施工中的目标控制、工程项目收尾的实施、工程施工项目合同的管理7个学习情境。

本书可作为高职高专建筑工程、道路与桥梁、水利工程等土木工程类专业的教材，也可作为相关专业工程技术人员的参考用书。

图书在版编目（CIP）数据

施工项目管理/张迪主编．—北京：中国水利水电出版社，2009

（示范院校国家级重点建设专业、建筑工程技术专业课程改革系列教材．学习领域十七）

ISBN 978-7-5084-6443-5

Ⅰ．施… Ⅱ．张… Ⅲ．建筑工程-工程施工-项目管理-高等学校-教材 Ⅳ．TU71

中国版本图书馆CIP数据核字（2009）第050971号

书 名	示 范 院 校 国 家 级 重 点 建 设 专 业 建筑工程技术专业课程改革系列教材——学习领域十七 **施工项目管理**
作 者	主 编 张 迪 副主编 何玉红 谈云波
出版发行	中国水利水电出版社 （北京市海淀区玉渊潭南路1号D座 100038） 网址：www.waterpub.com.cn E-mail：sales@waterpub.com.cn 电话：（010）68367658（发行部）
经 售	北京科水图书销售中心（零售） 电话：（010）88383994、63202643、68545874 全国各地新华书店和相关出版物销售网点
排 版	中国水利水电出版社微机排版中心
印 刷	北京纪元彩艺印刷有限公司
规 格	184mm×260mm 16开本 13.75印张 326千字
版 次	2009年6月第1版 2013年2月第2次印刷
印 数	1301—4300册
定 价	**30.00**元

前言

本教材是示范院校国家级重点建设专业——建筑工程技术专业的课程改革成果之一。本教材是根据教育部的有关指导精神和意见，结合高职高专国家级重点建设专业——建筑工程技术专业，以工作过程为导向的人才培养模式所构建的课程体系要求，经过充分调研，在与校外企业专家共同制订了“建筑工程技术专业”《施工项目管理》学习领域标准的基础上而编写的，目的是为建筑工程技术专业提供一本符合人才培养方案要求、实用性强、特色鲜明的教材，形成以教、学、做一体化为行动导向的教材。培养学生掌握工程项目管理的理论和方法，具有从事工程建设的项目管理知识，具有进行施工企业项目管理的能力，具有从事建设项目管理的初步能力，以及具有有关其他工程实践的能力。

《施工项目管理》共由两部分组成，第一部分是施工项目管理教材，主要解决干什么和怎么干的问题；第二部分是前一部分配套的施工项目管理综合实训项目和相关工程实例，主要解决做一做的问题。课程内容中附有大量的实例，有利于学生学习操作技能。理论、实例、工作页、学习页及实训等各个环节相结合，构成了培养学生完整的课程体系，使理论、实践、技能、素质四位一体，做到教、学、做相结合。为了达到上述目的，第一部分教材的内容体系是按照施工项目的工作先后开展顺序编排的。即施工项目的招标与投标、施工项目部的组建、施工项目的施工准备、施工规划的编制、项目施工中的目标控制、工程项目收尾的实施、工程施工项目合同的管理 7 个学习情境，每个情境划分为若干个学习单元，每一部分都是一个完整的工作过程。本学习领域的核心是项目施工中的目标控制。施工规划的中心是施工组织设计，施工组织设计的科学原理是流水作业和网络计划原理。施工项目管理的核心内容——施工项目目标控制，包括施工项目的进度控制、质量控制、成本控制、安全控制和现场控制。在对工程项目的后期管理中，突出了竣工验收和回访保修。

陕西基础工程公司王辉编写学习情景 1、2；杨凌职业技术学院张迪编写学习情境 3、4、5；杨凌职业技术学院王杨睿编写学习情境 6；陕西省建设厅卫满运编写学习情境 7。全书由张迪主编并统稿。

本教材的编写是在杨凌职业技术学院专业建设指导委员会和本专业校企合作指导委员会的领导下进行的，通过本领域建设工作小组的共同努力而完成的。在编写过程中，得到了陕西建工集团、陕西基础工程公司和陕西方圆建筑有限公司和有关兄弟院校的大力支持和帮助；参考了有关项目管理方面的书籍，学习了建设部有关工程项目管理的法规、文件相关资料；西安建筑科技大学李慧民教授承担了本书的主审，在此，我们一并谨向他们表示诚挚的感谢。由于作者水平有限，错误之处在所难免，敬请读者批评指正。

编　者

2008 年 6 月

于杨凌

课 程 描 述 表

<table>
<tr><td colspan="3">学习领域十七：施工项目管理　　第二学年　　基本学时：100学时
其中：理论55学时、校内实训30学时、企业实训15学时</td></tr>
<tr><td colspan="3">学习目标
● 懂得项目及项目管理的概念和分类；
● 具有进行编制施工准备的能力；
● 熟悉基本建设程序和建设项目管理的能力；
● 具有对施工项目进行进度控制的能力；
● 具有对施工项目进行质量控制的能力；
● 具有对施工项目进行成本控制的能力；
● 具有对施工项目进行施工后管理的能力；
● 具有编制单位工程施工组织设计的能力、编制施工总组织设计的能力；
● 具有对施工项目监理的能力；
● 具有良好的协调人际关系的能力和团队合作精神；
● 熟悉工程竣工验收程序，能组织竣工验收；
● 具有资料整编、档案管理的能力；
● 具有施工后工程管理的能力；
● 具有合同管理的能力；
● 具有技术文件撰写的能力；
● 具有良好的协调人际关系的能力和团队合作精神</td></tr>
<tr><td colspan="2">内容
◆ 项目、项目管理；
◆ 建设程序；
◆ 管理目标；
◆ 施工准备；
◆ 单位工程施工组织设计；
◆ 施工总组织设计；
◆ 进度控制；
◆ 质量控制；
◆ 成本控制；
◆ 施工后管理；
◆ 技术文件的管理；
◆ 工程竣工；
◆ 竣工结算；
◆ 竣工报告；
◆ 工程变更、签证；
◆ 单位工程施工组织设计；
◆ 施工总组织设计；
◆ 施工图预算、概算；
◆ 工程施工合同；
◆ 资料整编；
◆ 施工后管理；
◆ 应用文写作</td><td>方法
◆ 讨论；
◆ 演讲；
◆ 练习；
◆ 小组工作；
◆ 媒体介绍的个性工作；
◆ 模拟工作过程；
◆ 项目教学；
◆ 企业实训</td></tr>
<tr><td>媒体
■ 建筑施工图；
■ 施工准备工作页；
■ 录像、多媒体；
■ 进度控制工作页；
■ 质量控制工作页；
■ 成本控制工作页；
■ 单位工程施工准备设计工作页</td><td>学生需要的技能
■ 建筑法规；
■ 钢筋、模板、混凝土、砌筑、防水、建筑设备工程的施工；
■ 材料消耗量计算；
■ 脚手架；
■ 建筑构造；
■ 建筑识图</td><td>教师需要的技能
■ 具有教师资格的学士/硕士；
■ 工程实践经验；
■ 建筑学；
■ 合同管理；
■ 工程招投标；
■ 工程经济</td></tr>
</table>

目录

学习情境1　施工项目的招标与投标

学习单元1.1　施工项目招标与投标的准备

1.1.1　学习目标

根据施工项目的招标需要，熟悉招标投标前需要的准备工作及内容，会处理准备工作出现的情况和问题，懂得如何进行团队合作，以及掌握编制准备工作计划、使用计算机和识图的能力，能够完成施工项目的招、投标准备工作。

1.1.2　学习任务

熟悉工程招标投标的程序及内容，工程施工招标的条件，标底的编审，发布招标公告或发出招标邀请书，会做招标前的准备工作，进行招标、投标文件的编制，对投标单位进行资格审查。根据工程实际项目，完成该单位工程的招、投标准备工作。

1.1.3　任务分析

建设工程招标是业主为实现所投资的建设项目或某一阶段的特定目标，以法定方式吸引实施者（设计单位、施工单位、监理单位等）参加竞争，并择优选择实施者的法律行为。建设工程投标是建设项目或某一特定目标的可能实施者，经招标单位审查获得投标资格后，按照招标文件要求在规定的期限内向招标单位填报投标书，并争取中标的法律行为。

业主是招标活动的主体，又叫招标单位或招标人。自愿参加的“实施者”是招标任务的客体，又叫投标单位或投标人，他们之所以参与是为了承揽任务获得利润。招标和投标是企业法人之间的经济活动，是在双方同意基础上的一种交易行为，它受到国家法律的保护和监督。

建设工程招、投标的内容包括：建设项目全过程、设计、设备供应、施工和专项招、投标等，本单元主要介绍建设工程施工招、投标。

要真正完成建设项目招标与投标任务，对工程招、投标做到融会贯通；必须注意以下几个方面：

（1）完成建设项目的招、投标的任务，必须熟悉国家相关的法律法规。

（2）建设项目招标与投标活动应遵循公开、公正、公平的准则。

（3）遵循招投标的程序，熟悉每部分内容的内涵。

（4）编制招、投标文件应该符合有关要求，重点突出、特色鲜明。

（5）能够根据企业的情况和项目情况，制订投标技巧。

（6）编制招、投标文件和编制标底是中心。

（7）标底是核心。

1.1.4　任务实施

1.1.4.1　工程项目招标与投标的条件

1. 工程项目招标与投标的基本程序及相互关系

工程项目招标与投标的基本程序及它们的相互关系如图1.1所示。

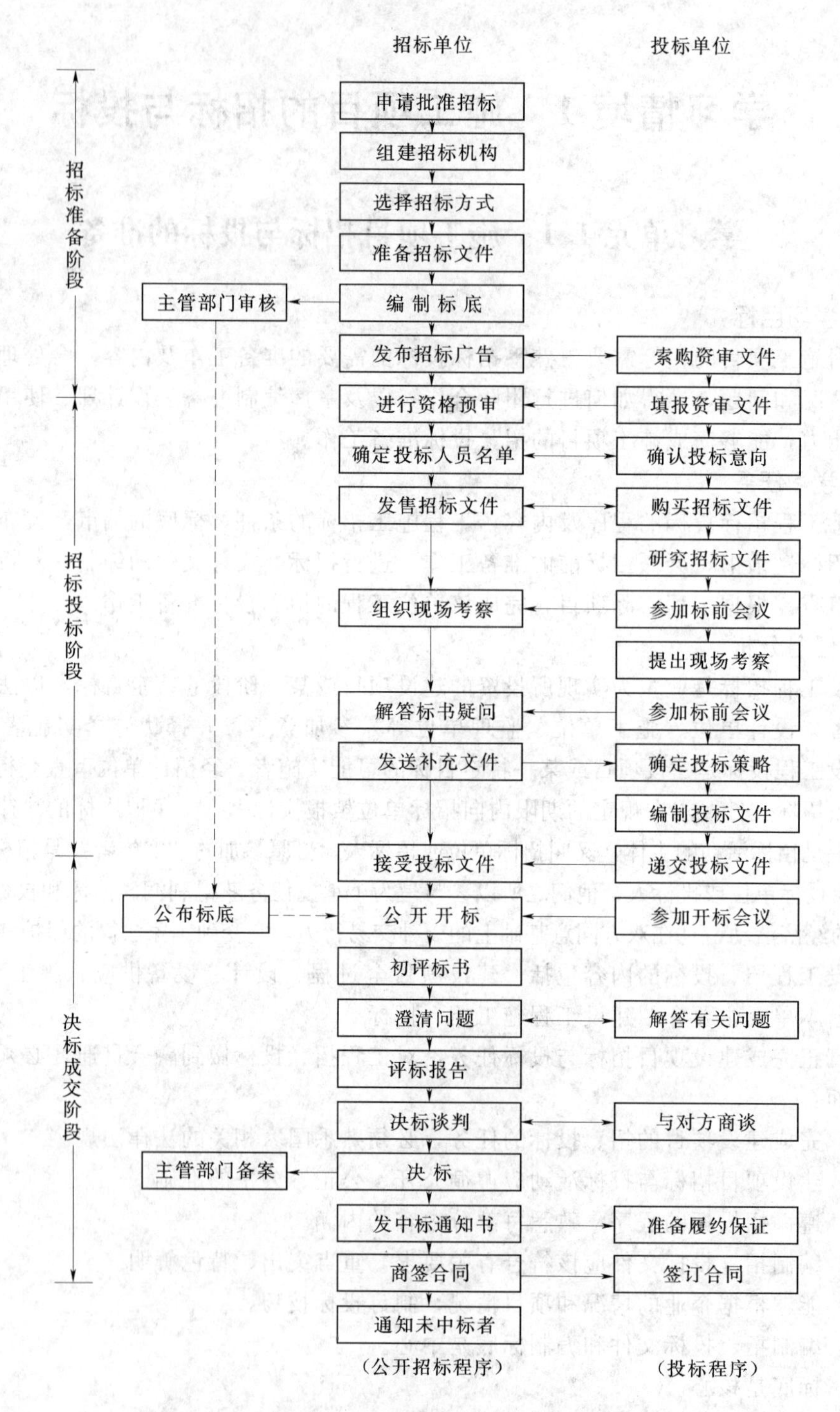

图1.1　工程招标与投标的基本程序及相互关系图

2. 工程施工招标的条件

根据《工程建设施工招标投标管理办法》的规定，建设单位和建设项目的招标应当具备下列基本条件。

(1) 建设单位招标的基本条件：

1) 建设单位必须是法人，依法成立的其他组织。

2) 有与招标工程相适应的经济、技术管理人员。

3) 有组织编制招标文件的能力。

4) 有审查投标单位资质的能力。

5) 有组织开标、评标、定标的能力。

不具备以上 2) ～5) 项条件的，须委托具有相应资质的咨询、监理等单位代理招标。

(2) 建设项目招标的基本条件：

1) 工程概算已经批准。

2) 建设项目已正式列入国家、部门或地方的年度固定资产投资计划。

3) 建设用地的征用工作已经完成。

4) 有能够满足施工需要的施工图纸及技术资料。

5) 建设资金和主要建筑材料、设备的来源已经落实。

6) 建设项目所在地规划获批准，施工现场的“三通一平”已经完成，或一并列入施工招标范围。

1.1.4.2 基础准备

(1) 明确招标范围。可以选择工程建设总承包招标、设计招标、工程施工招标、工程建设监理招标、设备材料供应招标。

(2) 工程报建。建设工程项目报建内容主要包括：工程名称、建设地点、投资规模、资金来源、当年投资额、工程规模、结构类型、发包方式、计划开、竣工日期、工程筹建等情况。

(3) 组建招标机构。招标单位组建招标工作机构，或者委托具有相应资质的咨询、监理单位代理招标。

(4) 向政府招标投标管理机构提出招标申请书。招标单位填写“建设工程施工招标申请表”，经上级主管部门批准同意后，报招标管理机构审批。

1.1.4.3 招标文件和标底的编制

1. 招标文件的编制

招标文件可以由招标单位编制，也可委托有资格的咨询单位编制，由招标单位审定。它是施工招标的纲领性文件，是提供投标单位编制标书的基本依据，同时它又是建设单位(业主)与中标单位签订合同的基础。

招标文件的主要内容包括：

(1) 工程综合说明。主要包括工程名称、地址、招标项目、工期要求、技术要求、主要工程量、质量标准、现场条件、招标方式、资金来源、对投标企业的资质等级要求等。

(2) 设计图纸及技术资料。初步设计完成后招标，应提供总平面图、单体建筑平面、立面剖面图及结构图，以及装修、设备的做法说明。施工图设计完成后招标，应提供全套图纸。

技术资料应明确招标工程适用的施工验收规范或验收标准，有关施工方法的要求，对材料、构配件、设备进行检验和保管的说明等。

(3) 工程量清单。工程量清单是投标单位计算标价的依据。它一般以每一单体工程为对象，划分部分项工程列出工程数量。其格式见表1.1。

表1.1　×××（单体工程）工程量清单表

编号	项 目	简要说明	计量说明	工程数量	单价（元）	总价（元）
1	2	3	4	5	6	7

其中第1～5栏由招标单位填写，第6～7栏由投标单位填写。表中关于工程项目的划分和计量方法，应执行有关统一的规定，以使招标与投标单位在工程项目划分和工程量计算方面有统一的标准。

(4) 建设资金证明和工程款的支付方式。

(5) 主要建材（钢材、木材、水泥等）与设备的供应方式，加工订货情况和材料、设备价差的处理方法。

(6) 特殊工程的施工要求以及采用的技术规范。

(7) 投标书的编制要求。

(8) 投标、开标、评标、定标等活动的日程安排。

(9)《建设工程施工合同条件》及调整要求。

(10) 其他需要说明的事项。

以上内容对一般建设项目都适用，但具体项目差别很大，故在具体编写时应根据具体项目的实际情况做必要调整，做到内容齐全、详略得当、前后一致，避免错误和遗漏。

招标文件一般应当注明下列事项：

(1) 投标人须知。

(2) 招标项目的性质、数量。

(3) 技术规格。

(4) 招标价格的要求及其计算方式。

(5) 评价的标准和方法。

(6) 竣工交付或提供服务的时间。

(7) 投标人应当提供的有关资格和资信证明文件。

(8) 投标保证金的数额或其他形式的担保。

(9) 投标文件的编制要求。

(10) 提供投标文件的方式、地点和截止日期。

(11) 开标、评标、定标的日程安排。

(12) 合同格式及主要合同条款。

(13) 需要载明的其他事项。

招标文件一经发出，招标单位不得擅自变更其内容或增加附加条件；确需变更和补充的，报建设行政主管部门批准后，在投标截止日期7d前通知所有投标单位。

招标文件发出10d内，招标单位应当组织投标单位召开答疑会，并做好答疑纪要。答疑纪要应当以书面形式通知所有投标单位，并报建设行政主管部门备案。

2. 标底的编审

建设工程进行施工招标时，为了能够指导评标、定标，招标单位应自行或委托有资格的咨询、监理单位编制标底。

标底是由招标单位或其委托的经建设行政主管部门认定具有编制标底能力的机构编制的，要编制出施工标的全部造价。按照规定，工程施工招标必须编制标底。

编制标底的原则：

（1）根据招标文件，参照国家规定的技术、经济标准定额及规范编制。

（2）标底价格由成本、利润、税金组成，一般应控制在经批准的总概算及投资包干的限额内。

（3）标底价格作为建设单位的期望价格，应与市场的实际情况相吻合，既要有利于竞争，又要保证工程质量。

（4）标底价格应考虑人工、材料、机械台班等价格变动因素，还应包括人工不可预见费、包干费和措施费。

（5）一个工程只编制一个标底。

编制标底价格的依据：

（1）招标文件的商务条款。

（2）工程施工图纸、工程量计算规划。

（3）施工现场地质、水平、地上情况的有关资料。

（4）施工方案或施工组织设计。

（5）现行工程预算定额、工期定额、工程项目计价类别及取费标准、国家或地方有关价格调整文件等。

（6）招标时建筑安装材料及设备的市场价格。

工程标底一经编制，应报招标、投标办事机构审定，一经审定应密封，所有接触过标底的人均负有保密责任，不得泄露标底。

1.1.4.4　招标文件的审批与备案

按照规定编制标底后，须报建设行政主管部门审核确定，或者由建设行政主管部门委托有资格的单位审核。实际议标的工程，其承包价格由承发包双方商议，报建设行政主管部门有关机构备案。标底经审核确定后，必须密封至开标时方能公布。如标底在开标前泄密，会导致招标工作失败，对直接负责者应严肃处理，直至追究法律责任。

1.1.4.5　编制资格预审文件

编制资格预审的工程项目，招标人应编写资格预审文件。资格预审文件的主要内容有资格预审申请人须知、资格预审申请书格式、资格预审评审标准或方法。

学习单元 1.2　施工项目招标的实施

1.2.1　学习目标

根据拟招标工程的情况，在施工项目招标准备工作的基础上，会选择合适的招标方法，组织完成施工项目的招标工作。具有协调、组织的能力，审查投标资料的能力。

1.2.2　学习任务

（1）招标的方式、方法选择。

（2）开标的组织。

（3）评标与定标。

1.2.3　任务分析

（1）招标的方式、方法要根据工程的具体事项来确定。

（2）遵守开标的注意事项，依法办事。

（3）组织评标、开标，评标是核心。

（4）确定中标单位的原则。

（5）某单位工程的招标训练。

1.2.4　任务实施

1.2.4.1　招、投标方式、方法的选择

1. 招标基本方式的选择

（1）竞争性招标。

竞争性招标分为公开招标和邀请招标两种。

1）公开招标。这是一种无限竞争性招标。这种方式是由招标单位发布（利用报刊、电台、电视等大众传播媒体）招标公告，使所有符合招标条件的承包商都有同等的机会参与投标竞争，使业主有更大的选择余地，有利于选择到满意的承包商。

这种招标方式的优点是：机会均等、吸引招标、打破垄断、形成全面竞争，从而可促使承包商努力提高工程质量、缩短施工工期、降低成本；招标单位可以在众多投标单位中选择报价合理、技术优良、工期较短、信誉良好的承包单位。其缺点是：投标单位越多、审查工作量越大、招标费用支出越多；若资格审查不严，易被不诚实的承包商抢标，造成招标的失败。

2）邀请招标。这是一种有限竞争性招标，也称为选择招标或指定性招标。招标单位不公开发布招标公告，而是根据工程特点和施工要求，招标单位向预先选择的、数量有限的、有承包能力的承包商发出招标通知，由接到招标通知的承包商参加范围较小的投标。一般邀请5～10家，但不得少于3家。

这种招标方式的优点是：参与投标的单位数量少，招标工作量大大减少；由于对这些承包商的技术、经济、信誉比较了解，能确保工程的质量和进度，组织工作比较简单。其缺点是：投标单位较少，选择余地很小，有可能失去优秀的投标者。

（2）非竞争性招标。

非竞争性招标又称为协商议标、谈判招标。这种方式是由招标单位通过向有关部门咨询，直接邀请某一承包商进行协商，当协商不成时，再邀请第二家、第三家进行协商，直至达成协议为止。

这种招标方式虽能节省时间、能较快地选择施工单位、尽快地开展工作，但有损于招标的公开、公正和公平原则，一般适用于不宜公开招标的、技术复杂、专业性强、特殊要求多和保密性强的工程，并应报县级以上建设行政主管部门，经批准后方可进行。

2. 招标方法的选择

建筑工程招标的基本方法按时间序列分为：

（1）一阶段招、投标法。这种方法是在完成施工图设计及概算书编制后，对整个工程项目进行招标、决标，签订合同后开始施工。这种方法一旦签订合同，就确定了整个工程项目承包商的内容，便于管理。但事先须做好所有招标准备工作，故前期准备时间较长，对于较大型的工程项目，工期就要向后推移。

（2）二阶段招、投标法。目前，我国的二阶段招、投标方法是：第一阶段实行公开招标，经过投标、评标以后，再邀请其中报价较低或招标单位认为最有资格的 2～3 家施工企业进行第二阶段的报价。这种方法适用于业主对新的项目没有经验且对所编标底没有把握的情况，可把第一阶段招标作为摸底、选出较优方案，然后第二阶段再一次详细报价。

国际上采用二阶段招、投标法则有更广泛、更积极的作用。第一阶段，业主委托监理单位（招标单位）在设计尚未完成以前，即对所了解的承包商进行多方面的比较，并选出几家可能承包的对象开始商谈。由于当时还没有条件编制预算，就由几家可能承包商提出各自的单价表，作为协商造价的主要资料。然后择优选出一个承包商作为总包商，开始投入施工准备。待施工图设计及预算书编制完成后，第二阶段再签订正式合同。这样做的优点是：工程可以早开工，早完工，提高设计质量，可以避免大规模的招标工作，节省开支，但双方的风险性都较大。

1.2.4.2　发布招标公告或发出投标邀请书

招标公告和投标邀请书应当载明招标单位的名称和地址、招标项目的性质、数量、实施地点和时间以及获取招标文件的办法等事项。工程建设采用公开招标方式进行招标时，应视工程性质和规模，在当地、全国性报纸或公开发行的专业刊物上发布招标公告。

招标公告应包括如下内容：

① 招标单位和招标工程的名称。

② 招标工程简介。

③ 工程承包方式。

④ 投标单位资格。

⑤ 领取招标文件的地点、时间和应缴费用。

采用邀请招标方式进行招标的，应由招标单位向预先选定的承包商发出招标邀请书。

投标单位通过各种途径了解到招标信息后，结合自身的实际情况，作出是否投标的决定，向招标单位申请投标。

1.2.4.3　对投标单位进行资格审查与将审查结果通知各申请投标单位

准备参加投标的企业，必须按招标公告规定的时间报送投标申请书，并附投标企业承包工程资质证明文件和资料。

其主要内容一般包括：

① 企业的名称、地址、法人代表、开户银行及账号。

② 营业执照、资质等级证书复印件。

③ 企业的简历等。

具体做法一般是在规定的时间内，愿参加投标的单位向招标单位购买《申请投标企业简况调查表》，表格按规定填写后，交回招标单位。该表格格式见表1.2。

表1.2　　　　　申请投标企业简况调查表

<table>
<tr><td>企业名称</td><td colspan="3"></td><td colspan="2">法人代表</td><td colspan="2"></td></tr>
<tr><td>总部地址</td><td colspan="3"></td><td colspan="2">技术负责人及职称</td><td colspan="2"></td></tr>
<tr><td rowspan="2">企业在编
职业人数</td><td colspan="3" rowspan="2">全员　人，其中技术工人　人
工程技术人员　人</td><td colspan="2">企业等级及证号
工商营业执照及证号</td><td colspan="2"></td></tr>
<tr><td colspan="2">开户银行及账号</td><td colspan="2"></td></tr>
<tr><td colspan="8">准备参加本工程施工的概况</td></tr>
<tr><td>本地投标许可证
证号及有效期限</td><td colspan="3"></td><td colspan="2">驻本地负责人
驻本地地址</td><td colspan="2"></td></tr>
<tr><td>本地职工人数</td><td colspan="3">总计　　人
其中：技术工人　人
工程技术人员　人</td><td colspan="2">本工程负责人及职称</td><td colspan="2"></td></tr>
<tr><td rowspan="3">主要施工机械</td><td colspan="2">机械设备名称</td><td>台数</td><td>机械设备名称</td><td>台数</td><td>机械设备名称</td><td>台数</td></tr>
<tr><td colspan="2"></td><td></td><td></td><td></td><td></td><td></td></tr>
<tr><td colspan="2"></td><td></td><td></td><td></td><td></td><td></td></tr>
<tr><td colspan="8">过去5年中完成或正在施工的主要工程</td></tr>
<tr><td>工程项目名称</td><td>已完工或在建</td><td>结构</td><td>层数</td><td>建筑面积</td><td>质量评定等级</td><td>开、竣工年月</td><td>备注</td></tr>
<tr><td></td><td></td><td></td><td></td><td></td><td></td><td></td><td></td></tr>
<tr><td></td><td></td><td></td><td></td><td></td><td></td><td></td><td></td></tr>
<tr><td></td><td></td><td></td><td></td><td></td><td></td><td></td><td></td></tr>
</table>

为了拒绝不合格的投标者，确保参加投标的企业均为有承包能力、资信可靠的企业，以减轻投标工作量、加快招标进程，招标单位对按时提交《申请投标企业简况调查表》的承包商，进行严格的资质审查。

资质审查的内容主要有：企业的营业执照、企业的资质等级证书、企业的资信情况，是否有类似本工程的施工经验、企业的信誉等，最后必须将审查结果通知各申请投标单位。

1.2.4.4　发放招标文件、答疑与组织现场踏勘

1. 向合格的投标单位分发招标文件及有关技术资料

招标单位向通过投标资质审查的企业正式发出投标邀请，并在规定的时间、地点发（售）招标文件，领（购）招标文件的企业要办理签收手续，并向招标单位交纳保证金。

2. 组织投标单位踏勘现场并对招标文件进行答疑

投票单位收到招标文件后，若有疑问或不清楚的问题需澄清解释，应在收到招标文件后7日内以书面形式向招标单位提出，招标单位应以书面形式或投标预备会形式予以解答。

进行答疑的目的在于澄清招标文件中的疑问，解答投标单位对招标文件和勘察现场中

所提出的疑问。答疑可安排在发出招标文件 7～28 日内举行。由招标单位对招标文件和现场情况做介绍或解释，并解答投标单位提出的疑问，包括书面提出的和口头提出的询问。答疑会结束后，招标人以书面形式将所有问题及解答向投标人发放。招标单位不得私下单独向某投标单位解释招标文件。会议记录作为招标文件的组成部分，若与已发放的招标文件不一致，以会议记录为准。

招标单位的书面答复的记录，见表 1.3。该类记录具有与招标文件同等的法律效力，应同时分发给所有投标单位。

表 1.3　　　　×××工程招标答疑记录表

时间：　　　主持人：（注明姓名、职务和所代表的单位）

地点：　　　参加人：（注明姓名、职务和所代表的单位）

问题	提问人	答案	解答人

1.2.4.5　组织开标、评标

1. 建立评标组织、制定评标、定标办法

2. 接受投标书

招标文件中要明确规定投标者投送投标文件的地点、期限和方式。投标人送达投标文件时，招标单位应检验文件密封和送达时间是否符合要求，合格者发给回执，否则拒收。

3. 召开开标会议，审查投标书

开标是由招标单位主持，在建设行政主管部门的监督下，按招标文件规定的日期、地点，向到会的各投标人和邀请参加的有关人员当众宣布评标、定标办法和标底，当众启封投标书并予于宣读，使所有与会的投标人都了解各家的报价和自己在其中的位次的法定活动。招标单位逐一宣读标书，但不能解答任何问题。

投标截止后，应按规定时间开标，不宜拖延。国内建设工程施工开标，一般应按规定邀请当地公证机关代表到会公证。由公证人员检查并确认标书密封完好，封套的书写符合规定，没有其他字样或标记，然后工作人员逐一拆封、宣读其中要点，并在预先准备的表格上逐项登记，见表 1.4，并由读标人、登记人和公证人当场签字，作为开标正式记录，同时向各投标人报告标价总表，由业主保存备查。

表 1.4　　　　××工程开标结果登记表　　年　　月　　日

投标单位	总标价（元）	总工期（月）	钢材（t）	水泥（t）	木材（m^3）	附加条件及补充说明	其他事件

开标时，如发现标书属于下列情况之一者，招标人应在公证人的监督下，当场宣布为废标。

（1）投标书未密封。

（2）投标书无单位和法定代表人或法定代表人委托的代理人的印鉴。

（3）投标书未按规定的格式填写，内容不全或字迹模糊，辨认不清。

（4）投标书逾期送达。

（5）投标单位未参加开标公议。

（6）投标书未说明采取特殊有效措施，并超过许可幅度的。

4. 组织评标，决定中标单位

评标是在开标后由招标单位组织评标工作小组对各投标人的投标书进行综合评议的法定活动。

为了保证评标工作的科学性和公正性，评标工作小组成员应由建设单位或代理招标单位、建设单位上级主管部门、标底编制与审定单位、设计单位、资金提供单位等组成。评标工作小组成员中应有工程师、经济师和会计师参加，特殊建设项目和大、中型建设项目应有高级工程师、高级经济师和高级会计师参加。

评标工作小组组长由建设单位法定代表人或其委托的代理人担任，组员人数为6人以上，其中建设单位的组员人数一般不得超过组员总人数的1/3。评标小组的组员不代表各自的单位和组织，也不应受任何单位或个人的干扰。

评标的条件绝非是简单地比较投标单位的投标报价，而应从多方面进行综合比较。其主要条件是：

（1）投标报价合理。对国内招、投标的建设工程项目来讲，所谓标价合理并不是标价越低越合理，而是指标价与标底接近，即标价不超过预先规定的许可幅度。在一般情况下，小型建设工程项目和一般民用建筑工程项目的投标价格与标底价格相差不超过±3%，中型建设工程项目的投标价格与标底价格相差不越过±4%，大型建设工程项目的投标价格与标底价格相差不超过±5%。对国际招标、投标的或特殊的国内招标的建设项目可不受此限。

比较投标报价，既要比较总价，也要分析单价。

（2）建设工期适当。满足招标文件中提出的工期要求。

（3）施工方案先进可行。要求一般工程应有施工方案，大、中型工程应有施工组织设计，并做到先进合理、切实可行，能够在技术上保证工程质量达到需求的质量标准或质量等级，主要材料的耗用量经济合理。

（4）企业质量业绩充分、社会信誉良好。企业承担过较多的类似工程，质量可靠、履行情况良好等。

目前有很多地区的建设工程评标采用定性的方法，即综合分析评比法。这种方法主要是对上述评标条件进行定性的比较分析，最后确定中标单位。它一方面体现了对招标单位的自主权的尊重，但另一方面由于定性分析多、定量分析少、透明度不高、主观随意性强，很难真正做到公正、合理。因而有的招标单位在评标中搞“明标暗定”，使招标工作流于形式，挫伤了投标单位的积极性。

当前，应大力提倡“打分法”，即对各投标书的报价、工期、施工方案及主要材料用量、质量业绩、企业信誉等进行综合评议，按照评标方法中规定的打分标准及分数比例打分，获最高分者为最有可能的中标单位。评标因素分析示例见表1.5，由于各投标项目的具体情况不同，其基本分值也可不同。

表 1.5 评标因素分析示例

评标因素	基本分值	评分标准说明	得分值
标价			
工期			
施工方案			
质量业绩			
企业信誉			
合计			

定标又称决标，是招评单位根据评标工作小组评议的结果，确定中标单位的法定活动。在决标过程中，招标单位一般根据评标结果选择 2～3 家中标候选单位，分别邀请该投标单位会谈，以求澄清这些投标单位在其投标书中有关内容所包含的意愿，弄清各投标单位若中标后如何组织施工，如何保证质量、工期，对工程的难点、重点采取什么措施，以判明投标单位的技术水平和能力，进一步验证所提出的施工方案的合理性和可行性。还可要求投标单位对其报价进行分析说明，对计费的依据作进一步的澄清。上述会谈应有会谈纪要，经双方签字作为其投标书的正式组成部分。

通过上述会谈，招标单位择优选定中标单位。

自开标（或开始议标）至定标的期限，小型工程不超过 10d，大、中型工程不超过 30d，特殊情况可适当延长。选定中标单位后，招标单位应于 7d 内发出中标通知书，同时抄送给各未中标单位，抄报建设行政主管部门、经办银行。未中标的投标单位应在接到通知 7d 内退回招标文件及有关资料，招标单位同时退还投标保证金。

5. 向中标单位发出中标通知书

中标单位确定后，招标单位应当向中标单位发出中标通知书，并同时将中标结果通知所有未中标的投标单位。

中标通知书对招标单位和投标单位具有法律效力。中标通知发出后，招标单位改变中标结果的，或者中标单位放弃中标项目的，应当依法承担法律责任。

中标单位通知书格式如下：

中 标 通 知 书

招标单位　　　招标工程（招标文件　　号）

通过定标（议标）已确定　　　　为中标单位，中标标价为人民币　元，工期　天，工程质量必须达到国家施工验收规范的要求。希望接到通知后，3 天内起草承包合同，于　月　日携带合同稿到招标单位共同协商签订，以利工程顺利进行。

定标单位：盖章

年　月　日

6. 建设单位与中标单位签订承包合同

招标单位将招投情况书面报告建设行政主管部门备案无异议，发出中标通知书。中标通知书发出后，招标单位和中标单位应当自中标通知书发出 30 日内，招标单位与中标单位应在一定期限内就签订承发包合同进行磋商，双方在合同条款协商一致、达成协议后，立即签订合同。至此，中标单位即改变为承包单位，并对承包的工程负有经济和法律责任，建设项目的施工招标也即告结束。

学习单元1.3　施工项目投标的实施

1.3.1　学习目标

根据拟招标工程的情况，在施工项目投标准备工作的基础上，选择合适的招标策略，参加投标并获取中标的能力，同时具有调研、协调、组织的能力，编制投标文件的能力，攻关的能力。

1.3.2　学习任务

根据招标文件的要求，通过实地考察结合企业自身的情况和目标，决定投标的策略，编写投标申请，做好投标准备，编写投标文件，能够完成投标任务。

1.3.3　任务分析

（1）投标的调研和答疑是基础。

（2）投标的决策是关键。

（3）投标的技巧是手段。

（4）投标书的编制是中心。

（5）投标报价是核心。

（6）模拟一单位工程的投标。

1.3.4　任务实施

1.3.4.1　取得并研究招标文件及资料

企业通过资格审查后，合格者即可向招标单位领取或购买招标文件及资料，并交纳投标保证金。企业若无故不按要求报送标书时，招标单位将没收投标保证金。但若投标单位落标时，投标单位退还招标单位的招标文件及资料，招标单位返还投标单位的投标保证金。

招标文件是编制标书的基本依据。承包商在领取招标文件后，应认真掌握招标文件的内容，认真研究工程条件、工程施工范围、工程量、工期、质量要求、付款办法及合同其他主要条款等，弄清承包责任和报价范围，避免遗漏。如果发现招标文件中存在模糊概念和把握不准之处，应认真做好记录，以便在招标单位组织的答疑会上提出，以得到澄清。

1.3.4.2　参加招标单位组织的现场踏勘及质疑

需要调查的资料主要有：施工现场的地理位置、现场地质条件、气候条件、交通情况、现场临时供电、供水、通讯设施条件、当地劳动力资源及供应情况、地方材料价格、施工用地、材料堆场等内容。

另外，参加现场踏勘的有招标单位的有关人员和所有参加投标的单位（竞争对手）代表人员在场，可以随时就施工现场的环境以及招标文件的疑点，向招标单位的有关人员提出质疑，并受到其他参加投标单位质疑的启发，以准确地理解招标文件每一部分内容的确切含义和招标单位的真实意图。

1.3.4.3　进行投标决策

投标决策又称投标策略，它是施工企业在对各种投标竞争的情报、资料收集、整理和分析的基础上，实现企业所追求的合理利润所采取的击败对手的手段选择。企业要获得较高的利润，在相当程度上取决于企业技术水平和管理水平，这是投标竞争的基础。竞争能力具体体现为工期、质量、信誉和报价的竞争。但是并非竞争能力强的企业每次投标都能如愿以偿，在相当程度上取决于企业的投标决策。某企业争取在投标竞争中取胜，这是投标决策的实质。

企业的投标决策包括两个主要方面：一是对投标工程项目的选择；二是工程项目的投标决策。前者从整个企业的角度出发，基于对企业内部条件和竞争环境的分析，为实现企业经营目标而考虑；后者是就某一项具体工程投标而言，一般称它为工程项目投标决策。工程项目投标决策又包括工程项目成本估算决策及投标报价决策两大内容。

1. 投标工程项目的选择

（1）建筑市场信息收集。

随着社会主义市场经济的建立，施工企业要想在开放的建筑市场中承揽到施工任务，必须认真在投标竞争的建筑市场中收集有关信息，没有全面、及时、准确的建筑市场信息（情报），很难进行投标项目的正确选择，甚至在投标竞争中失败。

建筑市场信息收集的主要途径有：计划部门的经济信息中心；建设行政主管部门；工程咨询公司；设计单位；建设单位的招标公告；金融信贷部门；外资投资流向；报纸杂志消息；企业业务人员、其他员工提供的信息；社会调查等。总之，应该多渠道收集，全方位了解建筑市场信息，以供决策。

（2）投标前的分析。

在投标竞争中，信息十分重要。没有全面、准确、可靠的信息，很难保证决策的正确性，甚至导致投标竞争的失败。投标企业必须广泛调查研究，通过各种渠道收集与投标工作有关的各种信息。一般收集信息的渠道有：各类咨询机构；行业协会；有关刊物；招标广告；各级建设管理部门；建设单位及主管部门；建设银行（或有关投资银行）；设计单位，建筑企业主管部门；咨询公司监理公司各类技术开发公司；老客户的后续工程等。

对收集的信息有针对性地进行分析。

1）建筑市场的状况。分析市场的容量、竞争程度及发展动态。

2）社会环境。分析招标工程所在地的政治、法律、经济制度，分析对施工和费用的影响力。

3）自然环境。了解招标工程所在地的气象、水文、地质等情况，分析对施工和费用的影响力。

4）经济环境。了解招标工程所在地的劳动力数量、技术水平、服务能力、原材料、构配件的供应能力、价格、质量、运输能力、机械租赁、维修能力、工资、生活水平，分析这些因素对施工和费用的影响。

5）竞争环境。了解竞争对手的实力、信誉、报价动态，以便分析自己取胜的可能性和必须采取的对策。

6）报价资料。了解当地报价的各项规定，并和企业水平进行对比分析。

7）建设单位的信誉。了解建设单位的信誉程度，工程项目的可行性，奖金供应能力。

对上述收集到的工程项目是否参加投标，主要取决于以下三个方面：

1）施工企业的自身业务能力水平和当前经营状况的分析。

主要是分析企业的施工力量、机械设备、技术水平、施工经验等条件能否满足招标文件的要求。对于该投标工程是否有人员、设备、经验方面的特长，分析本企业当前在建筑工程施工中的任务饱和程度、经济情况、社会信誉和企业的竞争优势等。

2）投标工程项目的特点和发包单位基本情况的分析。

主要是分析投标工程项目所在地的技术经济条件、投标工程本身施工技术和组织的难易程度，施工在技术和经济方面有无重大风险；是否能带来新的投标机会和续建工程项目；分析发包单位的资金雄厚程度、社会信誉高低、发展后劲强弱以及本企业与发包单位的原有关系等。

3）通过以上两个方面的分析，我们还必须结合本企业的年度经营目标，对于重大的投标工程必须结合企业的经营战略，进一步分析并制订出本企业的投标目标。

投标决策的准备工作主要是收集与投标有关的、广泛的信息，分析企业内、外条件，为投标决策提供依据。下面主要介绍企业投标的外部环境。

（3）投标目标的选择。

建筑企业在分析招标信息的基础上，发现了投标对象，但不一定每一项工程都去投标，应选择一些有把握的工程项目。选择投标对象，一般考虑以下因素：

1）投标的目标仅在于使企业有任务，能生存下去或取得最低利润。这种投标目标往往是在该施工企业不景气，有生产能力，但在建筑工程施工任务吃不饱的情况下产生的。

2）投标的目标在于开拓新的业务，打开新局面，争取长期利润。这种投标目标往往是在该施工企业为扩大经营范围、扩大影响，选择有把握的工程项目建立和提高企业信誉的情况下产生的。

3）投标的目标在于薄利多销，扩大长期利润。这种投标目标往往是在该施工企业在业务能力水平方面与其他施工企业相比没有太大的优势，建筑市场竞争激烈的情况下产生的。

4）投标的目标在于取得较大的近期利润。这种投标目标往往是在该施工企业当前的经营状况比较好，在社会上已有一定信誉，建筑工程施工任务饱和，主要是为了提高企业的经济效益的情况下产生的。

5）中标的可能性。

了解竞争对手，分析竞争对手的竞争能力，估计本企业中标的可能性。

6）工程条件。

分以下几点分析：

①工程的获利前景。分析工程中标后企业的赢利水平。

②工程的影响程度。分析工程建成后，在社会上可能产生的影响。

③建设单位的信用。分析建设单位的信用程度，避免中标后可能出现的纠纷。

④施工条件。如道路、场地、气象、水文地质、运输能力、协调能力、材料市场等。这些对施工管理和成本都有影响。

⑤时间要求。编制标书需要一定的时间，如投标要求的时间紧，则不宜草率投标。

通过对上述因素的分析后，如果条件好，可考虑投标，如果条件不理想，则不参加投标，或适当提高投标报价，以减少中标后可能的风险。

通过上述各方面的综合分析，如果我们得出利大于弊的判断，就应该果断决定报名参加投标，反之，则应放弃投标。

2. 工程项目施工投标决策

工程项目施工投标决策，就是对投标工程对象制订报价的策略。投标报价的高低，在总体（宏观）上是受价值规律支配的。也就是说企业为工程形成所付出的劳动量低于社会平均水平，就有可能获得比竞争对手更低的成本。企业工程成本越低，预期的企业利润相应增大，则报价机动幅度也增大。相反，报价机动的幅度就受限制。投标报价既然是价格的竞争，因此，它还受到社会主义市场供求规律的支配，当供大于求时，价格会相应降低；而当求大于供时，价格也会相应提高。以上两个因素形成了投标决策的两个主要组成部分：一是要做好工程项目施工成本估算决策；二是要做好工程项目施工投标报价决策。

（1）工程项目施工成本估算决策。

自招、投标承包制实施以来，工程造价普遍下降，工期普遍缩短，证明了市场机制在控制工程造价方面的作用。随着社会主义经济体制的逐步完善，建筑市场必将更加开放、有序，投标报价将更加具有弹性和竞争活力。投标报价将以企业成本为依据。因此，竞争将从工程项目的成本估算决策开始。

1）风险费估算。

在工程项目成本估算决策中要特别注意风险费的计算。风险费是指工程施工中难以事先预见的费用，当风险费在实际施工中发生时，则构成工程成本的组成部分，但如果在施工中没有发生，这部分风险费就转化为企业的利润。因此，在实际工程施工中应尽量减少风险费的支出，力争转化为企业的利润。

由于风险费是事先无法具体确定的费用，如果估计太大就会降低中标概率；如果估计太小，一旦风险发生就会减少企业利润，甚至亏损。因此，确定风险费多少是一个复杂的决策，是工程项目估算决策的重要内容。

从大量的工程实践中统计获得的数据表明，风险费可占工程成本的10%～30%；其大小主要取决于以下因素：

为防止工程量估算失误的损失，由风险费来补偿；单价估计的精确程度；直接成本是分项分部工程量与单价乘积的总和，单价估计不精确，风险费相应增大；施工中自然环境的不可预测因素，如气候及其他自然灾害，就必须加入风险费；市场材料、人工、机械价格的波动因素。这些因素在不同的合同价格中风险虽不一样，但都存在用风险费来补偿的问题。

理想的条件是力求成本估算准确，但实际估算中，特别是大型工程，要做到准确是十分困难的。一般规律是，估算精度随估算本身的时间及费用的增加而增加。估算越准确，风险度越小，这是两个相互制约的因素，要求决策者做出抉择。

2）工程成本估算。

工程项目成本估算决策，主要做好工程直接费用和间接费用的估算决策。

对于直接费用的估算决策，主要是在对工程量计算结果有直接影响的施工方案（或施工组织设计）决策的基础上，对单价高低的决策。在同一工程成本估算中，单价高低一般根据以下具体情况确定：

①估计工程量将来可能增加的分部分项工程，单价可提高一些；否则相反。

②能先拿到钱的项目（如土方、基础工程等），单价可高一些；否则相反。

③图纸不明确或有错误，估计将来要修改的项目，单价可高一些；工程内容做法说明不清楚者，单价可略低一些，以利于今后的索赔。

④没有工程量，只填报单价的项目（如土方工程中的水下挖土、挖湿土等备用单价），其单价要高一些，这样做也不影响投标总价。

⑤暂定工程中，以后一定做的项目，其单价应高；估计以后不会做的项目，则单价应低。

当然，必须注意在调高或调低单价后，应使直接费用的总量基本不变。确保施工企业在将来的决算中处于有利地位。

对于间接费用的估算决策，主要是要提高管理工作效率，精减管理机构的人员，这是降低成本的重要途径。

在作成本估算时，要注意工程质量和工程进度必须满足招标文件的要求。盲目提高质量档次，或以降低工程质量来求得低成本，都是不可取的。超过合理工期幅度就会加大赶工成本，延长工期同样也会加大成本。

（2）工程项目施工投标报价决策。

1）投标报价规律和技巧。

工程项目投标报价决策就是正确决定估算成本和投标价格的比率。为了做好这项决策工作，除了重视收集信息，做到知己知彼之外，还必须掌握竞争取胜的基本规律和技巧。

竞争取胜的基本规律就是“以优胜劣”、“以长取短”。如何发挥本企业自己的优势，以优胜劣，就得应用投标报价的技巧。

投标报价的技巧是指投标工作中针对具体情况而采取的对策和方法。它不能代替考察、分析和具体的做标工作，而是一种做标的艺术，主要有以下几种：

①扩大标价法。这是一种常用的做标方法，即除了按已知的正常条件编制标价以外，对工程中变化较大的或没有把握的作业，采用扩大单价，增加“不可预见费”的方法来减少风险。这种做标的缺点是，总价过高，往往不能中标。

②开口升级报价法。这种做标方法是将投标看成是与发包方协商的开始，首先对图纸和说明书进行分析，把工作中的一些难题，如特殊基础等花钱最多的部分的标价降至“最低”，使竞争对手无法与之竞争，以此来吸引业主，取得与业主商谈的机会。但在标书中加以注解，并在技术谈判中，根据工程的实际情况，使成交时达到合理的标价。

③多方案报价法。这种做标方法是在标书上报两个单价。一是按原说明书条款报一个价；二是加以注解，如：“如果说明书作了……的改变，则报价可以减少××%”，使报价成为较低的。当业主看到这种报价时，考虑到按原说明书则投资较大，作一定修改后则投资减少，业主会考虑对原说明书作某些修改。这种方法适用于说明书的条款不够明确或不合理，承包企业为此要承担很大风险的情况。

④突然袭击法。这种报价方法是一种用来迷惑对手的竞争艺术。在整个报价过程，仍然按一般情况进行报价，甚至故意表现自己对该工程兴趣不大，等快到投标截止的时候，再来个突然降价，使竞争对手措手不及。

以上几种投标技巧，要根据实际情况灵活应用，及时采取相应的决策，才能取得较好的效果。

2）投标报价的定性决策。

以上已经提出，成本估价低于社会平均消耗水平，是企业可能获得更高利润的源泉。如果企业能够以低于社会平均成本实现工程任务，那么获利的机会就增大。另外，按供求关系决定报价，这是企业经营市场观念的重要体现。

投标报价的定性决策，通常有以下三种：

①高报价决策。以工程投标中对于工期要求紧的工程，技术及质量上有特殊要求，投标者要承担更大风险的工程，企业自己有特长又较少对手的工程，企业信誉高，任务已很饱和，不太想承接工程等，往往都采取较高的报价。

②低报价决策。类同于薄利多销的政策，目的在于应用低价的吸引力打入一个新市场和新专业，或为长期经营着想，想要掌握新的技术等。低价的损失成为企业应变的“工程招揽费”或“学费”。

低报价决策还适用于企业工程任务不饱和，竞争对手多，用微利或保本的报价，以求维持企业固定费用的开支；或用于比较简单、工程量大的工程。

③中报价决策。做出这种决策是投标报价定性决策中工作难度最大的决策类型，它常常伴随着投标临机决策而发生。例如在获得竞争对手的某些信息后，在投标截止时间前一刻钟，临机决定削低标价，以求中标。

3）投标报价的定量决策。

把上述的定性决策和定量决策结合起来，才能做出正确的投标报价决策。下面介绍常用的几种：

①成本定价法。成本定价法的基本依据就是量本利分析法中的量、本、利三者的关系。这里的“量”，一般是指企业一定期限中单位产品的数量，建筑施工企业一般以一定时期承包工程的产值（承包经营金额）计算。这里的“本”，是指施工工程的成本，它包括固定成本和变动成本。变动成本是指随产品产量增加而增加的费用；变动成本与产量成正比。将成本划分为固定成本和变动成本与工程预算、估价的成本项目构成不同。应用这个方法时必须对预算成本核算项目逐一分解成固定成本和变动成本，然后予以汇总。这里的“利”，是指企业的施工利润。

这种成本定价法是以价格不变及效率不变为前提的。量、本、利三者的关系可写成：

承包经营额＝固定成本＋变动资本＋利润

用符号来表示，可写成公式：

$$PX = F + VX + E \tag{1-1}$$

式中　P——综合单位工程量价格；

V——综合单位工程量的变动成本；

F——企业的固定成本；

X——按单位工程量汇总的企业完成的实物工程量；

E——企业利润（施工利润）。

当施工企业目标利润决定以后，按工程项目应分摊的固定成本及单位工程量变动成本，求综合单位工程量单价。利用式（1-1）推出：

$$P=\frac{F+VX+E}{X} \tag{1-2}$$

②概率分析法。投标企业不仅需要在投标竞争中获胜，而且希望得到最大的经济效益，以实现企业的经营目标。如果把这里的经济效益看成是标价与实际成本的差额，即利润，则投标企业希望从承包工程中得到的利润的高低取决于它的标价的高低。在投标竞争中，科学地处理好得标与否和得到多少的矛盾，是实现企业既定目标的关键。这正是概率分析法所要解决的问题。

这种数学方法能否奏效，取决于投标单位在以往竞争中对其竞争对手们的情报掌握的程度，通过分析研究，把竞争对手们过去投标的实际资料公式化，就可建立通常所说的投标模型。

在投标竞争中，根据竞争对手的多少及这些对手是否确定（即是否掌握对手是哪些人），可建立不同的投标决策的数学模型，下面分别作一介绍。

A. 直接利润和预期利润。为了便于理解，我们假设承包者对于工程的估价是准确的，并认为和实际造价相等。因此，对某项工程进行投标时，承包企业可能取得它所希望的利润（假设投标企业在投标中中标），也可能其利润等于零（假设投标企业在投标时失标）。由于利润可能出现两种情况（取决于投标是否中标），在实际分析中，有必要区别两种类型的利润，即直接利润和预期利润。

投标者的直接利润可理解为工程的投标价格与实际成本之间的差额。用公式表示为：

$$I_p=X-A \tag{1-3}$$

式中　I_p——投标者在某项工程中的直接利润；

X——投标者对该工程的投标价格；

A——该工程的实际成本。

投标者的预期利润是在各种投标方案中得标概率的基础上估算的预得利润，可用式（1-4）求得：

$$E_p=P(X-A)=PI_p \tag{1-4}$$

式中　E_p——投标者在某项工程中的预期利润；

P——该工程中标的概率。

例如投标者决定参加某项工程的投标，并拟定了3个不同的标价进行选择。设工程的实际造价为800000元。各方案的标价、中标概率、直接利润和由此推算的预期利润见表1.6。

表1.6　　某投标单位拟定的三种投标方案

方案序号	标价（元）	得标概率	直接利润（元）	预期利润（元）
1	1000000	0.1	200000	20000
2	900000	0.6	100000	60000
3	850000	0.8	50000	40000

上表中各方案得标的概率，是投标者自己估计的，认为是最低的可能性。方案1有较高的直接利润，但获胜的概率较小，因此，该方案的预期利润反而最少。方案2不具有最高的直接利润，却具有最高的预期利润。投标企业对大量工程投标时，预期利润就成为各个工程的平均利润。虽然它不能反映企业从某工程上获得的实际利润（如采用方案2，得到的利润或者是零，或者是100000元，而不是60000元），但由于它考虑了投标是否获胜的因素，因而更具有现实意义。特别是多数企业都有实现长期稳定利润的要求，故均以预期利润作为投标决策的依据。因此，在上例中以采用方案2为宜。

运用预期利润的方法，结合以往投标竞争的情报，承包企业就可以制订一个具有最恰当利润的投标策略。

B. 具体对手法。具体对手法是已知竞争对手是谁和对手的数量时所采用的投标竞争方法。

a. 只有一个对手的情况。如果已知只有一个确定的对手甲，并在过去投标时曾和他打过多次交道，掌握了他的投标记录，对他的投标报价都有记载，那么，根据这些情报，就可以求出甲在历次投标中的标价与自己的估价的比率，并找出不同比率发生的频数和概率，见表1.7。

表中各种比率发生的概率是用频数除以总频数得到，（如比率为1.0的概率是10/97）即0.10（概率取小数点后两位）。

表1.7 比率、频数与概率关系

对手甲的标价/承包企业估价	频数	概率
0.8	1	0.01
0.9	3	0.03
1.0	10	0.10
1.1	18	0.19
1.2	29	0.30
1.3	25	0.26
1.4	8	0.08
1.5	3	0.03
合计	97	1.00

表1.8 承包企业标价低于甲的概率

承包企业标价/承包企业估价	承包企业标价低于甲的概率
0.75	1.00
0.85	0.99
0.95	0.96
1.05	0.86
1.15	0.67
1.25	0.37
1.35	0.11
1.45	0.03
1.55	0.00

在算出各种比率的概率之后，承包企业就可以求出他所出的某一标价比竞争对手甲所出的标价低的概率。这个概率就是本企业与对手甲竞争中出某一标价时得胜的概率，只需将甲的所有高于本企业所出标价与估价的比率的概率相加即得，如表1.8所示。

例如，承包企业揭标价与估价之比为1.35时，得标的概率是0.11。它是甲按1.5的比率（甲的标价与承包企业估价的比率），投标的概率0.03和按1.4的比率，投标的概率0.08之和。

承包企业可以利用这种获胜概率计算的方法，确定对竞争对手甲的竞争投标策略，并可以将投标获胜的概率和投标中的直接利润相乘求得预期利润（直接利润是投标价格减去实际成本）。假设承包企业的估价等于实际成本A。则投标工程的直接利润为投标价格减去$1.0A$。例如，当投标价为$1.35A$时，直接利润就是$1.35A$减$1.0A$即$0.35A$。各种标价的预期利润可用其直接利润乘以与对手甲竞争中获胜的概率得到。例如当标价为 1.35A 时，投标中获胜的概率为 0.11，预期利润就是 0.11 乘以 0.35A，即 0.0385A。各种投标方案的预期利润计算见表 1.9。

表 1.9　　各种投标标价的预期利润

承包企业的承包价	预期利润	承包企业的承包价	预期利润
0.75A	1.00×（−0.25A）=−0.25A	1.25A	0.37×（+0.25A）=+0.09A
0.85A	0.99×（−0.15A）=−0.15A	1.35A	0.11×（+0.35A）=+0.04A
0.95A	0.96×（−0.05A）=−0.05A	1.45A	0.03×（+0.45A）=+0.01A
1.05A	0.86×（+0.05A）=+0.04A	1.55A	0.00×（+0.55A）=+0.00A
1.15A	0.67×（+0.15A）=+0.10A		

从表 1.9 可以看出，采用标价为 1.15A 的投标方案，可以得到最大的预期利润 0.10A，这说明在同对手甲的竞争中，承包企业按标价与估价比为 1.15 进行投标，是最有利的。例如，工程估价是 100000 元。投标价格就应该是 115000 元。考虑到失败的可能，承包企业在这项投标中的预期利润，应为 10000 元，当然，日后再遇到对手甲时，本企业应采用的最好标价与估价比，要在分析他最近的投标报价资料并进行综合研究后才能确定。

b. 有几个对手竞争的情况。如果承包企业在投标时要与几个已知的对手竞争，并掌握了这些对手过去的投标信息，那么，他可用上述方法分别求出自己的报价低于每个对手的报价的概率 P_1、P_2、P_3、…、P_i、…、P_n。由于每个对手的投标报价是互不相关的独立事件，根据概率论可知，它们同时发生的概率，即投标企业的标价低于所有对手的报价的概率 P，等于它们各自概率的乘积，即：

$$P = P_1 \times P_2 \times P_3 \times \cdots \times P_i \times \cdots \times P_n \tag{1-5}$$

求出 P 后，可按只有一个对手的情况，根据预期利润作出投标报价决策。

概率分析法除了上述具体对手法外，还有平均对手法。但是，不管采用哪种方法，前提是要充分掌握所有竞争对手过去的投标信息，并和定性分析的方法相结合。因为制订投标策略并不是一个纯数学问题。在投标竞争中，随着承包市场情况等因素的变化，对手们的报价策略是很难捉摸的。所以，把定性分析和定量分析结合起来运用是十分重要的。

c. 线性规划法。线性规划法是一种应用较广的优化方法。当同时有几项工程可供投标时，由于企业自身力量所限，可采用该方法优选。现举例说明该方法的应用。

【例】　某承包企业在同一时期内有 8 项工程可供选择投标，其中有 5 项住宅工程，3 项工业车间，由于这些工程要求同时施工，而企业又没有能力同时承担，这就需要根据自身的能力，权衡两类工程的盈利水平，作出正确的投标方案。现将有关数据整理见表 1.10。

表 1.10　　某承包企业可供选择投标的工程的具体情况

项目	预期利润（元）	砌筑量（m^3）	混凝土（m^3）	抹灰量（m^3）
每项住宅	50000	4200	280	25000
每项工业车间	80000	1800	880	480
企业能力		13800	3680	10800

根据上述资料，承包企业应向哪些工程投标，才能在充分发挥自身能力的前提下，取得最大利润呢？

如果设 X_1、X_2 分别为承包企业打算投标的住宅工程和工业车间的数目，则上面的总是可以表示成如下的线性规划模型：

目标函数　　$MAXZ=50000X_1+80000X_2$

约束条件　　$4200X_1+1800X_2\leqslant 13800$

$280X_1+880X_2\leqslant 3680$

$25000X_1+480X_2\leqslant 10800$

其中：$X_1=0，1，2，3，4，5$；$X_2=0，1，2，3$。

这个数学模型属于线性规划中的整数规划。由于该例题比较简单，变量少，可用较直观的图解法求解，而对较复杂的可参阅运筹学书籍，并借助电子计算机求解。

通过求解得最优解为 $X_1=2$，$X_2=3$，这时 Z 最大，即 $Z=340000$。因此，承包企业应选两项住宅工程和三项工业车间。这种方案为最佳投标方案，其预期利润最大，为340000 元。

1.3.4.4　投标文件的编制

投标书是投标单位的投标文件，是对招标文件提出的实质性要求和条件做出的响应。投标人应当按照招标文件的规定编制投标文件。投标文件应当载明下列事项：

（1）投标函。

（2）投标人资格、资信证明文件。

（3）投标项目方案及说明。

（4）投标价格。

（5）投标保证金或者其他形式的担保。

（6）招标文件要求具备的其他内容。

编制标书是一件复杂的工作，投标单位应该认真对待。在取得招标文件后，首先应详细阅读全部内容，然后对现场进行实地考察，向建设单位询问有关问题，把招标工程的各方面情况弄清楚，在此基础上完整地填写标书。

投标报价是投标单位给招标工程制订的价格，是投标企业的竞争价格，它反映的是企业的经营管理水平，体现企业产品的个别价值。报价受价值规律的影响，在编制时企业要根据市场的竞争情况，在施工图预算的基础上浮动。报价的高低直接影响企业能否中标，报价过高，投标企业不能中标，报价过低，又影响企业的利润。报价是由工程成本、风险费、预期利润组成。其中风险费为预防不可预见因素引起价格变动而增设的费用项目。在施工中如发生风险费，则计入相应的成本项目，如果没有发生，则归入企业利润，或按双方约定的合同条款，由双方共享。投标报价的具体工作如下：

编制投标文件一般从校核工程量以及编制施工方案入手，然后估算出成本、算出标价，提出保证工程质量、进度和施工安全的主要技术措施，确定计划开工、竣工日期及工程总进度，最后编写投标文件的综合说明以及对招标文件中合同条款的确认意见。投标文件中的内容要连贯一致、互为补充，以形成有机整体。

1. 校核工程量

(1) 核实工程量。在投标书的编制过程中，投标单位对招标文件应认真分析研究，全面掌握投标人须知，熟悉招标文件中各项要求所采用的技术标准、规范、合同条件、计量支付、建设工期等。还必须对工程量进行计算校核。如有错误或遗漏，应及时通知招标单位。工程量是整个报价工作的基础，必须认真对待。各种材料的用量、单价，对报价有直接的影响，所以对材料价格的调查也非常重要。

(2) 如要使报价编制合理准确、不重不漏。还应考虑以下几个费用问题：

1) 充分考虑人工、材料、机械台班等价格变动因素，特别是材料市场动态，还应计列各种不可预见的费用等。

2) 工程保险费用，一般由业主承担，应在招标文件工程量清单总则中单列；承包人的装备和材料到场后的保险，一般由承包人自行承担，应分摊至有关分项工程单价中去。

3) 编制标书所需的费用，如：现场考察、资料情报收集、编制标书、公关等费用。

4) 各种保证金的费用，如：投标保函、履约保函、预付款保函等。办理保证手续费占保证金的4%～6%，银行一般要求承包商有足够的现款在账户（且不计利息）上，所以应考虑这方面损失。

5) 因其他有关要求而增加的费用，如：赶工期增加的费用；工程受通车或少数土地等条件限制而增加的费用；业主可能提供的材料设备单价、数量及其损耗、短途运输费用、装载车费用、二次搬运费用、仓库保管费用等。

2. 编制施工方案

一般工程编制施工方案，大、中型工程编制施工组织设计是投标报价的一个前提条件，也是招标单位评标时考虑的关键因素之一。编制施工方案要求投标单位的技术负责人亲自主持。

关于保证工程质量、进度和施工安全的主要技术组织措施的确定和计划开工、竣工日期及工程总进度的确定，这些内容与施工方案密切相连，所以在编制施工方案的同时，上述内容一般一并考虑，并用招标文件要求的表达方法或尽量用简单明了的表格方式表达。

施工能力、施工组织管理、质量保证、业绩和信誉等占30～50分。所以施工组织设计编制的好坏直接影响到投标单位报价入围后能否中标。因为投标单位报价入围后，如与对手的报价相差不大，那只有从投标书的符合性、响应性检查、资格核查、技术评审等各项指标的评分上压倒对手。施工组织设计的编制内容以满足招标文件的要求为准，高效率和低消耗是其编制的总原则。在编制的过程中还应充分考虑技术上的先进性和可靠性，以最大限度的提高劳动生产率，降低施工成本；充分利用现有的施工机械设备，提高施工机械的使用率以降低机械施工成本；采用先进性的进度管理手段，优化施工进度计划，选择最优施工排序，均衡施工，尽量避免施工高峰的赶工现象和施工低谷中的窝工现象，机动安排非关键线路上的剩余资源，从非关键线路上要效益。

3. 估算成本

由于标底价格由成本、利润、税金组成，对国内招、投标的建设工程项目来讲，要求标价必须接近于标底，所以，标价的构成也应该与标底价格构成的口径相同。

投标单位根据招标文件、当地的概（预）算定额、取费标准等有关规定，并结合本企

业自身的管理水平、技术措施和施工方法等条件，在充分调查研究，切实掌握自己企业成本的基础上，最后汇总得出估算成本，这种估算成本的方法称为施工图预算编制法，它估算出来的成本比较准确，是目前投标单位最常用的方法，但它工作量较大，花费时间较长。实际上编制投标文件的时间往往是非常短暂的，因此，投标组织者首先必须科学安排时间，选用适当方法，进行成本的估算工作。当时间比较紧迫时，可按经验估算出一个综合的工程量，然后套用综合预算定额来估算成本；或者按平方米造价指标估算成本。

估算成本确定后，再通过工程项目投标决策，最后形成标价。

4. 编写投标文件的综合说明及对招标文件中主要条款的确认意见

投标文件的综合说明，主要是说明投标企业的优势（如对类似工程施工的丰富经验、机械装备水平的先进程度、企业资金雄厚、信誉高等），编制投标文件的依据以及投标文件包括的主要内容等，有时也将对招标文件中合同主要条款的确认意见一并写入，当然在对合同主要条款的确认意见内容比较多时，应单独作为投标文件的一项内容编写。

1.3.4.5　投标的实施

1. 报名参加投标

建设工程施工企业（承包商）根据招标公告或邀请书，对符合本企业经营目标和招投条件，并具备承包能力的招标项目，做出参加投标决策后，应在招标文件规定的期限内报名参加投标。

参加投标的施工企业（承包商）都有可能成为工程的实施者，但不同的工程对施工投标者有不同的要求，根据《工程建设施工招标投标管理办法》的规定，一般具备下列条件时，才可以进行投标。

（1）必须具有权力机关批准的营业执照，执照上应注明业务范围。

（2）必须具有社会法人的资格，方能进行工程投标活动。

（3）符合招标单位提出的条件和要求，中标后能及时进行施工。

（4）投标文件已编写齐全。

2. 报送投标申请书

在投标之前，投标申请方应向招标单位递交全面阐述自己的财务状况、技术能力、企业信誉、施工经验等方面情况的书面文件，该申请书必须按照招标单位发售的投标申请文件要求填报，做到实事求是、简明扼要、符合要求。

有些省区还规定，省外施工企业还须出示经本省建设行政主管部门或授权机构批准的进入本省参加投标的有关手续。

以上投标申请书的内容应真实填报，并附有关证明文件，能经得起招标单位的审查，并在规定的时间、地点报送。

3. 接受招标单位资质审查

凡持有营业执照和相应资质证书的施工企业或施工企业联合体，均可按招标文件的要求参加投标。招标单位不得以任何借口阻碍投标单位参加投标，投标单位也必须接受招标单位的资质审查。

为了了解投标单位的承包能力和信誉，以便限制不具备承包条件的单位盲目投标，造成不必要的麻烦，要对投标单位进行资格审查。审查的主要内容有：

(1) 营业执照、所有制类别、技术等级。

(2) 投标单位的简历和以往业绩，包括开业的时间，承担过哪些主要工程项目以及达到的质量等级，是否发生过重大质量、安全事故等。

(3) 技术装备情况，主要机械设备的情况、性能和台数，附属生产部门及其生产能力。

(4) 资金及财务状况和开户银行出具的投标保证书。

(5) 职工总人数，工程技术人员的水平和人数，技术工人的人数和平均技术等级。

(6) 社会信誉及已完成工程的评价。

4. 报送标书

投标单位将投标文件的所有内容备齐，并加盖投标单位公章和投标单位法人代表签名盖章后，应装订成册封入密封袋中，在规定的期限内，按规定的方式报送到招标单位指定的地点。

5. 开标与中标

(1) 参加开标会。

投标企业必须按通知规定准时到会参加开标，不参加开标会的，其投标书则视为废标。通过公开进行的开标会，对自己的招标文件进行答辩，投标单位可以知道自己是未中标的，还是成为中标的候选单位或者已经成为中标单位。

(2) 参加招标单位会谈。

当开标会结束后，有些投标单位成为中标的候选单位，这些投标单位在开标会后，必须按规定参加与招标单位的会谈，并形成会谈纪要，双方签证后作为投标书的一部分，最后由招标单位选定中标单位。

(3) 中标与授标。

投标单位收到招标单位的授标通知书，称之为中标。当企业接到中标通知书后，应在招标单位规定的时间内与招标单位谈判，并最终签订承发包施工合同。

学习情境2　施工项目部的组建

学习单元2.1　施工项目部组织机构的设置

2.1.1　学习目标

根据经过投标所取得的工程项目的特点和施工合同的要求，结合企业自身的组织管理系统的特点，完成施工项目部组建任务。

2.1.2　学习任务

通过学习与训练，懂得各种组织机构的特点，明确机构设置的程序和原则，对一般工程施工设置组织机构，选择项目部的经理、成员，编制项目经理部的管理制度，完成一个单位工程的施工项目部的组建。

2.1.3　任务分析

(1) 机构设置要遵循组织机构设置的程序和原则。

(2) 项目部经理选择是关键。

(3) 项目部人员的选择是干好项目的基础。

2.1.4　任务实施

2.1.4.1　组织机构的设置

1. 施工项目组织机构的设置程序

施工项目组织机构设置程序图如图2.1所示。

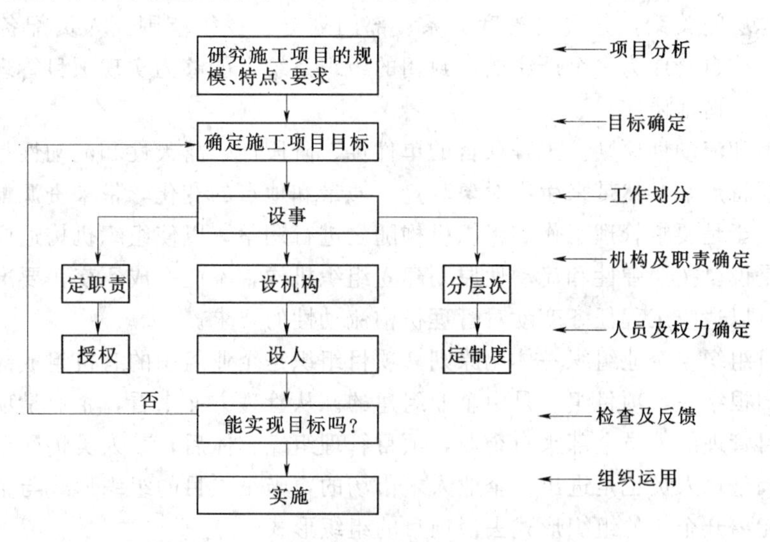

图2.1　施工项目组织机构设置程序图

2. 施工项目部组织机构设置的原则

施工项目部组织机构的设置应遵循以下原则：

(1) 目的性原则。施工项目组织机构的设置的根本目的是为了产生组织功能，实现施工项目管理的总目标。从这一根本目的出发，就会因目标设事，因事设机构、定编制，按编制设岗位、定人员，以职责定制度、授权力。

(2) 精干高效原则。施工项目组织机构的人员设置，以能实现施工项目所要求的工作任务（事）为原则，尽量简化机构，做到精干高效。人员配置从严控制二线、三线人员，力求一专多能，一人多职。同时还要增加项目管理班子人员的知识含量，着眼于使用和学习锻炼相结合，以提高人员素质。

(3) 管理跨度和分层统一的原则。管理跨度亦称管理幅度，是指一个主管人员直接管理的下属人员数量，跨度大，管理人员的接触关系增多，处理人与人之间关系的数量随之增大。跨度（N）与工作接触关系数(C) 的关系式是：

$$C = N(2^{N-1} + N - 1) \tag{2-1}$$

式（2-1）是有名的邱格纳斯公式，是个几何级数，当 $N=10$ 时，$C=5210$。故跨度太大时，领导者及下属常会出现应接不暇之烦。组织机构设计时，必须使管理跨度适当。然而跨度大小与分层多少有关。层次多，跨度就小，层次少，跨度就大。这就要根据领导者的能力和施工项目的大小进行权衡。对施工项目管理层来说，管理跨度应尽量少些，以集中精力于施工管理。项目经理在组建组织机构时，必须认真设计切实可行的跨度和层次，绘出机构系统图，以便讨论、修正、按设计组建。

(4) 业务系统化管理原则。由于施工项目是一个开放的系统，由众多子系统组成一个大系统，各子系统之间，子系统内部各单位工程之间，不同组织、工种、工序之间，存在着大量的结合部，这就要求项目组织也必须是一个完整的组织结构系统。恰当分层和设置部门，以便在结合部上能形成一个相互制约、相互联系的有机整体，防止产生职能分工、权限划分和信息沟通上相互矛盾或重叠。在设计组织机构时以业务工作系统化原则作指导，周密考虑层间关系，分层与跨度关系、部门划分、授权范围、人员配备及信息沟通等，使组织机构自身成为一个严密的、封闭的组织系统，能够为实现项目管理总目标而实行合理分工及和谐地协作。

(5) 弹性和流动性原则。工程项目的单件性、阶段性、露天性和流动性是施工项目生产活动的主要特点，必然带来生产对象数量、质量和地点的变化，带来资源配置的品种和数量的变化。于是要求管理工作和组织机构随之进行调整，以使组织机构适应施工任务的变化。也就是说要按照弹性和流动性原则建立组织机构，不能一成不变，要准备调整人员及部门设置，以适应工程任务变动对管理机构流动性的要求。

(6) 项目组织与企业组织一体化原则。项目组织是企业组织的有机组成部分，企业是它的母体，归根结底，项目组织是由企业组建的。从管理方面来看，企业是项目管理的外部环境，项目管理的人员全部来自企业，项目管理组织解体后，其人员仍回企业。即使进行组织机构调整，人员也是进出于企业人才市场的，施工项目的组织形式与企业的组织形式有关，不能离开企业的组织形式去谈项目的组织形式。

3. 施工项目部组织形式的选择

施工项目组织形式有多种，主要包括：工作队式、部门控制式、矩阵式和事业部式。

(1) 工作队式项目组织。

1）适用情况：

这种项目组织类型适用于大型项目、工期要求紧迫的项目、要求多工种多部门密切配合的项目。是按照对象原则组织的项目管理机构，可独立地完成任务，相当于一个“实体”。企业职能部门只提供一些服务。

2）组织构成：

如图 2.2 所示是工作队式项目组织构成示意图，虚线内表示项目组织，其人员与原部门脱离。

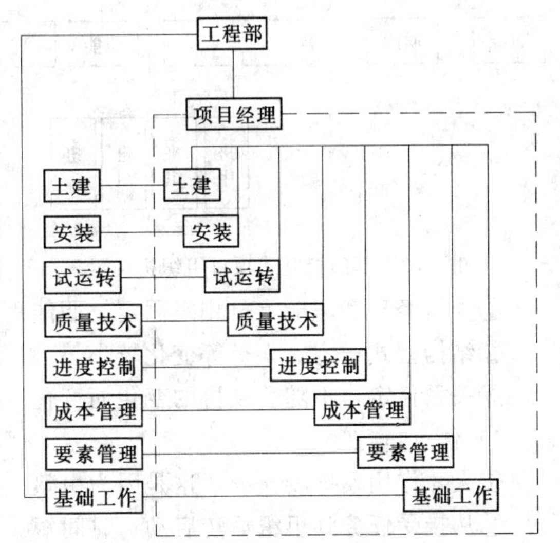

图 2.2 工作队式项目组织构成示意图

3）工作队式项目组织其特征的要求：

①项目经理在企业内招聘，抽调职能人员组成管理机构（工作队），由项目经理指挥，独立性大。

②项目管理班子成员在工程建设期间与原所在部门停止领导与被领导的关系，原单位负责人员、负责业务指导及考察，但不能随意干预其工作或调回人员。

③项目管理组织与项目同寿命，项目结束后机构撤销，所有人员仍回原所在部门和岗位。

4）优点：

①项目经理从职能部门抽调或招聘的是一批专家，他们在项目管理中配合，协同工作，可以取长补短，有利于培养一专多能的人才并充分发挥其作用。

②各专业人才集中在现场办公，减少了扯皮和等待时间，办事效率高，解决问题快。

③项目经理权力集中，受到的干扰少，故决策及时，指挥灵便。

④由于减少了项目与职能部门的结合部，项目与企业的结合部关系弱化，故易于协调关系，减少了行政干预，使项目经理的工作易于开展。

⑤不打乱企业的原建制，传统的直线职能制组织仍可保留。

5）缺点：

①各类人员来自不同部门，具有不同的专业背景，配合不熟悉，难免配合不好。

②各类人员在同一时期内所担负的管理工作任务可能有很大差别，因此很容易产生忙闲不均，可能导致人员浪费。特别是对稀缺专业人才，难以在企业内调剂使用。

③职工长期离开原单位，即离开了自己熟悉的环境和工作配合对象，容易影响其积极性的发挥，而且由于环境变化，容易产生临时观点和情绪。

④职能部门的优势无法发挥。由于同一部门人员分散，交流困难，也难以进行有效的培养、指导，削弱了职能部门。

（2）部门控制式项目组织。

1）适用情况：

这种形式的项目组织一般适用于小型的，专业性较强的，不需涉及众多部门的施工项

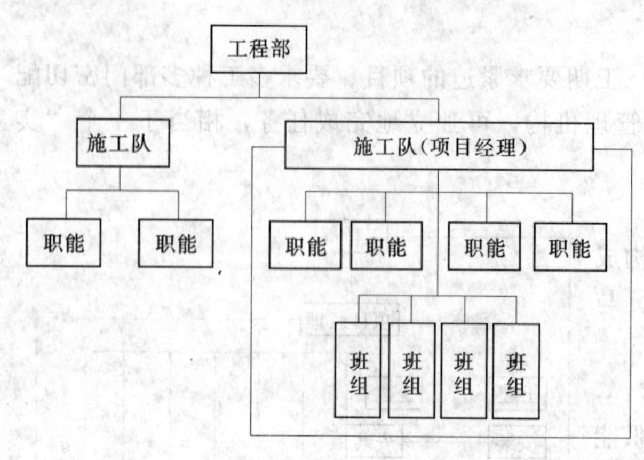

图 2.3　部门控制式项目组织机构示意图

目。这是按职能原则建立的项目组织。它并不打乱企业现行的建制，把项目委托给企业某一专业部门或委托给某一施工队，由被委托的部门（工作队）领导，在本单位选人组合，负责实施项目管理，项目终止后恢复原职。

2）组织构成：

如图 2.3 所示是部门控制式项目组织机构示意图。

3）部门控制式项目组织其特征的要求：

①项目经理和职能人员相对固定，职能固定。

②结构型式稳定，人员等变化较小。

③关系稳定，不随着项目的变化而变化。

4）优点：

①人才作用发挥较充分，这是因为由熟人组合办熟悉的事，人事关系容易协调。

②从接受任务到组织运转启动，时间短。

③职责明确，职能专一，关系简单。

④项目经理无需专门训练便容易进入状态。

5）缺点：

①不能适应大型工程项目管理需要。

②不利于对计划体系下的组织体制（固定建制）进行调整。

③不利于精简机构。

（3）矩阵式项目组织。

1）适用情况：

①适用于同时承担多个需要进行工程项目管理的企业。在这种情况下，各项目对专业技术人才和管理人员都有需求，加在一起数量较大。采用矩阵式项目组织可以充分利用有限的人才对多个项目进行管理，特别有利于发挥稀有人才的作用。

②适用于大型、复杂的施工项目。因大型、复杂的施工项目要求多部门、多技术、多工种配合实施，在不同阶段，对不同人员，有不同数量和搭配各异的要求。

2）组织构成：

如图 2.4 所示是矩阵式项目组织机构示意图。

3）矩阵式项目组织其特征的要求：

①项目组织机构与职能部门的结合部同职能部门数相同，多个项目与职能部门的结合都呈矩阵状。

②把职能原则和对象原则结合起来，既发挥职能部门的纵向优势，又发挥项目组织的横向优势。

③专业职能部门是永久性的，项目组织是临时性的。职能部门负责人对参与项目组织

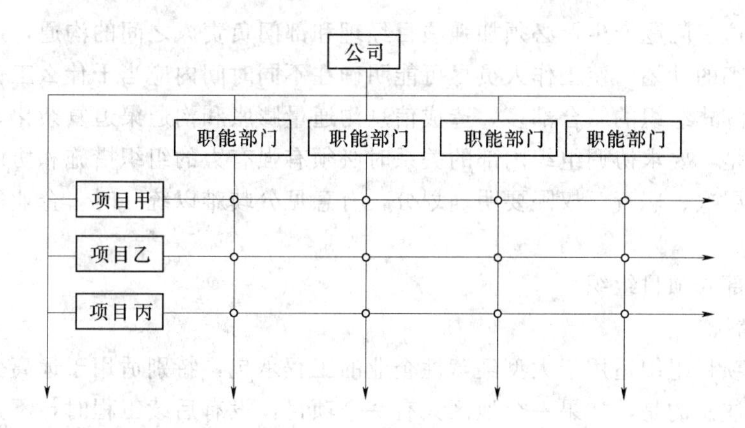

图 2.4　矩阵式项目组织机构示意图

的人员有组织调配、业务指导和管理考察的责任。项目经理把参与项目组织的职能人员在横向上有效的组织在一起，为实现项目目标协同工作。

④矩阵中的每个成员或部门，接受原部门负责人和项目经理的双重领导，但部门的控制力大于项目的控制力。部门负责人有权根据不同项目的需要和忙闲程度，在项目之间调配本部门人员。一个专业人员可能同时为几个项目服务，特殊人才可充分发挥作用，免得人才在一个项目中闲置又在另一个项目中短缺，大大提高人才利用率。

⑤项目经理对“借”到本项目经理部来的人员，有权控制和使用。当感到人力不足或某些成员不得力时，他可以向职能部门求援或要求调换，辞退回原部门。

⑥项目经理部的工作有多个职能部门支持，项目经理没有人员包袱。但要求在水平方向和垂直方向有良好的信息沟通及良好的协调配合，对整个企业组织和项目组织的管理水平和组织渠道畅通提出了较高的要求。

4）优点：

①它兼有部门控制式和工作队式两种组织的优点，解决了传统模式中企业组织和项目组织相互矛盾的状况，把职能原则与对象原则融为一体，求得了企业长期例行性管理和项目一次性管理的一致性。

②能以尽可能少的人力，实现多个项目管理的高效率。通过职能部门的协调，一些项目上的闲置人才可以及时转移到需要这些人才的项目上去，防止人才短缺，项目组织因此具有弹性和应变力。

③有利于人才的全面培养。可以使不同知识背景的人在合作中相互取长补短，在实践中拓宽知识面，发挥了纵向的专业优势，可以使人才成长有深厚的专业训练基础。

5）缺点：

①由于人员来自职能部门，且仍受职能部门控制，故凝聚在项目上的力量减弱，往往使项目组织的作用发挥受到影响。

②管理人员如果身兼多职地管理各个项目，便往往难以确定管理项目的优先顺序，有时难免顾此失彼。

③双重领导。项目组织中的成员既要接受项目经理的领导，又要接受企业中原部门的领导。在这种情况下，如果领导双方意见和目标不一致、甚至有矛盾时，当事人无所适

从。如要防止这一问题产生，必须加强项目经理和部门负责人之间的沟通，还要有严格的规章制度和详细的计划，使工作人员尽可能明确在不同时间内应当干什么工作。

④由于矩阵式组织的结合部多，造成信息沟通量膨胀和沟通渠道复杂化，致使信息梗阻和失真。于是，要求协调组织内部的关系时必须有强有力的组织措施和协调办法以排除难题。为此，层次、职责、权限要明确划分，有意见分歧难以统一时，企业领导要出面及时协调。

（4）事业部式项目组织。

1）适用情况：

事业部式项目组织适用于大型经营性企业的工程承包，特别适用于远离公司本部的工程承包。需要注意的是，如果一个地区只有一个项目，没有后续工程时，不宜设立地区事业部，即它适宜于在一个地区内有长期市场或一个企业有多种专业化施工力量时采用。在此情况下，事业部与地区市场同寿命。地区没有项目时，该事业部应予撤消。

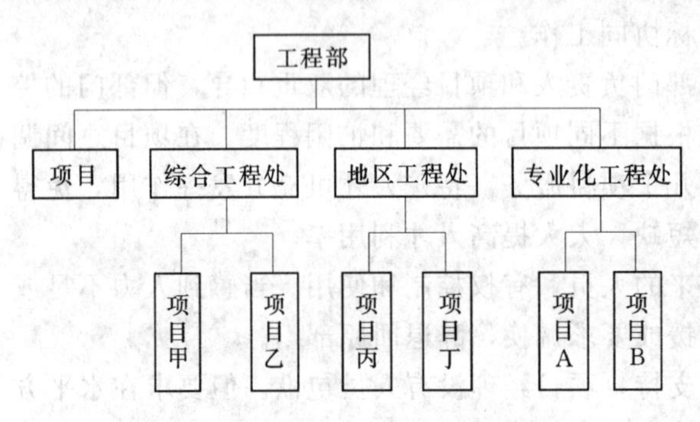

图2.5　事业部式项目组织机构示意图

2）组织构成：

如图2.5所示是事业部式项目组织机构示意图。

3）事业部式项目组织其特征的要求：

①在企业成立事业部，事业部对企业来说是职能部门，对企业外来说享有相对独立的经营权，可以是一个独立单位。事业部可以按地区设置，也可以按工程类型或经营内容设置。如图2.4所示中工程部下的工程处，也可以按事业部对待。事业部能较迅速适应环境变化，提高企业的应变能力，调动部门积极性。当企业向大型化、智能化发展并实行作业层和经营管理层分离时，事业部式是一种很受欢迎的选择，既可以加强经营战略管理，又可以加强项目管理。

②在事业部（一般为其中的工程部或开发部，对外工程公司是海外部）下边设置项目经理部。项目经理由事业部选派，一般对事业部负责，有的可以直接对业主负责，这是根据其授权程度决定的。

4）优点：

事业部式项目组织有利于延伸企业的经营职能，扩大企业的经营业务，便于开拓企业的业务领域，还有利于迅速适应环境变化以加强项目管理。

5）缺点：

按事业部式建立项目组织，企业对项目经理部的约束力减弱，协调指导的机会减少，故有时会造成企业结构松散，必须加强制度约束，加大企业的综合协调能力。

4. 施工项目部组织形式的设置

设置什么样的项目组织形式，应由企业作出决策。要将企业的素质、任务、条件、基础与施工项目的规模、性质、内容、要求的管理方式结合起来分析，选择最适宜的项目组织形式，不能生搬硬套某一种形式，更不能不加分析地盲目作出决策。

一般说来，可按下列思路设置项目组织：

(1) 大型综合企业，人员素质好、管理基础强、业务综合性强，可以承担大型任务，宜采用工作队式、矩阵式、事业部式的项目组织形式。

(2) 简单项目、小型项目、承包内容专一的项目，应采用部门控制式项目组织。

(3) 在同一企业内可以根据项目情况采用几种组织形式，如将事业部式与矩阵式的项目组织结合使用，工作队式项目组织与事业部式结合使用等。但不能同时采用矩阵式及混合工作队式，以免造成管理渠道和管理秩序的混乱。可供选择项目组织形式时的参考因素见表 2.1。

表 2.1 选择项目组织形式参考因素

项目组织形式	项目性质	施工企业类型	企业人员素质	企业管理水平
工作队式	大型项目，复杂项目，工期紧的项目	大型综合建筑企业，有得力项目经理的企业	人员素质较强，专业人才多，职工和技术素质较高	管理水平较高，基础工作较强，管理经验丰富
部门控制式	小型项目，简单项目，只涉及个别少数部门的项目	小建筑企业，任务单一的企业，大中型基本保持直线职能制的企业	素质较差，力量薄弱，人员构成单一	管理水平较低，基础工作较差，项目经理难找
矩阵式	多工种，多部门，多技术配合的项目，管理效率要求很高的项目	大型综合建筑企业，经营范围很宽，实力很强的建筑企业	文化素质，管理素质，技术素质很高，管理人才多，人员一专多能	管理水平很高，管理渠道畅通，信息沟通灵敏，管理经验丰富
事业部式	大型项目，远离企业基地项目，事业部制企业承揽的项目	大型综合建筑企业，经营能力很强的企业，海外承包企业，跨地区承包企业	人员素质高，项目经理强，专业人才多	经营能力强，信息手段强，管理经验丰富，资金实力大

2.1.4.2 施工项目部的组建

(1) 要根据所设计的项目组织形式设置项目经理部。因为项目组织形式与企业对施工项目的管理方式有关，与企业对项目经理部的授权有关。不同的组织形式对项目经理部的管理力量和管理职责提出了不同要求，提供了不同的管理环境。

(2) 要根据施工项目的规模、复杂程度和专业特点设置项目经理部。例如，大型项目经理部可以设职能部、处，中型项目经理部可以设处、科，小型项目经理部一般只需设职能人员即可，如果项目的专业性强，便可设置专业性强的职能部门，如水电处、安装处、打桩处等。

(3) 项目经理部是一个具有弹性的一次性施工生产组织，应随工程任务的变化而进行调整，不应搞成一级固定性组织，在项目施工开始前建立。在工程竣工交付使用后，由于项目管理任务完成了，项目经理部应解体，项目部不应有固定的作业队伍，而是根据施工的需要，在企业内部市场或社会市场吸收人员，进行优化组合和动态管理。

(4) 项目经理部的人员配置应面向施工项目现场，满足现场的计划与调度、技术与质量、成本与核算、劳务与物资、安全与文明施工的需要。不应设置管理经营与咨询、研究与发展、政工与人事等与项目施工关系较少的非生产性部门。

(5) 在项目管理机构建成以后，应建立有益于组织运转的工作制度。

2.1.4.3　施工项目经理的确定

人们通常把项目主管称为“项目经理”，在现代项目管理中起着关键的作用，是决定项目成败的关键角色。充分认识和理解项目经理这一角色的作用和地位、职责范围及其需具备的素质和能力，对上级而言，是培养和选拔适当的项目经理，确保项目成功的前提；对项目经理而言，是加强自身修养、正确行使职责，做一名合格项目经理的基础。

施工项目经理是指受企业法定代表人委托对施工项目全过程全面负责的项目管理者，是建筑施工企业法定代表人在施工项目上的代表人。

1. 施工项目经理的素质和能力

项目经理的任务是复杂的，这就要求项目经理具有高度的灵活性、适应性、协调能力、说服能力、交流技巧、处理冲突的能力，以及在激烈的竞争中和复杂的组织关系中求生存的能力。换言之，作为一个成功的项目经理，需要有坚强的性格、高超的管理能力、熟练的技术手段。

施工项目经理应当是一名管理专家。首先，他应具有大专以上的相应专业学历；其次，他应具有五种知识，包括施工技术知识、经营知识、管理知识、法律和合同知识、施工项目管理知识；第三，他应在实际工作中经过工程施工管理的锻炼，具有关于施工项目管理的实践经验（知识）。只有这样他才会具有较强的决策能力、组织能力、指挥能力和应变能力，能够带领项目经理部成员一起工作。每个项目经理还应在建设部认定的项目经理培训单位进行过专门的学习，取得培训合格证书。

(1) 项目经理应具备的素质：

1) 较强的技术背景。

2) 成熟的人格。

3) 讲究实际。

4) 和高层主管有良好的关系。

5) 使项目成员保持振奋。

6) 在几个不同的部门工作过。

7) 临危不惧。

8) 具有创造性思维。

9) 把完成任务放在第一位。

(2) 项目经理应具备的主要能力：

1) 领导能力。领导能力包括指导能力、授权能力和激励能力三个方面。

指导能力是指项目经理能够指导项目团队成员去完成项目；授权能力是指项目经理能够赋予项目团队成员相应的权力，让他们可以做出与自己工作相关的决策；激励能力是指项目经理懂得怎样激励队员，并设计出一种富于支持和鼓励的工作环境。

2) 人员开发能力。项目经理的人员开发能力是指一个优秀的项目经理在完成项目的同时，能对项目团队人员进行训练和培养，使他们能够将项目视为增加自身价值的机会。

3) 沟通能力。项目经理应该是一个良好的沟通者，它需要与项目团队成员、承包商、

客户以及公司高层管理人员定期交流沟通，因为只有充分的沟通才能保证项目的顺利进行，及时发现潜在的问题并予以改正。

4）决策能力。决策能力是一种综合的判断能力，即面对几个方案或错综复杂的情况，能够做出正确的判断和采取行动。

5）人际交往能力。良好的人际交往能力是项目经理必备的技能，它使项目经理能更好地处理好与项目利益相关者的关系。

目前，可以从工程师、经济师以及有专业专长的工程管理技术人员中，发现那些熟悉专业技术，懂得管理知识，表现出有较强组织能力和社会能力的人，经过基本素质考察后，作为项目经理预备人才加以有目的的培训，主要是在取得专业工作经验以后，给以从事项目管理锻炼的机会，既挑担子，又接受考察，使之逐步具备项目经理条件，然后上岗。在锻炼中，重点内容是项目的设计、施工、采购和管理技能。对项目计划安排、网络计划编制、工程概预算和估算、招标投标工作、合同业务、质量检验、技术措施制订及财务结算等工作，均要给予学习和锻炼的机会。

大、中型工程的项目经理，在上岗前要在别的项目经理的带领下，接受项目副经理、助理或见习项目经理的锻炼，或独立承担小型项目经理工作。经过锻炼，有了经验，并证明确实有担任大、中型工程项目经理的能力后，才能委以大、中型项目经理的重任。但在初期，还应给予指导、培养与考核，使其眼界进一步开阔，经验逐步丰富，成长为德才兼备、理论和实践兼能、法律和经济兼通、技术和管理兼行的项目经理。

2. 施工项目经理的地位

施工项目经理是施工项目的管理中心，在整个施工活动中占有举足轻重的地位. 确立施工项目经理的地位是搞好施工项目管理的关键。

（1）施工项目经理是建筑施工企业法人代表在项目上的全权委托代理人。从企业内部看，施工项目经理是施工项目全过程所有工作的总负责人，是项目管理的总责任者，是项目动态管理的体现者，是项目生产要素合理投入和优化组合的组织者。从对外关系看，作为企业法人代表的企业经理，不直接对每个建设单位负责，而是由施工项目经理在授权范围内对建设单位直接负责，由此可见，施工项目经理是项目目标的全面实现者，既要对建设单位的成果性目标负责，又要对企业效率性目标负责。

（2）施工项目经理是协调各方面关系，使之相互紧密协作与配合的桥梁和纽带。他对项目管理目标的实现承担着全部责任，即承担合同责任，履行合同义务、执行合同条款、处理合同纠纷、受法律的约束和保护。

（3）施工项目经理对项目实施进行控制。是各种信息的集散中心。自下、自外而来的信息，通过各种渠道汇集到项目经理的手中；项目经理又通过指令、计划和“办法”，对下、对外发布信息，通过信息的集散达到控制的目的，使项目管理取得成功。

（4）施工项目经理是施工项目责、权、利的主体，因为施工项目经理是项目总体的组织管理者，即他是项目中人、财、物、技术、信息和管理等所有生产要素的组织管理人。他不同于技术、财务等专业的总负责人。项目经理必须把组织管理职责放在首位，项目经理首先必须是项目的责任主体，是实现项目目标的最高责任者，而且目标的实现不应超出限定的资源条件。责任是实现项目经理责任制的核心，它构成了项目经理工作的压力。是确定项目经理权力和利益的依据。

3. 施工项目经理的职责、权限和利益

（1）施工项目经理的职责：

1）贯彻执行国家和工程所在地政府的有关法律、法规和政策，执行企业的各项管理制度。

2）严格财经制度，加强财经管理。正确处理国家、企业与个人的利益关系。

3）执行项目承包合同中由项目经理负责履行的各项条款。

4）对工程项目施工进行有效控制，执行有关技术规范和标准，积极推广应用新技术，确保工程质量和工期，实现安全、文明生产，努力提高经济效益。

（2）施工项目经理的权限：

1）组织项日管理班子。

2）以企业法定代表的身份处理与所承担的工程项目有关的外部关系，受委托签署有关合同。

3）指挥工程项目建设的生产经营活动，调配并管理进入工程项目的人力、资金、物资、机械设备等生产要素。

4）选择施工作业队伍。

5）进行合理的经济分配。

6）企业法定代表人授予的其他管理权力。

（3）施工项目经理的利益：

施工项目经理最终的利益是项目经理行使权力和承担责任的结果，也是商品经济条件下责、权、利相互统一的具体体现。利益可分为两大类：一是物质兑现；二是精神奖励，两者都要重视。

4. 施工项目经理的工作内容

施工项目经理的基本工作主要有三项：

（1）规划施工项目管理目标。施工项目经理应当对质量、工期、成本目标作出规划。应当组织项目经理班子成员对目标系统作出详细规划，绘制展开图，进行目标管理。

（2）制订职工行为准则。就是建立合理而有效的项目管理规章制度，从而保证规划目标的实现。规章制度必须符合现代管理基本原理，以有利于推进规划目标的实现。但绝大多数由项目经理班子或执行机构制订，项目经理给予审批、督促和效果考察。项目经理亲自主持制订的制度，一个是岗位责任制，一个是赏罚制度。

（3）选用人才。一个优秀的项目经理，必须下一番功夫去选择好的项目经理班子成员及主要的业务人员，一个项目经理在选人时，首先要掌握“用最少的人干最多的事”的最基本效率原则，要选得其才，用得其能，置得其所。

5. 施工项目经理的经常性工作

（1）决策。项目经理对重大决策必须按照完整的科学方法进行。但项目经理不需要包揽一切决策，只有如下两种情况要项目经理作出及时、准确的决断：一个是出现的非规范事件，即例外性事件，如特别的合同变更，对某种特殊材料的购买，领导重要指示的执行决策等。另一个是下级请示的重大问题，即涉及项目目标的全局性问题，项目经理要明确

的做出决断。项目经理可不直接回答下属问题，只直接回答下属建议。决策要及时、明确，不要模棱两可，更不可遇到问题绕着走。

（2）深入实际。项目经理必须经常深入实际、密切联系群众，这样才能体察下情，能够发现问题，便于开展领导工作。要把问题解决在群众面前，把关键工作做在最恰当的时候。

（3）学习。项目管理涉及现代生产、科学技术和经营管理，它往往集中了这三者的新成就。项目经理必须不断抛弃老化了的知识、学习新知识、新思想和新方法。要跟上改革的形势，推进管理改革，使各项管理能与国际接轨。

（4）实施合同。对合同中确定的各项目标的实现进行有效的协调与控制，协调各种关系，组织全体职工实现工期、质量、成本、安全、文明施工目标。

6. 施工项目经理责任制

由于项目经理在施工中处于中心地位，对施工项目负有全面管理的责任，故对承包到手并签订了工程承包合同的施工项目，应建立以项目经理为首的生产经营管理系统，施行施工项目经理责任制。施工项目经理既是生产经营活动的中心，又是履行合同的主体。施工项目经理从施工项目开工到竣工验收及交付使用，进行全过程的施工和经营管理，并在项目经理负责的前提下与企业签订责任状，实行成本核算，对费用、质量、工期、降低成本、安全文明负责。不进行单项承包，也不进行利润承包，而是多项复合型技术经济指标的全额、全过程责任承包。承包的最终结果与项目经理、项目经理部的职工的晋升和奖罚挂勾。

以施工项目为对象的三个层次承包如下：

（1）项目经理部向企业承包施工项目。项目经理部对施工图预算造价（即合同造价）的实现（一包），保上缴利润和竣工要求（二保），使工资总额与质量、工期、成本、安全、文明施工挂钩（五挂）。

（2）栋号作业承包队向项目经理部承包栋号。该承包以单位工程为对象，以施工预算为依据，以质量为中心，签订栋号承包责任状，实行“一包，两奖、四挂、五保”的经济责任制，即栋号作业承包队按施工预算的费用一次包死，实行优质工程奖和材料节约奖，工资总额的核定与质量、工期（形象进度）、成本、文明施工四项指标挂钩，项目经理部发包时保任务安排连续、料具按时供应、技术指导及时、劳动力和技术工种配套、政策稳定、合同兑现。签订合同时承包队长向项目经理交纳风险抵押金，竣工审计考核后一次奖罚兑现。

（3）班组向栋号作业承包队承包分项工程，实行“三定，一全，四嘉奖”承包制，即定质量等级、形象进度和安全标准，全额计件承包，给予材料节约奖、工具包干奖、模板架具维护奖和四小（小发明、小建议、小革新、小创造）活动奖。

2.1.4.4 施工项目经理部的部门设置和人员配备

施工项目经理部的部门设置和人员配备与施工项目的规模和项目的类型有关，不能一概而论，为了把施工项目变成市场竞争的核心、企业管理的重心、成本核算的中心、代表企业履行合同的主体及工程管理的实体。施工项目经理部内应配备施工项目经理、总工程师、部经济师、总会计师和技术、预算、劳资、定额、计划、质量、保卫、测试、计量以

及辅助生产人员 15～45 人，其中，一级项目经理部 30～45 人，二级项目经理部 20～30 人，三级项目的经理部 15～20 人。实行一职多岗，全部岗位职责覆盖项目施工全过程的全面管理，不留死角，亦避免职责重叠交叉。全部人员组成 4 个主要业务部门：

经营核算部门，主要负责预算、合同、索赔、资金收支、成本控制与核算、劳动配置及劳动分配等工作。

工程技术部门，主要负责生产调度、进度控制、文明施工、技术管理、施工组织设计、计量、测量、试验、计划、统计工作。

物资设备部门，主要负责材料的询价、采购、计划供应、管理、运输、工具管理、机械设备的租赁配套使用等工作。

监控管理部门，主要负责工程质量、安全管理、消防保卫、环境保护等工作。

1. 施工项目的劳动组织

施工项目的劳动力来源于企业的劳务市场。企业劳务市场由企业劳务管理部门（或劳务公司）管理，对内以生活基地为依托组建施工劳务队，对外招用由行业主管部门协调或由指定的基地输入通过培训的施工队伍。

(1) 劳务输入。坚持“计划管理，定向输入，市场调节，双向选择，统一调配，合理流动”的方针。项目经理部根据所承担的工程项目任务，编制劳动力需要量计划，交公司劳动部门，公司进行平衡，然后由项目经理部根据公司平衡结果，进行供需见面，双向选择，与施工劳务队签订劳务合同，明确需要的工种，人员数量，进出场时间和有关奖罚条款等，正式将劳动力组织引入施工项目，形成施工项目作业层。

(2) 劳动力组织。以施工劳务队的建制进入施工项目后，以项目经理部为主、施工劳务公司（或队）配合，双方协商共同组建栋号（作业）承包队，打破工种界限，实行混合编班，提倡一专多能，一岗多职，形成既具有专业工种，又有协作配套人员，并能独立施工的企业承包队。亦可对组建的栋号（作业）承包队设置“项目经理栋号助理”，作为项目经理在栋号（单位工程）上的委托代理人，对项目经理负责，实行从栋号（单位工程）开工到竣工交付使用的全过程管理。主要负责解决所管辖栋号现场施工出现的问题，签证各类经济洽商，保证料具供应，沟通协调作业承包队与项目经理部各业务部门之间的关系。

这样，项目经理部及劳务组织便在施工项目中形成了如图 2.6 所示的施工项目组织结构示意图。

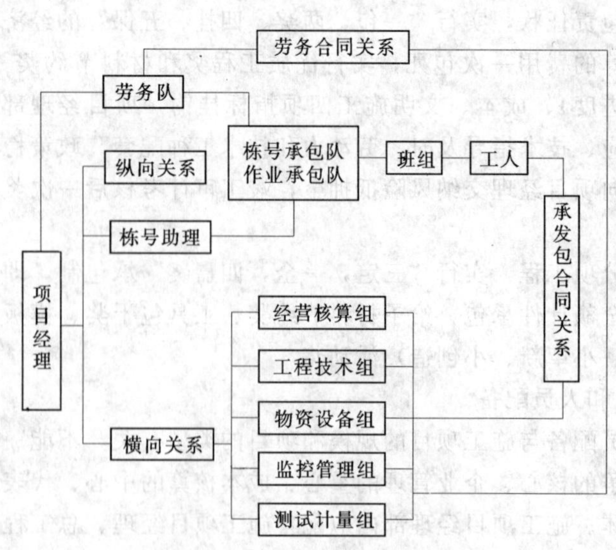

图 2.6　施工项目组织结构示意图

2. 安装、设备租赁单位参与施工项目管理的方式

安装和机械施工单位应是土建单位的分包单位，故建立有契约关系，合同规定的责任、权利、义务参与施工项目管理。设备安装单位和机械租

赁单位可以向项目派出管理人员，全权代表本单位参加项目经理部的工作，负责组织、调度、控制所属作业力量，配置相应的资源，接受项目的统一进度计划的制约和协调，接受项目既定的各项制度和标准的监督。接受隶属企业（单位）和项目经理部的双重领导，在维护项目整体利益的前提下保障本单位利益。与此要求相适应，安装和机械设备租赁企业（单位）可以根据具体任务情况，重组本单位的管理体制。可设立若干个项目管理班子，也可以推行区域性项目管理，一个班子管理 2 个以上项目。

2.1.4.5 施工项目管理制度的制订

1. 制订施工项目管理制度的要求

项目经理部组建以后，作为组织建设内容之一的管理制度应立即着手建立。建立管理制度必须遵循以下原则：

（1）制订施工项目规章制度必须贯彻国家法律政策、部门的法规、企业的制度等文件精神，不得有抵触和矛盾，不得危害公众利益。

（2）制订施工项目管理制度必须实事求是，即符合本施工项目的需要。施工项目最需要的管理制度是有关工程技术、计划、统计、经营、核算、承包、分配以及各项业务管理制度，它们应是制订管理制度的主要目标。

（3）管理制度要配套，不留有漏洞，形成完整的管理制度和业务交圈体系。

（4）各种管理制度之间不能产生矛盾，以免职工无所适从。

（5）管理制度的制订要有针对性。任何一项条款都必须具体明确，可以检查，文字表达要简洁、明确。

（6）管理制度颁布、修改，废除要有严格程序。项目经理是总决策者，凡不涉及到企业的管理制度，由项目经理签字决定，报公司备案；凡涉及公司的管理制度，应由公司经理批准才有效。

（7）不得与公司颁发的管理制度重复。只能在此基础上制订实施细则。

2. 施工项目管理制度的制订

施工项目经理部的管理制度的制订应围绕计划、责任、监理、核算、质量等方面。计划制是为了使各方面都能协调一致地为施工项目总目标服务，它必须覆盖项目施工的全过程和所有方面，计划的制订必须有科学的依据，计划的执行和检查必须落实到人，责任制的建立的基本要求是：一个独立的职责，必须由一个人全权负责，应做到人人有责可负。监理制和奖惩制的目的是保证计划制和责任制贯彻落实，对项目任务完成进行控制和激励，它应具备的条件是有一套公平的绩效的评价标准和评价方法，有健全的信息管理制度，有完整的监督和奖惩体系。核算制的目的是为落实上述四项制度提供基础，了解各种制度执行的情况和效果，并进行相应的控制。要求核算必须落实到最小的可控制单位上（如班组）；要把按人员职责落实的核算与按生产要素落实的核算，经济效益和经济消耗结合起来，要有完善的核算手续。质量是工程的灵魂，必须通过工艺和管理予以保证，故必须有制度作出严格规定。

学习情境3　施工项目的施工准备

学习单元3.1　施工项目的施工准备

3.1.1　学习目标

根据施工项目的特点和合同要求，懂得施工项目的施工准备的主要工作和要求，会在项目经理部的统一部署下，在开工之前完成施工项目的各项施工准备。能进行社会调研、资料分析、撰写报告。

3.1.2　学习任务

（1）明确施工准备工作的要求。

（2）会原始资料的收集。

（3）会技术资料的准备。

（4）会施工现场的准备。

（5）会生产资料的准备。

（6）会施工现场人员的准备。

（7）会冬雨季施工的准备。

（8）能完成一单位工程的施工准备工作。

3.1.3　任务分析

（1）施工准备工作计划是做好施工准备工作的保证。

（2）调查研究和收集有关施工资料的科学性、准确性是做好施工准备工作的基础。

（3）技术资料的准备、施工现场的准备、生产资料的准备、施工现场人员的准备是施工准备工作的核心。

（4）冬雨季施工准备是保障施工的重要措施。

（5）施工准备工作训练是完成学习目标，胜任此项工作任务的根本途径。

3.1.4　任务实施

3.1.4.1　施工准备工作的要求

1. 建立严格的施工准备工作责任制

施工准备工作必须有严格的责任制，按施工准备工作计划将责任落实到有关部门和具体人员，项目经理全权负责整个项目的施工准备工作，对准备工作进行统一布置和安排，协调各方面关系，以便按计划要求及时全面完成准备工作。

2. 建立施工准备工作检查制度

施工准备工作不仅要有明确的分工和责任，要有布置、有交底，在实施过程中还要定期检查。其目的在于督促和控制，通过检查发现问题和薄弱环节，并进行分析、找出原因，及时解决，不断协调和调整，把工作落到实处。

3. 严格遵守建设程序，执行开工报告制度

必须遵循基本建设程序，坚持没有做好施工准备不准开工的原则，当施工准备工作的各项内容已完成，满足开工条件，已办理施工许可证，项目经理部应申请开工报告，报上级批准后才能开工。实行监理的工程，还应将开工报告送监理工程师审批，由监理工程师签发开工通知书。

表 3.1　　**单 位 工 程 开 工 报 告**

申报单位：　　　　　　　　　　　　　　　　年　月　日　第××号

工程名称		建筑面积	
结构类型		工程造价	
建设单位		监理单位	
施工单位		技术负责人	
申请开工日期	年　月　日	计划竣工日期	年　月　日
序号	单位工程开工的基本条件		完成情况
1	施工图纸已会审，图纸中存在的问题和错误已得到纠正		
2	施工组织设计或施工方案已经批准并进行了交底		
3	场内场地平整和障碍物的清除已基本完成		
4	场内、外交通道路、施工用水、用电、排水已能满足施工要求		
5	材料、半成品和工艺设计等，均能满足连续施工的要求		
6	生产和生活用的临建设施已搭建完毕		
7	施工机械、设备已进场，并经过检验能保证连续施工的要求		
8	施工图预算和施工预算已经编审，并已签订工作合同协议		
9	劳动力已落实，劳动组织机构已建立		
10	已办理了施工许可证		
施工单位上级主管部门意见 （签章） 年　月　日	建设单位意见 年　月　日	质监站意见 年　月　日	监理意见 年　月　日

4. 处理好各方面的关系

施工准备工作的顺利实施，必须将多工种、多专业的准备工作统筹安排、协调配合，施工单位要取得建设单位、设计单位、监理单位及有关单位的大力支持与协作，使准备工作深入有效地实施，为此要处理好几个方面的关系：

(1) 建设单位准备与施工单位准备相结合。

为保证施工准备工作全面完成，不出现漏洞，或职责推诿的情况，应明确划分建设单位和施工单位准备工作的范围、职责及完成时间。并在实施过程中，相互沟通、相互配合，保证施工准备工作的顺利完成。

(2) 前期准备与后期准备相结合。

施工准备工作有一些是开工前必须做的，有一些是在开工之后交叉进行的，因而既要立足于前期准备工作，又要着眼于后期的准备工作，两者均不能偏废。

(3) 室内准备与室外准备相结合。

室内准备工作是指工程建设的各种技术经济资料的编制和汇集，室外准备工作是指对施工现场和施工活动所必需的技术、经济、物质条件的建立。室外准备与室内准备应同时并举，互相创造条件；室内准备工作对室外准备工作起着指导作用，而室外准备工作则对室内准备工作起促进作用。

(4) 现场准备与加工预制准备相结合。

在现场准备的同时，对大批预制加工构件就应提出供应进度要求，并委托生产，对一些大型构件应进行技术经济分析，及时确定是现场预制，还是加工厂预制，构件加工还应考虑现场的存放能力及使用要求。

(5) 土建工程与安装工程相结合。

土建施工单位在拟定出施工准备工作规划后，要及时与其他专业工程以及供应部门相结合，研究总包与分包之间综合施工、协作配合的关系，然后各自进行施工准备工作，相互提供施工条件，有问题及早提出，以便采取有效措施，促进各方面准备工作的进行。

(6) 班组准备与工地总体准备相结合。

在各班组做施工准备工作时，必须与工地总体准备相结合，要结合图纸交底及施工组织设计的要求，熟悉有关的技术规范、规程，协调各工种之间衔接配合，力争连续、均衡的施工。

班组作业的准备工作包括：

1) 进行计划和技术交底，下达工程任务书。

2) 施工机具进行保养和就位。

3) 将施工所需的材料、构配件，经质量检查合格后，供应到施工地点。

4) 具体布置操作场地，创造操作环境。

5) 检查前一工序的质量，搞好标高与轴线的控制。

3.1.4.2　编制施工准备工作计划

为了有步骤、有安排、有组织、全面地搞好施工准备，在进行施工准备之前，应编制好施工准备工作计划。其形式见表3.2。

表3.2　施工准备工作计划表

序号	项目	施工准备工作内容	要求	负责单位	负责人	配合单位	起止时间		备注
							月　日	月　日	
1									
2									

施工准备工作计划是施工组织设计的重要组成部分，应依据施工方案、施工进度计划、资源需要量等进行编制。除了用上述表格和形象计划外，还可采用网络计划进行编制，以明确各项准备工作之间的关系并找出关键工作，并且可在网络计划上进行施工准备期的调整。

3.1.4.3　调查研究和收集有关施工资料的实施

1. 收集给排水、供电等资料

水、电和蒸气是施工不可缺少的条件。收集的内容见表3.3。资料来源主要是当地城市建设、电业、电讯等管理部门和建设单位。主要作用是选用施工用水、用电和供热、供气方式的依据。

表3.3　　水、电、气条件调查表

序号	项目	调　查　内　容	调 查 目 的
1	供水 排水	(1) 工地用水与当地现有水源连接的可能性，可供水量、接管地点、管径、材料、埋深、水压、水质及水费，至工地距离，沿途地形、地物状况。 (2) 自选临时江河水源的水质、水量、取水方式，至工地距离，沿途地形、地物状况，自选临时水井的位置、深度、管径、出水量和水质。 (3) 利用永久性排水设施的可能性，施工排水的去向、距离和坡度，有无洪水影响，防洪设施状况	(1) 确定生活、生产供水方案。 (2) 确定工地排水方案和防洪方案。 (3) 拟定供排水设施的施工进度计划
2	供电 电讯	(1) 当地电源位置，引入的可能性，可供电的容量、电压、导线截面和电费，引入方向，接线地点及其至工地距离，沿途地形、地物状况。 (2) 建设单位和施工单位自有的发、变电设备的型号、台数和容量。 (3) 利用邻近电讯设施的可能性，电话、电报局等至工地的距离，可能增设电讯设备、线路的情况	(1) 确定供电方案。 (2) 确定通讯方案。 (3) 拟定供电、通讯设施的施工进度计划
3	供气 供热	(1) 蒸气来源，可供蒸气量，接管地点、管径、埋深，至工地距离，沿途地形、地物状况，蒸气价格。 (2) 建设、施工单位自有锅炉的型号、台数和能力，所需燃料及水质标准。 (3) 当地或建设单位可能提供的压缩空气、氧气的能力，至工地距离	(1) 确定生产、生活用气的方案。 (2) 确定压缩空气、氧气的供应计划

2. 收集交通运输资料

建筑施工中，常用铁路、公路和航运等三种主要交通运输方式。收集的内容见表3.4。资料来源主要是当地铁路、公路、水运和航运管理部门。主要作用是决定选用材料和设备的运输方式，组织运输业务的依据。

3. 收集建筑材料资料

建筑工程要消耗大量的材料，主要有钢材、木材、水泥、地方材料（砖、砂、灰、石）、装饰材料、构件制作、商品混凝土、建筑机械等。其内容见表3.5、表3.6。资料来源主要是当地主管部门和建设单位及各建材生产厂家、供货商。主要作用是作为选择建筑材料和施工机械的依据。

4. 社会劳动力和生活条件调查

建筑施工是劳动密集型的生产活动。社会劳动力是建筑施工劳动力的主要来源，其内容见表3.7。资料来源是当地劳动、商业、卫生和教育主管部门。主要作用是为劳动力安排计划、布置临时设施和确定施工力量提供依据。

表 3.4　　交通运输条件调查表

序号	项目	调 查 内 容	调 查 目 的
1	铁路	（1）邻近铁路专用线、车站至工地的距离及沿途运输条件。 （2）站场卸货线长度，起重能力和储存能力。 （3）装卸单个货物的最大尺寸、重量的限制	（1）选择运输方式。 （2）拟定运输计划
2	公路	（1）主要材料产地至工地的公路等级、路面构造、路宽及完好情况、允许最大载重量、途经桥涵等级、允许最大尺寸、最大载重量。 （2）当地专业运输机构及附近村镇能提供的装卸、运输能力（吨/公里）、运输工具的数量及运输效率，运费、装卸费。 （3）当地有无汽车修配厂、修配能力和至工地距离	
3	航运	（1）货源、工地至邻近河流、码头渡口的距离，道路情况。 （2）洪水、平水、枯水期时，通航的最大船只及吨位，取得船只的可能性。 （3）码头装卸能力、最大起重量，增设码头的可能性。 （4）渡口的渡船能力、同时可载汽车数、每日次数、能为施工提供能力。 （5）运费、渡口费、装卸费	

表 3.5　　地方资源调查表

序号	材料名称	产地	储藏量	质量	开采量	出厂价	供应能力	运距	单位运价
1									
2									
…									

表 3.6　　三种材料、特殊材料和主要设备调查表

序号	项目	调 查 内 容	调 查 目 的
1	三种材料	（1）钢材订货的规格、型号、数量和到货时间。 （2）木材订货的规格、等级、数量和到货时间。 （3）水泥订货的品种、标号、数量和到货时间	（1）确定临时设施和堆放场地。 （2）确定木材加工计划。 （3）确定水泥储存方式
2	特殊材料	（1）需要的品种、规格、数量。 （2）试制、加工和供应情况	（1）制订供应计划。 （2）确定储存方式
3	主要设备	（1）主要工艺设备名称、规格、数量和供货单位。 （2）供应时间：分批和全部到货时间	（1）确定临时设施和堆放场地。 （2）拟定防雨措施

表 3.7　　社会劳动力和生活条件调查表

序号	项目	调 查 内 容	调查目的
1	社会劳动力	（1）少数民族地区的风俗习惯。 （2）当地能支援的劳动力人数、技术水平和来源。 （3）上述人员的生活安排	（1）拟订劳动力计划。 （2）安排临时设施

续表

序号	项目	调　查　内　容	调查目的
2	房屋设施	(1) 必须在工地居住的单身人数和户数。 (2) 能作为施工用的现有的房屋栋数、每栋面积、结构特征、总面积、位置、水、暖、电、卫生设备状况。 (3) 上述建筑物的适宜用途，作宿舍、食堂、办公室的可能性	(1) 确定原有房屋为施工服务的可能性。 (2) 安排临时设施
3	生活服务	(1) 主、副食品供应，日用品供应、文化教育、消防治安等机构能为施工提供的支援能力。 (2) 邻近医疗单位至工地的距离，可能就医的情况。 (3) 周围是否存在有害气体污染情况，有无地方病	安排职工生活基地

5. 原始资料的调查

原始资料调查的主要内容有：建设地点的气象、地形、地貌、工程地质、水文地质、场地周围环境及障碍物。主要内容见表3.8，资料来源主要是气象部门及设计单位。主要作用是确定施工方法和技术措施，编制施工进度计划和施工平面图布置设计的依据。

表3.8　　原始资料调查表

序号	项目	调　查　内　容	调　查　目　的
(一) 气象			
1	气温	(1) 年平均、最高、最低、最冷、最热月份的逐月平均温度。 (2) 冬、夏季室外计算温度	(1) 确定防暑降温的措施。 (2) 确定冬季施工措施。 (3) 估计混凝土、砂浆强度
2	雨（雪）	(1) 雨季起止时间。 (2) 月平均降雨（雪）量、最大降雨（雪）量、一昼夜最大降雨（雪）量。 (3) 全年雷暴日数	(1) 确定雨季施工措施。 (2) 确定工地排水、防洪方案。 (3) 确定防雷设施
3	风	(1) 主导风向及频率（风玫瑰图）。 (2) ≥8级风的全年天数、时间	(1) 确定临时设施的布置方案。 (2) 确定高空作业及吊装的技术安全措施
(二) 工程地形、地质			
1	地形	(1) 区域地形图：1/10000～1/25000。 (2) 工程位置地形图：1/1000～1/2000。 (3) 该地区城市规划图。 (4) 经、纬坐标桩、水准基桩的位置	(1) 选择施工用地。 (2) 布置施工总平面图。 (3) 场地平整及土方量计算。 (4) 了解障碍物及其数量
2	工程地质	(1) 钻孔布置图。 (2) 地质剖面图：土层类别、厚度。 (3) 物理力学指标：天然含水率、孔隙比、塑性指数、渗透系数、压缩试验及地基土强度。 (4) 地层的稳定性：断层滑块、流砂。 (5) 最大冻结深度。 (6) 地基土破坏情况：枯井、古墓、防空洞及地下构筑物等	(1) 土方施工方法的选择。 (2) 地基土的处理方法。 (3) 基础施工方法。 (4) 复核地基基础设计。 (5) 拟订障碍物拆除计划
3	地震	地震等级、强度大小	确定对基础影响、注意事项

续表

序号	项目	调　查　内　容	调　查　目　的
（三）工程水文地质			
1	地下水	（1）最高、最低水位及时间。 （2）水的流向、流速及流量。 （3）水质分析：水的化学成分。 （4）抽水试验	（1）基础施工方案选择。 （2）降低地下水的方法。 （3）拟定防止侵蚀性介质的措施
2	地面水	（1）临近江河湖泊距工地的距离。 （2）洪水、平水、枯水期的水位、流量及航道深度。 （3）水质分析。 （4）最大、最小冻结深度及结冻时间	（1）确定临时给水方案。 （2）确定运输方式。 （3）确定水工工程施工方案。 （4）确定防洪方案

3.1.4.4　技术资料准备的实施

技术准备是施工准备工作的核心，是现场施工准备工作的基础。由于任何技术的差错或隐患都可能引起人身安全和质量事故，造成生命、财产和经济的巨大损失，因此必须认真地做好技术准备工作。其主要内容包括：熟悉与会审图纸、编制施工组织设计、编制施工图预算和施工预算。

1. 熟悉与会审图纸

（1）基础及地下室部分。

1）核对建筑、结构、设备施工图中关于基础留口、留洞的位置及标高的相互关系是否处理恰当。

2）给水及排水的去向，防水体系的做法及要求。

3）特殊基础做法，变形缝及人防出口做法。

（2）主体结构部分。

1）定位轴线的布置及与承重结构的位置关系。

2）各层所用材料是否有变化。

3）各种构配件的构造及做法。

4）采用的标准图集有无特殊变化和要求。

（3）装饰部分。

1）装修与结构施工的关系。

2）变形缝的做法及防水处理的特殊要求。

3）防火、保温、隔热、防尘、高级装修的类型及技术要求。

2. 审查图纸及其他设计技术资料的内容

（1）设计图纸是否符合国家有关规划、技术规范要求。

（2）核对设计图纸及说明书是否完整、明确，设计图纸与说明等其他各组成部分之间有无矛盾和错误，内容是否一致，有无遗漏。

（3）总图的建筑物坐标位置与单位工程建筑平面图是否一致。

（4）核对主要轴线、几何尺寸、坐标、标高、说明等是否一致，有无错误和遗漏。

(5) 基础设计与实际地质是否相符，建筑物与地下构造物及管线之间有无矛盾。

(6) 主体建筑材料在各部分有无变化，各部分的构造作法。

(7) 建筑施工与安装在配合上存在哪些技术问题，能否合理解决。

(8) 设计中所选用的各种材料、配件、构件等能否满足设计规定的需要。

(9) 工程中采用的新工艺、新结构、新材料的施工技术要求及技术措施。

(10) 对设计技术资料有什么合理化建议及其他问题。

审查图纸的程序通常分为自审阶段、会审阶段和现场签证三个阶段。

自审是施工企业组织技术人员熟悉和自审图纸，自审记录包括对设计图纸的疑问和有关建议。

会审是由建筑单位主持、设计单位和施工单位参加，先由设计单位进行图纸技术交底，各方面提出意见，经充分协商后，统一认识形成图纸会审纪要，由建设单位正式行文，参加单位共同会签、盖章，作为设计图纸的修改文件。

现场签证是在工程施工过程中，发现施工条件与设计图纸的条件不符，或图纸仍有错误，或因材料的规格、质量不能满足设计要求等原因，需要对设计图纸进行及时修改，应遵循设计变更的签证制度，进行图纸的施工现场签证。一般问题，经设计单位同意，即可办理手续进行修改。重大问题，须经建设单位、设计单位和施工单位共同协商，由设计单位修改，向施工单位签发设计变更单，方可有效。

3. 熟悉技术规范、规程和有关技术规定

技术规范、规程是国家制定的建设法规，是实践经验的总结，在技术管理上具有法律效用。建筑施工中常用的技术规范、规程主要有：

(1) 建筑安装工程质量检验评定标准。

(2) 施工操作规程。

(3) 建筑工程施工及验收规范。

(4) 设备维护及维修规程。

(5) 安全技术规程。

(6) 上级技术部门颁发的其他技术规范和规定。

4. 编制施工组织设计。(见学习情境4)

5. 编制施工图预算和施工预算。

3.1.4.5　施工现场准备的实施

1. 现场“三通一平”

“三通一平”是在建筑工程的用地范围内，接通施工用水、用电、道路并且平整施工场地的总称。而工程实际的需要往往不止水通、电通、路通，有些工地上还要求有“热通”(供蒸气)、“气通”(供煤气)、“话通”(通电话)等，但最基本的还是“三通”。

(1) 通水。

施工现场的通水包括给水与排水。施工用水包括生产、生活和消防用水，其布置应按施工总平面图的规划进行安排。施工用水设施尽量利用永久性给水线路，临时管线的铺设，既要满足用水点的需要和使用方便，又要尽量缩短管线。施工现场要做好有组织的排水系统，否则会影响施工的顺利进行。

（2）通电。

施工现场的通电包括生产用电和生活用电。根据生产、生活用电的电量，选择配电变压器，与供电部门或建设单位联系，按施工组织要求布设线路和通电设备。当供电系统供电不足时，应考虑在现场建立发电系统，以保证施工的顺利进行。

（3）修通道路。

施工现场的道路，是组织大量物资进场的运输动脉，为了保证各种建筑材料、施工机械、生产设备和构件按计划到场，必须按施工总平面图的要求修通道路。为了节省工程费用，应尽可能利用已有道路或结合正式工程的永久性道路。为使施工时不损坏路面，可先做路基，施工完毕后再做路面。

（4）平整施工场地。

施工场地的平整工作，首先通过测量，按建筑总平面图中确定的标高，计算出挖土及填土的数量，设计土方调配方案，组织人力或机械进行平整工作；若拟建场内有旧建筑物，则须拆迁房屋，同时要清理地面上的各种障碍物，对地下管道、电缆等要采取可靠的拆除或保护措施。

2. 测量放线

测量放线的任务是把图纸上所设计好的建筑物、构筑物及管线等测设到地面或实物上，并用各种标志表现出来，作为施工的依据。在土方开挖前，按设计单位提供的总平面图及给定的永久性经、纬坐标控制网和水准控制基桩，进行场区施工测量，设置场区永久性坐标，水准基桩和建立场区工程测量控制网。在进行测量放线前，应做好以下几项准备工作：

（1）了解设计意图，熟悉并校核施工图纸。

（2）对测量仪器进行检验和校正。

（3）校核红线桩与水准点。

（4）制订测量放线方案。测量放线方案主要包括平面控制、标高控制、±0.000以下施测、±0.000以上施测、沉降观测和竣工测量等项目，其方案制订应依据设计图纸要求和施工方案来确定。

建筑物定位放线是确定整个工程平面位置的关键环节，施测中必须保证精度，杜绝错误，否则其后果将难以处理。建筑物的定位、放线，一般通过设计图中平面控制轴线来确定建筑物的轮廓位置，经自检合格后，提交有关部门和甲方（监理人员）验线，以保证定位的准确性。沿红线的建筑物，还要由规划部门验线，以防止建筑物超、压红线。

3. 临时设施的搭设

现场所需的临时设施，应报请规划、市政、消防、交通、环保等有关部门审查批准，按施工组织设计和审查情况来实施。

对于指定的施工用地周界，应用围墙（栏）围挡起来，围挡的形式和材料应符合市容管理的有关规定和要求，并在主要出、入口设置标牌，标明工程名称、施工单位、工地负责人、监理单位等。

各种生产（仓库、混凝土搅拌站、预制构件厂、机修站、生产作业棚等），生活（办公室、宿舍、食堂等）用的临时设施，严格按批准的施工组织设计规定的数量、标准、面

积、位置等来组织实施，不得乱搭乱建，并尽可能做到以下几点：

(1) 利用原有建筑物，减少临时设施的数量，以节省投资。

(2) 适用、经济、就地取材，尽量采用移动式、装配式临时建筑。

(3) 节约用地、少占农田。

3.1.4.6　生产资料准备的实施

1. 建筑材料的准备

建筑材料的准备包括：三材（钢材、木材、水泥），地方材料（砖、瓦、石灰、砂、石等），装饰材料（面砖、地砖等），特殊材料（防腐、防射线、防爆材料等）的准备。为保证工程顺利施工，材料准备要求如下：

(1) 编制材料需要量计划，签订供货合同。根据预算的工料分析，按施工进度计划的使用要求，材料储备定额和消耗定额，分别按材料名称、规格、使用时间进行汇总，编制材料需用量计划，同时根据不同材料的供应情况，随时注意市场行情，及时组织货源，签订定货合同，保证采购供应计划的准确、可靠。

(2) 材料的运输和储备按工程进度分期、分批进场。现场储备过多会增加保管费用、占用流动资金，过少难以保证施工的连续进行，对于使用量少的材料，尽可能一次进场。

(3) 材料的堆放和保管。

现场材料的堆放应按施工平面布置图的位置，按材料的性质、种类，选取不同的堆放方式，合理堆放，避免材料的混淆及二次搬运；进场后的材料要依据材料的性质妥善保管，避免材料的变质及损坏，以保持材料的原有数量和原有的使用价值。

2. 施工机具和周转材料的准备

施工机具包括施工中所确定选用的各种土方机械、木工机械、钢筋加工机械、混凝土机械、砂浆机械、垂直与水平运输机械、吊装机械等，应根据采用的施工方案和施工进度计划，确定施工机械的数量和进场时间；确定施工机具的供应方法和进场后的存放地点和方式，并提出施工机具需要量计划，以便使企业内平衡或外签约租借机械。

周转材料的准备主要指模板和脚手架，此类材料施工现场使用量大、堆放场地面积大、规格多、对堆放场地的要求高，应按施工组织设计的要求分规格、型号整齐码放，以便使用和维修。

3. 预制构件和配件的加工准备

工程施工中需要大量的钢筋混凝土构件、木构件、金属构件、水泥制品、塑料制品、卫生洁具等，应在图纸会审后提出预制加工单，确定加工方案、供应渠道及进场后的储备地点和方式。现场预制的大型构件，应依施工组织设计做好规划提前加工预制。

此外，对采用商品混凝土的现浇工程，要依施工进度计划要求确定需用量计划，主要内容有商品混凝土的品种、规格、数量、需要时间、送货方式、交货地点，并提前与生产单位签订供货合同，以保证施工顺利进行。

3.1.4.7　施工人员准备的实施

施工队伍的建立，要考虑工种的合理配合，技工和普工的比例要满足劳动组织的要求，建立混合施工队或专业施工队及其数量，组建施工队组要坚持合理、精干原则，在施工过程中，依工程实际进度需求，动态管理劳动力数量。需外部力量的，可通过签订承包合同或联合其他队伍来共同完成。

1. 建立精干的基本施工队组

基本施工队组应根据现有的劳动组织情况、结构特点及施工组织设计的劳动力需要量计划确定。一般有以下几种组织形式：

(1) 砖混结构的建筑：该类建筑在主体施工阶段，主要是砌筑工程，应以瓦工为主，配合适量的架子工、钢筋工、混凝土工、木工以及小型机械工等；装饰阶段以抹灰、油漆工为主，配合适量的木工、电工、管工等。因此以混合施工班组为宜。

(2) 框架、框剪及全现浇结构的建筑：该类建筑在主体施工阶段，主要是钢筋混凝土工程，应以模板工、钢筋工、混凝土工为主，配合适量的瓦工；装饰阶段配备抹灰、油漆工等。因此以专业施工班组为宜。

(3) 预制装配式结构的建筑：该类建筑的主要施工工作以构件吊装为主，应以吊装起重工为主，配合适量的电焊工、木工、钢筋工、混凝土工、瓦工等，装饰阶段配备抹灰工、油漆工、木工等。因此以专业施工班组为宜。

2. 确定优良的专业施工队伍

大、中型的工业项目或公用工程，内部的机电安装、生产设备安装一般需要专业施工队或生产厂家进行安装和调试，某些分项工程也可能需要机械化施工公司来承担，这些需要外部施工队伍来承担的工作，需在施工准备工作中签订承包合同的形式予以明确，落实施工队伍。

3. 选择优势互补的外包施工队伍

随着建筑市场的开放，施工单位往往依靠自身的力量难以满足施工需要，因而需联合其他建筑队伍（外包施工队）来共同完成施工任务，通过考察外包队伍的市场信誉、已完工程质量、确认资质、施工力量水平等来选择，联合要充分体现优势互补的原则。

3.1.4.8　冬、雨季施工准备工作的实施

（一）冬季施工准备工作包括以下几项工作：

1. 合理安排冬季施工项目

建筑产品的生产周期长，且多为露天作业，冬季施工条件差、技术要求高，因此在施工组织设计中就应合理安排冬季施工项目，尽可能保证工程连续施工，一般情况下尽量安排费用增加少、易保证质量、对施工条件要求低的项目在冬季施工，如吊装、打桩、室内装修等，而如土方、基础、外装修、屋面防水等则不易在冬季施工。

2. 落实各种热源的供应工作

提前落实供热渠道，准备热源设备，储备和供应冬季施工用的保温材料，做好司炉培训工作。

3. 做好保温防冻工作

(1) 临时设施的保温防冻：给水管道的保温，防止管道冻裂；防止道路积水、积雪成冰，保证运输顺利。

(2) 工程已成部分的保温保护：如基础完成后及时回填至基础顶面同一高度，砌完一层墙后及时将楼板安装到位等。

(3) 冬季要施工部分的保温防冻：如凝结硬化尚未达到强度要求的砂浆、混凝土要及

时测温，加强保温，防止遭受冻结；将要进行的室内施工项目，先完成供热系统，安装好门窗玻璃等。

4. 加强安全教育

要有冬季施工的防火、安全措施，加强安全教育，做好职工培训工作，避免火灾、安全事故的发生。

（二）雨季施工准备工作包括以下几项工作：

1. 合理安排雨季施工项目

在施工组织设计中要充分考虑雨季对施工的影响，一般情况下，雨季到来之前，多安排土方、基础、室外及屋面等不易在雨季施工的项目，多留一些室内工作在雨季进行，以避免雨季窝工。

2. 做好现场的排水工作

施工现场雨季来临前，做好排水沟，准备好抽水设备，防止场地积水，最大限度地减少泡水造成的损失。

3. 做好运输道路的维护和物资储备

雨季前检查道路边坡排水，适当提高路面，防止路面凹陷，保证运输道路的畅通，并多储备一些物资，减少雨季运输量，节约施工费用。

4. 做好机具设备等的保护

对现场各种机具、电器、工棚都要加强检查，特别是脚手架、塔吊、井架等，要采取防倒塌、防雷击、防漏电等一系列技术措施。

5. 加强施工管理

认真编制雨季施工的安全措施，加强对职工的教育，防止各种事故的发生。

学习情境4　施工规划的编制

学习单元4.1　编制施工规划的准备

4.1.1　学习目标

根据施工准备中的资料、合同要求和设计文件，懂得施工规划的分类、编制内容，会编制施工规划的准备计划，能完成施工规划的准备工作。具有社会调研、资料分析、撰写报告的能力。

4.1.2　学习任务

（1）明确施工组织设计的任务。

（2）懂得施工组织设计的分类和主要内容。

（3）清楚编制施工组织设计的基本要求。

（4）会施工规划的准备的编制。

（5）能完成一单位工程的施工规划的准备。

4.1.3　任务分析

实施施工项目管理以后，施工组织设计起着“施工项目管理规划”的作用。因此它必须服务于施工项目管理的全过程。也就是说，施工组织设计的定义是指导施工项目全过程的规划性的、全局性的技术经济文件，或称“管理文件”，其基本任务应表述为：为编制投标书进行筹划，为合同的谈判与签订提供原始资料，指导施工准备和施工，从而使施工企业项目管理的规划与组织、设计与施工、技术与经济、前方和后方、工程和环境等协调起来，取得良好的经济效果。

对标后设计来说，从突出“组织”的角度出发，在编制施工组织设计时，应重点编好以下三项内容：

第一个重点，在施工组织总设计中是施工部署和施工方案，在单位工程施工组织设计中是施工方案和施工方法。前者的关键是“安排”，后者的关键是“选择”。这一部分是解决施工中的组织指导思想和技术方法问题，在操作时应努力在“安排”和“选择”上做到优化。

第二个重点，在施工组织总设计中是施工总进度计划，在单位工程施工组织设计中是施工进度计划。这部分所要解决的问题是顺序和时间，“组织”工作是否得力，主要看时间是否利用合理，顺序是否安排得当。巨大的经济效益寓于时间和顺序的组织之中，绝不能稍有忽视。

第三个重点，在施工组织总设计中是施工总平面图，在单位工程施工组织设计中是施工平面图。这一部分是解决空间问题和涉及“投资”问题。它的技术性、经济性都很强，还涉及许多政策和法规，如占地、环保、安全、消防、用电、交通等。

三个重点突出了施工组织设计中的技术、时间和空间三大要素，这三者又是密切相关

的，设计的顺序也不能颠倒。

要做好施工规划的准备工作，首先要清楚准备工作的作用和任务，其次对不同层次施工规划的准备工作内容要细化，明确不同层次施工规划的要求，其核心是施工组织设计，并为编制施工规划做好准备工作。

4.1.4　任务实施

4.1.4.1　施工组织设计的分类和主要内容

施工组织设计分为投标前的施工组织设计（简称“标前设计”）和投标后的施工组织设计（简称“标后设计”）。前者满足编制投标书和签订施工合同的需要，后者满足施工准备和施工的需要。标后设计又可根据设计阶段和编制对象的不同划分为施工组织总设计、单位工程施工组织设计和分部（分工种）工程施工组织设计。

1. 标前设计的内容

施工单位为了使投标书具有竞争力以实现中标，必须编制标前设计，对投标书所要求的内容进行筹划和决策，并附入投标文件之中。标前设计的水平既是能否中标的关键因素，又是总包单位进行分包招标和分包单位编制投标书的重要依据。它还是承包单位进行合同谈判、提出要约和进行承诺的根据和理由，是拟订合同文本中相关条款的基础资料。它应由经营管理层进行编制，其内容应包括：

（1）施工方案，包括施工方法选择、施工机械选用、劳动力和主要材料、半成品的投入量。

（2）施工进度计划，包括工程开工日期、竣工日期、施工进度控制图及说明。

（3）主要技术组织措施，包括保证质量、保证安全、保证进度、防治环境污染等方面的技术组织措施。

（4）施工平面图，包括施工用水量和用电量的计算、临时设施用量、费用计算和现场布置等。

（5）其他有关投标和签约谈判需要的设计。

2. 施工组织总设计

施工组织总设计是以整个建设项目或群体项目为对象编制的，是整个建设项目或群体工程施工的全局性，指导性文件。

（1）施工组织总设计的主要作用。

施工组织总设计的最主要作用是为施工单位进行全场性施工准备工作和组织物资、技术供应提供依据；它还可用来确定设计方案中施工的可能性和经济合理性，为建设单位和施工单位编制计划提供依据。

（2）施工组织总设计的内容和深度。

施工组织总设计的深度应视工程的性质、规模、结构特征、施工复杂程度、工期要求、建设地区的自然和经济条件而有所不同，原则上应突出“规划性”和“控制性”的特点，其主要内容如下：

1）施工部署和施工方案。主要有：施工项目经理部的组建，施工任务的组织分工和安排，重要单位工程施工方案，主要工种工程的施工方法和“七通一平”规划。

2）施工准备工作计划。主要有：测量控制网的确定和设置，土地征用，居民迁移，障碍物拆除，掌握设计进度和设计意图，编制施工组织设计，研究采用有关新技术、新材料、新设备、技术组织措施，进行科研试验，大型临时设施规划，施工用水、电、路及场地平整工作的安排，技术培训，物资和机具的申请和准备等。

3）各项需要量计划。包括，劳动力需要量计划，主要材料与加工品需用量计划和运输计划，主要机具需用量计划，大型临时设施建设计划等。

4）施工总进度计划。包括：编制施工总进度图表或网络计划，用以控制工期，控制各单位工程的搭接关系和持续时间，为编制施工准备工作计划和各项需要量计划提供依据。

5）施工总平面图。对施工所需的各项设施、这些设施的现场位置、相互之间的关系，它们和永久性建筑物之间的关系和布置等，进行规划和部署，绘制成布局合理、使用方便、利于节约、保证安全的施工总平面布置图。

6）技术经济指标分析。用以评价上述设计的技术经济效果，并作为今后考核的依据。

3. 单位工程施工组织设计

单位工程施工组织设计是具体指导施工的文件，是施工组织总设计的具体化，也是建筑企业编制月旬作业计划的基础。它是以单位工程或一个交工系统工程为对象编制的。

（1）单位工程施工组织设计的作用。

单位工程施工组织设计是以单位工程为对象编制的用以指导单位工程施工准备和现场施工的全局性技术经济文件。它的主要作用有以下几点：

1）贯彻施工组织总设计，具体实施施工组织总设计时该单位工程的规划精神。

2）编制该工程的施工方案，选择其施工方法、施工机械，确定施工顺序，提出实现质量、进度、成本和安全目标的具体措施，为施工项目管理提出技术和组织方面的指导性意见。

3）编制施工进度计划，落实施工顺序、搭接关系、各分部分项工程的施工时间、实现工期目标，为施工单位编制作业计划提供依据。

4）计算各种物资，机械、劳动力的需要量，安排供应计划，从而保证进度计划的实现。

5）对单位工程的施工现场进行合理设计和布置，统筹地合理利用空间。

6）具体规划作业条件方面的施工准备工作。

总之，通过单位工程施工组织设计的编制和实施，可以在施工方法、人力、材料、机械、资金、时间、空间等方面进行科学合理的规划，使施工在一定的时间、空间和资源供应条件下，有组织、有计划、有秩序地进行，实现质量好、工期短、消耗少、资金省、成本低的良好效果。

（2）单位工程施工组织设计的内容。

与施工组织总设计类似，单位工程施工组织设计应包括以下主要内容：

1）工程概况。工程概况包括工程特点、建设地点特征、施工条件三个方面。

2）施工方案。施工方案的内容包括确定施工程序和施工流向、划分施工段、主要分部分项工程施工方法的选择和施工机械选择、技术组织措施。

3）施工进度计划。包括确定施工顺序、划分施工项目、计算工程量、劳动量和机械台班量、确定各施工过程的持续时间并绘制进度计划图。

4）施工准备工作计划。包括技术准备、现场准备、劳动力、机具、材料、构件、加工半成品的准备等。

5）编制各项需用量计划。包括材料需用量计划、劳动力需用量计划、构件、加工半成品需用量计划、施工机具需用量计划。

6）施工平面图。表明单位工程施工所需施工机械、加工场地、材料、构件等的放置场地及临时设施在施工现场合理布置的图形。

7）技术经济指标。以上单位工程施工组织设计内容中，以施工方案、施工进度计划和施工平面图三项最为关键，它们分别规划单位工程施工的技术、时间、空间三大要素，在设计中，应下大工夫进行研究和筹划。

4. 分部（分工种）工程施工组织设计

它的编制对象是难度较大、技术复杂的分部（分工种）工程或新技术项目，用来具体指导这些工程的施工。主要内容包括：施工方案、进度计划、技术组织措施等。

不论是哪一类施工组织设计，其内容都相当广泛，编制任务量很大。为了使施工组织设计编制得及时、适用，必须抓住重点，突出“组织”二字，对施工中的人力、物力和方法、时间与空间、需要与可能、局部与整体、阶段与全过程、前方和后方等给予周密的安排。

4.1.4.2　编制施工组织设计的基本要求

1. 严格遵守国家和合同规定的工程竣工及交付使用期限

总工期较长的大型建设项目，应根据生产的需要，安排分期、分批建设，配套投产或交付使用，从实质上缩短工期，尽早地发挥国家建设投资的经济效益。

在确定分期、分批施工的项目时，必须注意使每期交工的一套项目可以独立地发挥效用，使主要的项目同有关的附属辅助项目同时完工，以便完工后可以立即交付使用。

2. 合理安排施工顺序

建设施工有其本身的客观规律，按照反映这种规律的顺序组织施工，能够保证各项施工活动相互促进，紧密衔接，避免不必要的重复工作，加快施工速度，缩短工期。

建筑施工特点之一是建筑产品的固定性，因而使建筑施工活动必须在同一场地上进行，没有前一阶段的工作，后一阶段就不可能进行，即使它们之间交叉搭接地进行，也必须严格遵守一定的顺序，顺序反映客观规律要求，交叉则体现争取时间的主观努力。因此在编制施工组织设计时，必须合理地安排施工顺序。

虽然建筑施工顺序会随工程性质、施工条件和使用的要求而有所不同，但还是能够找出可以遵循的共同性的规律，在安排施工顺序时，通常应当考虑以下几点：

（1）要及时完成有关的施工准备工作，为正式施工创造良好条件，包括砍伐树木、拆除已有建筑物、清理场地、设置围墙、铺设施工需要的临时性道路以及供水、供电管网、建造临时性工房、办公用房、加工企业等；准备工作视施工需要，可以一次完成或是分期完成。

（2）正式施工时应该先进行平整场地、铺设管网、修筑道路等全场性工程及可供施工使用的永久性管线、道路为施工服务，从而减少暂设工程，节约投资，并便于现场平面的管理。在安排管线道路施工程序时，一般宜先场外、后场内，场外由远而近，先主干、后分支，地下工程要先深后浅，排水要先下游、后上游。

(3) 对于单个房屋和构筑物的施工顺序，既要考虑空间顺序，也要考虑工种之间的顺序。空间顺序是解决施工流向的问题，它必须根据生产需要、缩短工期和保证工程质量的要求来决定。工种顺序是解决时间上搭接的问题，它必须做到保证质量、工种之间互相创造条件，充分利用工作面，争取时间。

3. 用流水作业法和网络计划技术安排进度计划

采用流水方法组织施工，以保证施工连续地、均衡地、有节奏地进行，合理地使用人力、物力和财力，好、快、省、安全地完成施工任务，网络计划是理想的计划模型，可以为编制、优化、调整、利用电子计算机提供优越条件。

4. 恰当的安排冬、雨季施工项目

对于那些必须进入冬、雨季施工的工程，应落实季节施工措施，以增加全年的施工日数，提高施工的连续性和均衡性。

5. 贯彻多层次技术结构的技术政策，因时、因地制宜地促进技术进步和建筑工业化的发展，要贯彻工厂预制、现场预制和现场浇筑相结合的方针，选择最恰当的预制装配方案或机械现场浇筑方案。

贯彻先进机械、简易机械和改良机具相结合的方针，恰当选择自行装备、租赁机械或机械分包施工等多方式施工。

积极采用新材料、新工艺、新设备与新技术，努力为新结构的推行创造条件。促进技术进步和发展工业化，施工要结合工程特点和现场条件，使技术的先进性、适用性和经济合理性相结合。

6. 从实际出发，做好人力、物力的综合平衡，组织均衡施工

7. 尽量利用永久性工程、原有或就近已有设施，以减少各种暂设工程；尽量利用当地资源，合理安排运输、装卸与储存，减少物资运输量和二次搬运量；精心进行场地规划布置，节约施工用地，不占或少占农田，防止工程事故，做到文明施工

4.1.4.3　编制施工规划的准备

(1) 调研资料的分析。

(2) 施工现场的准备。

(3) 工程设计技术文件。

(4) 工程合同。

(5) 规范、规程、标准和相关图集。

(6) 施工组织设计手册。

(7) 相关案例。

(8) 编制人员的准备。

学习单元 4.2　施工总组织设计的编制

4.2.1　学习目标

根据施工项目的要求，在施工规划前期准备工作的基础上，学习施工总组织计划编制的依据、程序、内容，能进行基础资料的调研，分析工程特点，抓住主要技术和措施，会

编制施工总组织计划，具有独立分析问题、解决问题的能力。

4.2.2 学习任务

施工组织总设计是以工程项目为对象编制的，是规划和指导建设工程从施工准备到竣工验收全过程施工活动的技术经济文件，是对工程施工其宏观控制作用，是单位工程施工组织设计的依据，也是施工单位编制工程施工方案及劳动力、材料、机械设备等供应计划的主要依据。它编制的是否优化对参加投标而能否中标和取得良好的经济效益起着很大的作用。

任务是根据国家的各项方针、政策、规程和规范，依据设计资料，如设计图纸、规划批文、准建批文等，在充分调研当地的交通、材料、劳动力、设备、气候、地质地形、地下设施、文物古树等的基础上，结合建筑特点、施工特点和具体情况，确定经济合理的施工部署、编制科学的施工进度总计划、合理做好施工准备工作和各项资源需用量计划、绘制施工总平面布置图、做好主要技术组织预案，并对主要技术经济指标进行评价。通过本单元实训，使学生能够针对不同情况，具有编制施工组织总设计的能力。

4.2.3 任务分析

1. 熟悉、审查设计资料，进行调查研究

这是施工组织总设计的基础和依据，是事前控制的出发点，其任务量大，务必做到可靠、全面，事前应做好调研方案和相关表格，做到心中有数。

2. 施工部署

施工部署是对整个建设项目进行的统筹规划和全面安排，并解决影响全局的重大问题，拟定指导全局组织施工的战略规划。

3. 主要项目的施工方案

主要项目的施工方案是对建设项目或建筑群中的施工工艺流程以及施工段划分提出原则性的意见。这是编制工程施工组织总设计的重点。应着重于各施工方案的技术经济比较，力求采用新技术，选择最优方案，尤其是对新技术的选择要求更为详细。这是施工组织总设计的核心内容之一。

4. 编制施工总进度计划

施工总进度计划是根据施工部署和施工方案，对全工地的所有工程项目做出时间上的安排。这是施工组织总设计的核心内容之一。

5. 编制施工准备工作和各项资源需要量计划

主要指设计全局性的施工准备工作、关键技术准备、物资准备及劳动力、材料、构件、半成品、施工机具的需要量计划等。

6. 设计施工总平面图

主要包括起重运输机械位置的确定，搅拌站、加工棚、仓库及材料堆放场地的合理布置，运输道路、临时设施及供水、供电管线的布置等内容。这是施工组织总设计的核心内容之一。

4.2.4 任务实施

4.2.4.1 施工组织总设计的作用和编制依据

1. 施工组织总设计的作用

(1) 从全局出发、为整个项目的施工作出全面的战略部署。

(2) 为施工企业编制施工计划和单位工程施工组织设计提供依据。

(3) 为建设单位或业主编制工程建设计划提供依据。

(4) 为组织施工力量、技术和物资资源的供应提供依据。

(5) 为确定设计方案的施工可能性和经济合理性提供依据。

2. 施工组织总设计的编制依据

编制施工组织总设计一般以下列资料为依据:

(1) 计划文件及有关合同。

包括国家批准的基本建设计划文件、概预算指标和投资计划、工程项目一览表、分期、分批投产交付使用的项目期限、工程所需材料和设备的订货计划、建设地区所在地区主管部门的批件、施工单位主管上级(主管部门)下达的施工任务计划、招、投标文件及工程承包合同或协议、引进设备和材料的供货合同等。

(2) 设计文件。

包括已批准的初步设计或扩大初步设计(设计说明书、建设地区区域平面图、建筑总平面图、总概算或修正概算及建筑竖向设计图)。

(3) 工程勘察和调查资料。

包括建设地区地形、地貌、工程地质、水文、气象等自然条件;能源、交通运输、建筑材料、预制件、商品混凝土及构件、设备等技术经济条件;当地政治、经济、文化、卫生等社会生活条件资料。

(4) 现行规范、规程、有关技术标准和类似工程的参考资料。

包括现行的施工及验收规范、操作规程、定额、技术规定和其他技术标准以及类似工程的施工组织总设计或参考资料。

4.2.4.2 施工组织总设计的编制程序和内容

1. 施工组织总设计的编制程序

如图4.1所示。

2. 施工组织总设计的内容

施工组织总设计的内容视工程性质、规模、建筑结构的特点、施工的复杂程度、工期要求及施工条件的不同而有所不同,通常包括下列内容:工程概况、施工部署和施工方案、施工总进度计划、全场性施工准备工作计划及各项资源需要量计划、施工总平面图和主要技术经济指标等部分。

4.2.4.3 施工部署的实施

1. 工程概况

工程概况是对整个建设项目的总说明和总分析,是对拟建建设项目或建筑群所作的一个简明扼要、突出重点的文字介绍,一般包括下列内容:

(1) 建设项目的特点。

建设项目的特点是对拟建工程项目的主要特征的描述。主要内容包括建设地点、工程性质、建设总规模、总工期、分期分批投入使用的项目和期限、占地总面积、总建筑面积、总投资额、建安工作量、厂区和生活区的工作量、生产流程及工艺特点、建筑结构类型、新技术的应用情况、新材料的应用情况、建筑总平面图、各项单位工程设计交图日期

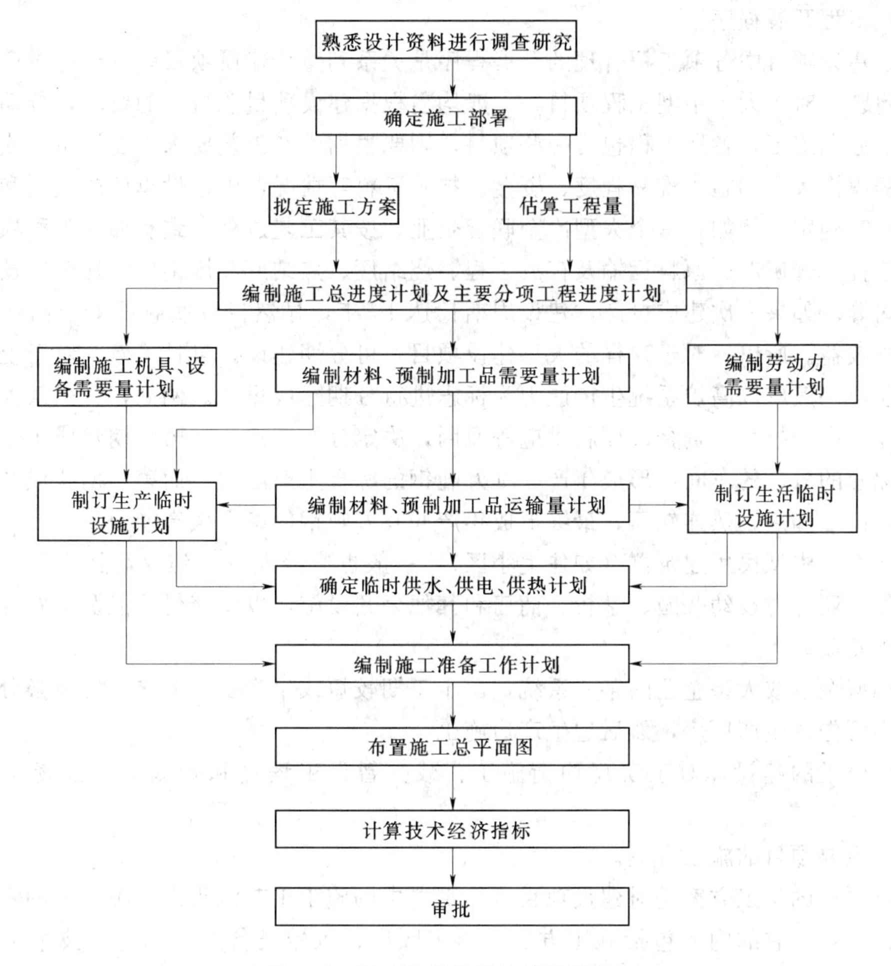

图 4.1　施工组织总设计的编制程序

以及已定的设计方案等。

（2）建设场地和施工条件。

1）建设场地。

建设场地应主要介绍建设地区的自然条件和技术经济条件，如气象、地形、地质和水文情况、建设地区的施工能力、劳动力、生活设施和机械设备情况、交通运输及当地能提供给工程施工用的水、电和其他条件等。

2）施工条件。

施工条件应主要反映施工企业的生产能力及技术装备、管理水平、主要设备、特殊物资的供应情况及有关建设项目的决议、合同和协议、土地征用、居民搬迁和场地清理情况等。

2. 施工部署和施工方案

施工部署是对整个建设项目进行的统筹规划和全面安排，并解决影响全局的重大问题，拟定指导全局组织施工的战略规划。施工方案是对单个建筑物作出的战役安排。施工部署和施工方案分别为施工组织总设计和单个建筑物施工组织设计的核心。

（1）工程开展程序。

确定建设项目中各项工程合理的开展程序是关系到整个建设项目能否迅速投产或使用的重大问题。对于大、中型工程项目，一般均需根据建设项目总目标的要求，分期分批建设。至于分期施工，各期工程包含哪些项目，则要根据生产工艺要求、建设单位或业主要求、工程规模大小和施工难易程度、资金、技术资料等情况，由建设单位或业主和施工单位共同研究确定。例如，一个大型冶金联合企业，按其工艺过程大致有如下工程项目：矿山开采工程、选矿厂、原料运输及存放工程、烧结厂、焦结厂、炼钢厂、轧钢厂及许多辅助性车间等。如果一次建成投产，建设周期长达10年，显然投资回收期太长而不能及早发挥投资效益。所以，对于这样的大型建设项目，可分期建设，早日见效。对于上述大型冶金企业，一般应以高炉系统生产能力为标志进行分期建成投产。例如，我国某大型钢铁联合企业，由于技术、资金、原料供应等原因，决定分两期建设，第一期建成1号高炉系统及其配套的各厂的车间，形成年产330万吨钢的综合生产能力。而第二期建成2号高炉系统及连铸厂和冷、热连轧厂，最终形成年产660万吨钢的综合生产能力。

对于大、中型民用建筑群（如住宅小区），一般也应分期分批建成，除建设小区的住宅楼房外，还应建设幼儿园、学校、商店和其他公共设施，以便交付后能及早发挥社会效益和经济效益。

对小型企业或大型企业的某一系统，由于工期较短或生产工艺要求，可不必分期分批建设；亦可先建生产厂房，然后边生产边施工。

分期分批的建设，对于实现均衡施工、减少暂设工程量和降低工程投资具有重要意义。

（2）主要项目的施工方案。

主要项目的施工方案是对建设项目或建筑群中的施工工艺流程以及施工段的划分提出原则性的意见。它的内容包括施工方法、施工顺序、机械设备选型和施工技术组织措施等。这些内容在单位工程施工组织设计中已作了详细的论述，而在施工组织总设计中所指的拟订主要建筑物施工方案与单位工程施工组织设计中要求的内容和深度是不同的，它只需原则性地提出施工方案，如采用何种施工方法；哪些构件采用现浇；哪些构件采用预制；是现场就地预制，还是在构件预制厂加工生产；构件吊装时采用什么机械；准备采用什么新工艺、新技术等，即对涉及到全局性的一些问题拟订出施工方案。

对施工方法的确定要兼顾工艺技术的先进性和经济上的合理性；对施工机械的选择，应使主导机械的性能既能满足工程的需要，又能发挥其效能，在各个工程上能够实现综合流水作业，减少其拆、装、运的次数；对于辅助配套机械，其性能应与主导施工机械相适应，以充分发挥主导施工机械的工作效率。

（3）主要工种工程的施工方法。

主要工种工程是指工程量大、占用工期长、对工程质量、进度起关键作用的工程。如土石方、基础、砌体、架子、模板、混凝土、结构安装、防水、装修工程、管道安装、设备安装以及垂直运输等工程。在确定主要工种工程的施工方法时，应结合建设项目的特点和当地施工习惯，尽可能采用先进合理、切实可行的专业化、机械化的施工方法。

1）专业化施工。

按照工厂预制和现场浇筑相结合的方针，提高建筑专业化程度，妥善安排钢筋混凝土构件生产、木制品加工、混凝土搅拌、金属构件加工、机械修理和砂石等的生产。要充分利用建设地区的预制件加工厂和搅拌站来生产大批量的预制件及商品混凝土。如建设地区的生产能力不能满足要求时，可考虑设置现场临时性的预制件加工厂、搅拌场地。

2）机械化施工。

机械化施工是实现现代化施工的前提，要努力扩大机械化施工的范围，增添新型高效的机械，提高机械化施工的水平和生产效率。在确定机械化施工总方案时应注意：

①所选主导施工机械的类型和数量既能满足工程施工的需要，又能充分发挥其效能，并能在各工程上实现综合流水作业。

②各种辅助机械或运输工具应与主导机械的生产能力协调配套，以充分发挥主导机械效率。如土方工程在采用汽车运土时，汽车的载重量应为挖土机斗容量的整倍数，汽车的数量应保证挖土机连续工作。

③在同一工地上，应力求使建筑机械的种类和型号尽可能少一些，以利于机械管理。尽量使用一机多能的机械，提高机械使用率。

④机械选择应考虑充分发挥施工单位现有的机械能力，当本单位的机械能力不能满足工程需要时，则应购置或租赁所需机械。

总之，所选机械化施工总方案应是技术上先进和经济上合理的。

3.“三通一平”的规划

全场性的“三通一平”工作是施工准备的重要内容，应有计划、有步骤、分阶段进行，在施工组织总设计中作出规划，预先确定其分期完成的规模和期限。

4.2.4.4 施工总进度计划的编制

施工总进度计划是根据施工部署和施工方案，对全工地的所有工程项目做出时间上的安排。其作用在于确定各个建筑物及其主要工种、工程、准备工作和全工地性工程的施工期限及其开工和竣工的日期，从而确定施工现场的劳动力、材料、施工机械的需要量和调配情况，以及现场临时设施的数量、水电供应数量和能源、交通的需要数量等。因此，正确地编制施工总进度计划是保证各项目以及整个建设工程按期交付使用、充分发挥投资效益、降低建筑工程成本的重要条件。

1.施工总进度计划的编制原则和内容

（1）施工总进度计划的编制原则。

1）合理安排施工顺序，保证在劳动力、物资以及资金消耗量最少的情况下，按规定工期完成拟建工程施工任务。

2）采用合理的施工方法，使建设项目的施工连续、均衡地进行。

3）节约施工费用。

（2）施工总进度计划的内容。

一般包括估算主要项目的工程量、确定各单位工程的施工期限、确定各单位工程开、竣工时间和相互搭接关系以及施工总进度计划表的编制等。

2.施工总进度计划的编制步骤和方法

列出工程项目一览表并计算工程量。

首先根据建设项目的特点划分项目，由于施工总进度计划主要起控制性作用，因此项目划分不宜过细，可按确定的主要工程项目的开展顺序排列，一些附属项目、辅助工程及临时设施可以合并列出。

在工程项目一览表的基础上，估算各主要项目的实物工程量。估算工程量可按初步设计（或扩大初步设计）图纸，并根据各种定额手册进行。常用的定额资料有以下几种：

1）万元、10万元投资工程量，劳动力及材料消耗扩大指标。这种定额规定了某种结构类型建筑，每万元或10万元投资中劳动力、主要材料等消耗数量。根据设计图纸中的结构类型，即可估算出拟建工程各分项需要的劳动力和主要材料消耗数量。

2）概算指标或扩大结构定额。这两种定额都是预算定额的扩大，根据建筑物的结构类型、跨度、层数、高度等即可查出单位建筑体积和单位建筑面积的劳动力和主要材料消耗指标。

3）标准设计或已建成的类似建筑物、构筑物的资料。在缺少上述几种定额手册的情况下，可采用标准设计或已建成的类似工程实际所消耗的劳动力和材料加以类推，按比例估算。但是，由于和拟建工程完全相同的已建成的工程是极为少见的，因此，在采用已建成的工程资料时，一般都要进行换算调整。这种消耗指标都是各单位多年积累的经验数字，实际工作中常用这种方法计算。

除了房屋外，还必须计算全工地性工程的工程量，如场地平整的土石方工程量、道路及各种管线长度等，这些可根据建筑总平面图来计算。

计算的工程量应填入“工程项目工程量汇总表”中，见表4.1。

表4.1　　工程项目工程量汇总表

工程项目分类	工程项目名称	结构类型	建筑面积 $100m^2$	幢（跨）数	概算投资	主要实物工程量								
						场地平整 1000（m^2）	土方工程 1000（m^3）	桩基工程 100（m^3）	……	砖石工程 100（m^3）	钢筋混凝土工程 100（m^3）	……	装饰工程 1000（m^2）	……
全场性工程														
主体项目														
辅助项目														
永久住宅														
临时建筑														
合计														

3．确定各单位工程的施工期限

单位工程的施工期限应根据施工单位的具体条件（如技术力量、管理水平、机械化施工程度等）及施工项目的建筑结构类型、工程规模、施工条件及施工现场环境等因素加以确定。此外，还应参考有关的工期定额来确定各单位工程的施工期限，但总工期应控制在合同工期以内。

4．确定各单位工程开、竣工时间和相互搭接关系

根据施工部署及单位工程施工期限，就可以安排各单位工程的开、竣工时间和相互搭

接关系。安排时通常应考虑下列因素：

（1）保证重点，兼顾一般。在安排进度时，要分清主次、抓住重点，同一时期施工的项目不宜过多，以免人力、物力分散。

（2）满足连续、均衡的施工要求，尽量使劳动力、材料和机械设备消耗在全工地内均衡。

（3）合理安排各期建筑物施工顺序，缩短建设周期，尽早发挥效益。

（4）考虑季节影响，合理安排施工项目。

（5）使施工场地布置合理。

（6）对于工程规模较大、施工难度较大、施工工期较长以及需先配套使用的单位工程应尽量安排先施工。

（7）全面考虑各种条件的限制。在确定各建筑物施工顺序时，还应考虑各种客观条件的限制，如施工企业的施工力量、原材料、机械设备的供应情况、设计单位出图的时间和投资数量等对工程施工的影响。

5. 施工总进度计划的编制

施工总进度计划可用横道图或网络图表达。由于施工总进度计划只是起控制性作用，而且施工条件多变。因此，不必考虑得很细致。当用横道图表达总进度计划时，项目的排列可按施工总体方案所确定的工程开展程序排列。横道图上应表达出各施工项目的开、竣工时间及其施工持续时间。横道图的表格格式见表4.2。

表4.2　施工总进度计划表

序号	工程名称	建筑面积	结构类型	工作量	施工进度计划														
					××××年						××××年								
					三季度			四季度			一季度			二季度			三季度		
					7	8	9	10	11	12	1	2	3	4	5	6	7	8	9
1	铸造车间																		
2	金工车间																		
⋮	⋮																		
⋮	⋮																		
n	单身宿舍																		

近年来，随着网络技术的推广，采用网络图表达施工总进度计划，已经在实践中得到广泛应用。采用有时间坐标的网络图（时标网络图）表达总进度计划比横道图更加直观明了，既可以表达出各项目之间的逻辑关系，又可以进行优化，实现最优进度目标、资源均衡目标和成本目标。同时，由于网络图可以采用计算机计算和输出，对其进行调整、优化、统计资源数量、输出图表更为方便、迅速。

4.2.4.5　施工准备及各项资源需要量计划的编制

施工总进度计划编制好以后，就可以编制施工准备工作计划和各种主要资源需要量计划。

1. 施工准备工作计划的编制

各类计划能否按期实现，很大程度上取决于相应的准备工作能否及时开始和按时完成。因此，必须将各项准备工作逐一落实，具体内容可参考学习情境三来编制施工准备工作计划，并以表格的形式布置下去，以便在实施中认真检查和督促。

2. 各种主要资源需要量计划的编制

各种主要资源需要量计划是做好劳动力及物资的供应、平衡、调度、落实的依据，其内容一般包括以下几个方面：

(1) 劳动力需要量计划的编制。

首先根据工程量汇总表中列出的各主要实物工程量，查套预算定额或有关经验资料，便可求得各个建筑物主要工种的劳动量，再根据总进度计划中各单位工程分工种的持续时间即可求得某单位工程在某段时间里的平均劳动力数。按同样的方法可计算出各个建筑物各主要工种在各个时期的平均工人数。将总进度计划表纵坐标方向上各单位工程同工种的人数叠加在一起并连成一条曲线，即成为某工种的劳动力动态图。根据劳动力动态图可列出主要工种劳动力需要量计划表，见表4.3。劳动力需要量计划是确定临时工程和组织劳动力进场的依据。

表4.3　　劳动力需要量计划表

序号	工种名称	施工高峰需用人数	××××年				××××年				现有人数	多余（+）或不足（－）
			一季	二季	三季	四季	一季	二季	三季	四季		

(2) 主要材料、构件及半成品需要量计划的编制。

根据各工种工程量汇总表所列不同结构类型的工程项目和工程量总表，查定额或参照已建类似工程资料，便可计算出各种建筑材料、构件和半成品需要量，以及有关大型临时设施施工和拟采用的各种技术措施用料量，然后编制主要材料、构件及半成品需要量计划，常用表格见表4.4和表4.5。根据主要材料、构件和半成品加工需要量计划，参照施工总进度计划和主要分部分项工程流水施工进度计划，便可编制主要材料、构件和半成品的运输计划。

表4.4　　主要材料需用量计划表

材料名称 / 单位 / 工程名称	主要材料								
	型钢	钢板	钢筋	木材	水泥	砖	砂	…	…
	(t)	(t)	(t)	(m^3)	(t)	(千块)	(m^3)	…	…

表 4.5　　主要材料、构件及半成品需要量进度计划表

序号	主要材料、构件及半成品名称	规格	单位	需要量				需要量进度						
				合计	正式工程	大型临时工程	施工措施	××××年				××××年		
								一季	二季	三季	四季	一季	二季	三季

（3）施工机械需要量计划的编制。

主要施工机械，如挖土机、起重机等的需要量计划，应根据施工部署和施工方案、施工总进度计划、主要工种工程量以及机械化施工参考资料进行编制。施工机械需要量计划除组织机械供应外，还可作为施工用电容量计算和确定停放场地面积的依据。主要施工机械、设备需用量表见表4.6。

表 4.6　　主要施工机具、设备需用量计划表

序号	机具设备名称	规格型号	电动机功率（kW）	数量				购置价值（万元）	使用时间	备注
				单位	需用	现有	不足			

4.2.4.6　施工总平面图的设计与绘制

施工总平面图是拟建项目施工场地的总布置图。它是按照施工部署、施工方案和施工总进度计划的要求，将施工现场的交通道路、材料仓库、附属生产或加工企业、临时建筑和临时用水、电、管线等合理规划和布置，并以图纸的形式表达出来，从而正确处理全工地施工期间所需各项设施与永久建筑、拟建工程之间的空间关系，指导现场进行有组织、有计划的文明施工。

1. 施工总平面图的设计原则和内容

（1）施工总平面图的设计原则。

施工总平面图的设计必须坚持以下原则：

1）在保证施工顺利进行的前提下，应紧凑布置。可根据建设工程分期分批施工的情况，考虑分阶段征用土地，尽量将占地范围减少到最低限度，不占或少占农田，不挤占道路。

2）合理布置各种仓库、机械、加工厂位置，减少场内运输距离，尽可能避免二次搬运，减少运输费用，并保证运输方便、畅通。

3）施工区域的划分和场地确定，应符合施工流程要求，尽量减少专业工种和各工程之间的干扰。

4）充分利用已有的建筑物、构筑物和各种管线，凡拟建永久性工程能提前完工并为施工服务的，应尽量提前完工，并在施工中代替临时设施。临时建筑尽量采用拆移式结构。

5）各种临时设施的布置应有利于生产和方便生活。

6）应满足劳动保护、安全和防火要求。

7）应注意环境保护。

（2）施工总平面图的设计依据。

1）各种勘测设计资料和建设地区自然条件及技术经济条件。

2）建设项目的概况、施工部署和主要工程的施工方案、施工总进度计划。

3）各种建筑材料、构件、半成品、施工机械和运输工具需要量一览表。

4）各构件加工厂、仓库等临时建筑一览表。

5）其他施工组织设计参考资料。

（3）施工总平面图的内容。

1）整个建设项目的建筑总平面图包括：地上、地下建筑物、构筑物、道路、管线以及其他设施的位置和尺寸。

2）一切为全工地施工服务的临时设施的布置，包括施工用地范围；施工用的各种道路、加工厂、制备站及有关机械的位置；各种建筑材料、半成品、构件的仓库和主要堆场；取土及弃土位置；行政管理用房、宿舍、文化生活和福利建筑等；水源、电源、临时给排水管线和供电、动力线路及设施；机械站、车库的位置；一切安全防火设施；特殊图例、方向标志和比例尺等。

3）永久性测量及半永久性测量放线桩、标桩位置。

2. 施工总平面图的设计步骤

施工总平面图的设计步骤为：引入场外交通道路→布置仓库→布置加工厂和混凝土搅拌站→布置内部运输道路→布置临时房屋→布置临时水、电管网和其他动力设施→绘制正式施工总平面图。

（1）场外交通的引入。

设计全工地性施工总平面图时，首先应从考虑大宗材料、成品、半成品、设备等进入工地的运输方式入手。当大批材料由铁路运来时，要解决铁路的引入问题；当大批材料是由水路运来时，应考虑原有码头的运用和是否增设专用码头的问题；当大批材料是由公路运入工地时，由于汽车线路可以灵活布置，因此，一般先布置场内仓库和加工厂，然后再布置场外交通的引入。

当场外运输主要采用铁路运输方式时，要考虑铁路的转弯半径和坡度的限制，确定起点和进场位置。对拟建永久性铁路的大型工业企业工地，一般可提前修建永久性铁路专用线。铁路专用线宜由工地的一侧或两侧引入，以更好地为施工服务。如将铁路铺入工地中部，将严重影响工地的内部运输，对施工不利。只有在大型工地划分成若干个施工区域时，才宜考虑将铁路引入工地中部的方案。

当场外运输主要采用水路运输方式时，应充分运用原有码头的吞吐能力。如需增设码头，卸货码头不应少于两个，码头宽度应大于2.5m。如工地靠近水路，可将场内主要仓库和加工厂布置在码头附近。

当场外运输主要采用公路运输方式时，由于公路布置较灵活，一般先将仓库、加工厂等生产性临时设施布置在最经济、合理的地方，再布置通向场外的公路。

（2）仓库的布置。

通常考虑设置在运输方便、位置适中、运距较短并且安全防火的地方，并应根据不同材料、设备和运输方式来设置。

当采用铁路运输方式时，仓库通常沿铁路线布置，并且要留有足够的装卸前线。如果没有足够的装卸前线，必须在附近设置转运仓库。布置铁路沿线仓库时，应将仓库设置在靠近工地一侧，以免内部运输跨越铁路。同时仓库不宜设置在弯道处或坡道上。

当采用水路运输方式时，一般应在码头附近设置转运仓库，以缩短船只在码头上的停留时间。

当采用公路运输方式时，仓库的布置较灵活。一般中心仓库布置在工地中央或靠近使用的地方，也可以布置在靠近外部交通连接处。砂、石、水泥、石灰、木材等材料仓库或堆场宜布置在搅拌站、预制场和木材加工厂附近；砖、瓦和预制构件等直接使用的材料应该直接布置在施工对象附近，以免二次搬运。工业项目建筑工地还应考虑主要设备的仓库（或堆场），一般笨重设备应尽量放在车间附近，其他设备的仓库可布置在外围或其他空地上。

（3）加工厂和混凝土搅拌站的布置。

各种加工厂的布置，应以方便使用、安全防火、运输费用最少、不影响建筑安装工程施工的正常进行为原则。一般应将加工厂集中布置在同一个地区，且多处于工地边缘。各种加工厂应与相应的仓库或材料堆场布置在同一个地区。

工地混凝土搅拌站的布置有集中、分散、集中与分散布置相结合 3 种方式。当运输条件较好时，以采用集中布置较好，或现场不设搅拌站而使用商品混凝土；当运输条件较差时，则以分散布置在使用地点或井架等附近为宜。一般当砂、石等材料由铁路或水路运入，而且现场又有足够的混凝土输送设备时，宜采用集中布置。若利用城市的商品混凝土搅拌站，只要考虑其供应能力和输送设备能否满足，及时做好订货联系即可，工地则可不考虑布置搅拌站。除此之外，还可采用集中和分散相结合的方式。

砂浆搅拌站多采用分散就近布置。

预制件加工厂尽量利用建设地区永久性加工厂。只有其生产能力不能满足工程需要时，才考虑现场设置临时预制件厂，其位置最好布置在建设场地中的空闲地带上。

钢筋加工厂可集中或分散布置，视工地具体情况而定。对于需冷加工、对焊、点焊钢筋骨架和大片钢筋网时，宜采用集中布置加工；对于小型加工、小批量生产和利用简单机具就能成型的钢筋加工，采用就近的钢筋加工棚进行。

木材加工厂设置与否，是集中还是分散设置，设置规模应视建设地区内有无可供利用的木材加工厂而定。如建设地区无可利用的木材加工厂，而锯材、标准门窗、标准模板等加工量又很大时，则集中布置木材联合加工厂为好。对于非标准件的加工与模板修理工作等，可分散在工地附近设置临时工棚进行加工。

金属结构、锻工、电焊和机修厂等应布置在一起。

（4）场内运输道路的布置。

工地内部运输道路的布置，应根据各加工厂、仓库及各施工对象的位置布置道路，并研究货物周转运行图，以明确各段道路上的运输负担，区别主要道路和次要道路。规划这些道路时要特别注意满足运输车辆的安全行驶，在任何情况下，不致形成交通断绝或阻塞。在规划临时道路时，还应考虑充分利用拟建的永久性道路系统，提前修建路基及简单路面，作为施工所需的临时道路。道路应有足够的宽度和转弯半径，现场内道路干线应采用环形布置，主要道路宜采用双车道，其宽度不得小于 3.5m。临时道路的路面结构，应根据运输情况、运输工具和使用条件来确定。

（5）行政与生活福利临时建筑的布置。

行政与生活福利临时建筑可分为：

1）行政管理和辅助生产用房，包括办公室、警卫室、消防站、汽车库以及修理车间等。

2）居住用房，包括职工宿舍、招待所等。

3）生活福利用房，包括俱乐部、学校、托儿所、图书馆、浴室、理发室、开水房、商店、食堂、邮亭、医务所等。

对于各种生活与行政管理用房应尽量利用建设单位的生活基地或现场附近的其他永久性建筑，不足部分另行修建临时建筑物。临时建筑物的设计，应遵循经济、适用、装拆方便的原则，并根据当地的气候条件、工期长短确定其建筑与结构形式。

一般全工地性行政管理用房宜设在全工地入口处，以便对外联系，也可设在工地中部，便于全工地管理。工人用的福利设施应设置在工人较集中的地方或工人必经之路。生活基地应设在场外，距工地 500～1000m 为宜，并避免设在低洼潮湿、有烟尘和有害健康的地方。食堂宜设在生活区，也可布置在工地与生活区之间。

（6）临时供水管网的布置。

1）工地临时用水量的计算。

建筑工地临时用水主要包括生产用水（含工程施工用水和施工机械用水）、生活用水和消防用水等三部分。

①工程施工用水量 q_1：

$$q_1 = K_1 \frac{\sum Q_1 N_1}{T_1 t} \times \frac{K_2}{8 \times 3600} \tag{4-1}$$

式中　q_1——施工用水量，L/s；

K_1——未预见的施工用水系数，一般取 1.05～1.15；

Q_1——年（季）度完成工程量（以实物计量单位表示）；

N_1——施工用水定额；

T_1——年（季）度有效作业天数；

t——每天工作班数；

K_2——用水不均匀系数。

②施工机械用水量 q_2：

$$q_2 = K_1 \sum Q_2 N_2 \frac{K_3}{8 \times 3600} \tag{4-2}$$

式中　q_2——施工机械用水量，L/s；

K_1——未预见的施工用水系数，取 1.05～1.15；

Q_2——同一种机械台数；

N_2——施工机械用水定额；

K_3——施工机械用水不均衡系数。

③生活用水量 q_3：

生活用水量包括现场生活用水和居民生活用水。可按下式计算：

$$q_3 = \frac{P_1 N_3 K_4}{t \times 8 \times 3600} - \frac{P_2 N_4 K_5}{24 \times 3600} \tag{4-3}$$

式中　q_3——生活用水量，L/s；

P_1——施工现场最高峰昼夜人数；

N_3——施工现场生活用水定额；

K_4——施工现场生活用水不均衡系数；

t——每天工作班数；

P_2——生活区居民人数；

N_4——生活区生活用水定额；

K_5——生活区用水不均衡系数。

④消防用水量 q_4（见第二部分）。

⑤总用水量 $Q_{总}$：

a 当 $(q_1 + q_2 + q_3) \leqslant q_4$ 时，则：

$$Q = \frac{1}{2}(q_1 + q_2 + q_3) + q_4 \tag{4-4}$$

b 当 $(q_1 + q_2 + q_3) > q_4$ 时，则：

$$Q = q_1 + q_2 + q_3 \tag{4-5}$$

c 当 $(q_1 + q_2 + q_3) < q_4$，且工地面积小于 5 公顷时，则：

$$Q = q_4 \tag{4-6}$$

最后，计算出总用水量后，还应增加 10%，以补偿不可避免的水管漏水等损失，即：

$$Q_{总} = 1.1Q \tag{4-7}$$

2）选择水源。

建筑工地的临时供水水源，应尽可能利用现场附近已有的供水管道，只有在现有的给水系统供水不足或无法利用时，才使用天然水源。

天然水源有地面水（江河水、湖水、水库水等）和地下水（泉水、井水等）。

选择水源时应考虑以下因素：水量充沛可靠、能满足最大需水量的要求、符合生活饮用水、生产用水的水质要求，取水、输水、净水设施安全可靠；施工、运转、管理、维护方便。

总之，对不同的水源方案，应从造价、劳动量消耗、物资消耗、竣工期限和维护费用等方面进行技术经济比较，作出合理的选择。

3）临时供水管径的计算和管材的选择。

①管径计算：根据工地需水量 Q，可按下式计算：

$$D_i = \sqrt{\frac{4Q_i \times 1000}{\pi v}} \tag{4-8}$$

式中 Q_i——某管段用水量，L/s；供水总管段按总用水量计算；环状管网按各环段管内同一用水量计算；枝状管网按枝内最大用水量计算；

D_i——该管段需配供水管径，mm；

v——管中水流速度，m/s，参见表4.7。

表4.7　　临时水管经济流速参考表

序号	管道名称	流速（m/s）	
		正常时间	消防时间
1	支管 $D<100$mm	2	—
2	生产消防管道 $D=100\sim200$mm	1.3	>3.0
3	生产消防管道 $D>300$mm	1.5～1.7	2.5
4	生产用水管道 $D>300$mm	1.5～2.5	3.0

②管材的选择：

临时给水管道的管材，可根据管尺寸和压力大小来进行选择，一般干管为钢管或铸铁管，支管为钢管。

4）临时供水管网的布置。

①布置方式：一般情况下有下列三种形式：

a 环状管网：管网为环行封闭图形。其优点是能保证供水的可靠性，当管网某一处发生故障时，水仍可沿管网其他支管供给；其缺点是管线长，管材消耗量大，造价高。一般适合于建筑群或要求供水可靠的建设项目。如图4.2（a）所示。

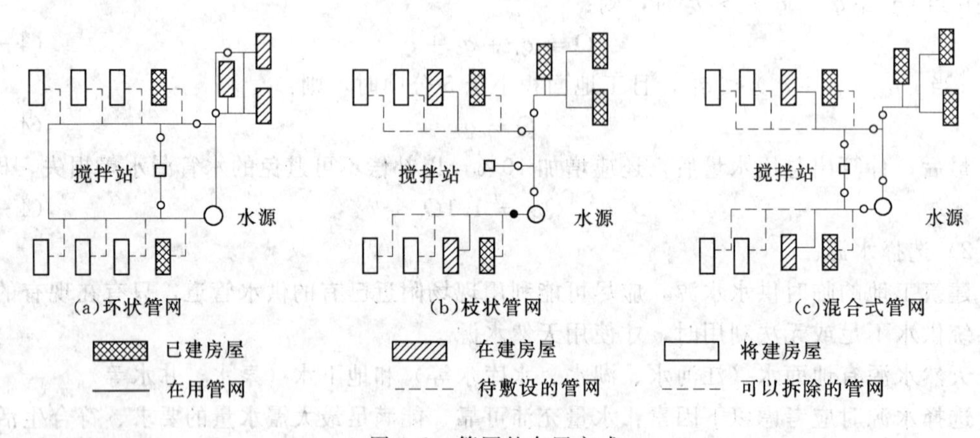

图4.2　管网的布置方式

b 枝状管网：管网由干管和支管两部分组成。其优缺点与环状管网相反，管线短，造价低，但供水可靠性差。一般适用于中、小型工程。如图4.2（b）所示。

c 混合式管网：主要用水区及干线管网采用环状管网，其他用水区采用枝状管网的供水方式。该供水方式兼有以上两种管网的优点，大多数工地上采用这种布置方式，尤其适合于大型工程项目。如图4.2（c）所示。

②布置要求：

a 要尽量提前修建并利用永久性管网，同时应避开拟建或二期扩建工程的位置。

b 要满足各生产点的用水要求和消防要求。

c 在保证供水的前提下，管道敷设得越短越好。

d 应考虑在施工期间各段管网具有移动的可能性。

e 高层建筑施工时，设置的临时水池、水塔应设在用水中心和地势较高处，同时还应有加压设备，以满足高空用水需要。

f 供水管网应按防火要求设置室外消火栓。消火栓应靠近十字路口、路边或工地出入口附近布置，间距不大于 120m，距拟建房屋不小于 5m，不大于 25m，距路边不大于 2m。其管径不小于 100mm。

g 供水管网铺设有明铺（地面上）和暗铺（地面下）两种，为防止被压坏，一般以暗铺为好。严寒地区应埋设在冰冻线以下，明铺部分应考虑防寒保温措施等。

h 各种管道布置的最小净距应符合有关规定。

（7）临时供电线路的布置。

随着建筑施工机械化程度的不断提高，建筑工地上用电量越来越多。为了保证正常施工，必须做好施工临时供电设计。临时供电业务包括：①用电量计算；②电源的选择；③变压器的确定；④导线截面计算和配电线路布置。

1）总用电量的计算。

施工现场用电主要包括动力用电和照明用电两种，其总需要容量可按下式计算：

$$P_{总} = P_{动} + P_{照} \tag{4-9}$$

或

$$P_{总} = (1.05 \sim 1.1)\left(K_1 \frac{\sum P_1}{\cos\varphi}\right) + K_2\sum P_2 + K_3\sum P_3 + K_4\sum P_4 \tag{4-10}$$

式中　$P_{总}$——施工现场总需要容量，kVA；

$P_{动}$——施工机械及动力设备总需要容量，kVA；

$P_{照}$——室内、外照明总需要容量，kVA；

$\sum P_1$——施工机械和动力设备上电动机额定功率之和，kW；

$\sum P_2$——电焊机额定容量之和，kVA；

$\sum P_3$——室内照明容量之和，kW；

$\sum P_4$——室外照明容量之和，kW；

$\cos\varphi$——电动机的平均功率因数，施工现场最高为 0.75～0.78，一般取 0.65～0.75；

K_1、K_2、K_3、K_4——需要系数。

单班施工时，不考虑照明用电，最大用电负荷量以动力用电量为准。

双班施工时，由于照明用电量所占的比重较动力用电量少得多，为简化计算，可取动力用电量的 10% 作为照明用电量。此时，施工现场用电量计算式（4-9）、式（4-10）可简化为：

$$P_{总} = 1.1P_{动} \tag{4-11}$$

或

$$P_{总} = 1.1 \times (1.05 \sim 1.1)\left(K_1 \frac{\sum P_1}{\cos\varphi} + K_2\sum P_2\right) \tag{4-12}$$

式中，符号同式（4-9）、式（4-10）。

2）电源的选择。

建筑工地用电的电源有以下几种：

①完全由施工现场附近现有的永久性配电装置供给；

②利用施工现场附近高压电力网，设临时变电所和变压器；

③设置临时发电装置。

第一种方案是最经济、最方便的；第二种方案由于变电所受供电半径的限制，所以在大型工地上，需设若干个变电所，当一处发生故障时才不至于影响其他地区。当在380V/220V低压线路时，变电所供电半径为300～700m。

电源位置的选择，应根据施工现场的大小、用电设备使用期限的长短、各施工阶段的电力需要量和设备布置的情况来选择。一般应尽量设在用电设备最集中、负荷最大而输电距离最短的地方。同时，电源的位置应有利于运输和安装工作，且避开有强烈振动之处和空气污染之处。

3）变压器的选择。

施工现场选择变压器时，必须满足式中要求：

$$P_{变} \geqslant P_{总} \tag{4-13}$$

式中 $P_{变}$——所选变压器的容量，kVA，常用变压器容量；

$P_{总}$——同式（4-11）。

4）配电线路的布置。

配电线路的布置与给水管网相似，也是分为环状、枝状和混合式三种。其优、缺点与给水管网相似。在建筑工地电力网中，一般3～10kV的高压线路采用环状布置；380V/220V的低压线路采用枝状布置。

为架设方便，并保证电线的完整，以便重复使用，建筑工地上一般采用架空线路。在跨越主要道路时则应改用电缆。大多架空线路装置架设在间距为25～40m的木杆上，离路面或建筑物的距离不应小于6m，离铁路轨顶的距离不应小于7.5m。临时低压电缆应埋设于沟中，或吊在电杆支承的钢索上，这种方式比较经济，但使用时应充分考虑到施工的安全。

3. 施工总平面图的绘制

施工总平面图是施工组织总设计的重要内容，是要归入档案的技术文件之一。因此，要求精心设计，认真绘制。现将绘制步骤简述如下：

（1）确定图幅大小和绘图比例。

图幅大小和绘图比例应根据建设项目的规模、工地大小及布置内容多少来确定。图幅一般可选用1～2号图纸大小，比例一般采用1∶1000或1∶2000。

（2）合理规划和设计图面。

施工总平面图，除了要反映现场的布置内容外，还要反映周围环境和面貌（如已有建筑物、场外道路等）。故绘图时，应合理规划和设计图面，并应留出一定的空余图面绘制指北针、图例及文字说明等。

（3）绘制建筑总平面图的有关内容。

将现场测量的方格网、现场内、外已建的房屋、构筑物、道路和拟建工程等，按正确的内容绘制在图面上。

(4) 绘制工地需要的临时设施。

根据布置要求及面积计算，将道路、仓库、加工厂和水、电管网等临时设施绘制到图面上去。对复杂的工程必要时可采用模型布置。

(5) 形成施工总平面图。

在进行各项布置后，经分析比较、调整修改，形成施工总平面图，并作必要的文字说明，标上图例、比例、指北针。要得到最优、最理想的施工总平面图，往往应编制几个方案进行比较，从中择优。

完成的施工总平面图其比例要正确，图例要规范，线条粗细要分明，字迹要端正，图面要整洁美观。

学习单元 4.3　单位工程施工组织设计的编制

4.3.1　学习目标

根据施工组织总设计和施工项目的特点，在施工规划前期准备工作的基础上，懂得单位工程施工组织计划编制的依据、程序、方法、步骤和内容，能完成单位工程施工组织计划的编制任务。

4.3.2　学习任务

单位工程施工组织设计是以单位工程为对象编制的，是规划和指导单位工程从施工准备到竣工验收全过程施工活动的技术经济文件，是施工组织总设计的具体化，也是施工单位编制季度、月份施工计划、分部分项工程施工方案及劳动力、材料、机械设备等供应计划的主要依据。它编制的是否优化对参加投标能否中标和取得良好的经济效益起着很大的作用。

任务是根据国家的各项方针、政策、规程和规范，依据设计资料，如设计图纸、规划批文、准建批文等，在充分调研当地的交通、材料、劳动力、设备、气候、地质地形、地下设施、文物古树等的基础上，结合建筑特点、施工特点和具体情况，确定经济合理的施工方案、编制科学的施工进度计划、合理做好施工准备工作和各项资源需用量计划、绘制施工平面布置图、做好主要技术组织预案，并对各种技术经济指标进行评价。本单元按照由浅到深、由易到难的原则，分为分部分项工程施工组织设计、单位工程施工组织设计、建设项目施工组织设计三项训练。通过本单元实训，使学生能够针对不同情况，具有编制施工组织设计的能力。

4.3.3　任务分析

1. 熟悉、审查设计资料，进行调查研究

这是施工组织设计的基础和依据，是事前控制的出发点，其任务量大，务必做到可靠、全面，事前应做好调研方案和相关表格，做到心中有数。

2. 撰写工程概况

这是编制工程施工组织设计的依据和基本条件。工程概况可附简图说明，各种工程设计及自然条件的参数（如建筑面积、建筑场地面积、造价、结构形式、层数、地质、水、电等）可列表说明，一目了然，简明扼要。施工条件着重说明资源供应、运输方案及现场特殊的条件和要求。

3. 选择施工方案

这是编制工程施工组织设计的重点。应着重于各施工方案的技术经济比较，力求采用新技术，选择最优方案。在确定施工方案时，主要包括施工程序、施工流程及施工顺序的确定，主要分部分项工程施工方法和施工机械的选择、技术组织措施的制订等内容。尤其是对新技术的选择要求更为详细。

4. 编制施工进度计划

主要包括确定施工项目、划分施工过程、计算工程量、劳动量和机械台班量，确定各施工项目的作业时间、组织各施工项目的搭接关系并绘制进度计划图表等内容。

实践证明，应用流水作业理论和网络计划技术来编制施工进度能获得最佳的效果。

5. 编制施工准备工作和各项资源需要量计划

主要包括施工准备工作的技术准备、现场准备、物资准备及劳动力、材料、构件、半成品、施工机具需要量计划、运输量计划等内容。

6. 设计施工平面图

主要包括起重运输机械位置的确定，搅拌站、加工棚、仓库及材料堆放场地的合理布置，运输道路、临时设施及供水、供电管线的布置等内容。

7. 选择主要技术组织措施

主要包括保证质量措施，保证施工安全措施，保证文明施工措施，保证施工进度措施，冬雨季施工措施，降低成本措施，提高劳动生产率措施等内容。

8. 进行主要技术经济评价

主要包括工期指标、劳动生产率指标、质量和安全指标、降低成本指标、三大材料节约指标、主要工种工程机械化程度指标等。

对于较简单的建筑结构类型或规模不大的单位工程，其施工组织设计可编制的简单一些，其内容一般以施工方案、施工进度计划、施工平面图为主，辅以简要的文字说明即可。

若施工单位已积累了较多的经验，可以拟订标准、定型的单位工程施工组织设计，根据具体施工条件从中选择相应的标准单位工程施工组织设计，按实际情况加以局部补充和修改后，作为本工程的施工组织设计，以简化编制施工组织设计的程序，并节约时间和管理经费。

单位工程施工组织设计中，核心内容是一图（平面布置图）、一表（施工进度表）、一案（施工方案）。

4.3.4 任务实施

4.3.4.1 单位工程施工组织设计的编制依据

单位工程施工组织设计的编制依据主要有以下几个方面。

1. 上级主管单位和建设单位（或监理单位）对本工程的要求

如上级主管单位对本工程的范围和内容的批文及招、投标文件、建设单位（或监理单

位）提出的开、竣工日期、质量要求、某些特殊施工技术的要求、采用何种先进技术、施工合同中规定的工程造价、工程价款的支付、结算及交工验收办法、材料、设备及技术资料供应计划等。

2. 施工组织总设计

当本单位工程是整个建设项目中的一个项目时，要根据施工组织总设计的既定条件和要求来编制单位工程施工组织设计。

3. 经过会审的施工图

包括单位工程的全部施工图纸、会审记录及构件、门、窗的标准图纸等有关技术资料。对于较复杂的工业厂房，还要有设备、电器和管道的图纸。

4. 建设单位对工程施工可能提供的条件

如施工用水、用电的供应量、水压、电压能否满足施工要求、可借用作为临时设施的房屋数量、施工用地等。

5. 本工程的资源供应情况

如施工中所需劳动力、各专业工人数、材料、构件、半成品的来源、运输条件、运输距离、价格及供应情况、施工机具的配备及生产能力等。

6. 施工现场的勘察资料

如施工现场的地形、地貌、地上与地下障碍物、地形图和测量控制网、工程地质和水文地质、气象资料和交通运输道路等。

7. 工程预算文件及有关定额

应有详细的分部、分项工程量，必要时应有分层、分段或分部位的工程量及预算定额和施工定额。

8. 工程施工协作单位的情况

如工程施工协作单位的资质、技术力量、设备安装、进场时间等。

9. 有关的国家规定和标准

如施工及验收规范、质量评定标准及安全操作规程等。

10. 有关的参考资料及类似工程施工组织设计实例

4.3.4.2　单位工程施工组织设计的编制程序与内容

1. 单位工程施工组织设计的编制程序

单位工程施工组织设计的编制程序如图 4.3 所示。它是指单位工程施工组织设计各个组成部分的先后次序以及相互制约的关系，从中可进一步了解单位工程施工组织设计的内容。

2. 单位工程施工组织设计的内容

单位工程施工组织设计的内容，根据工程的性质、规模、结构特点、技术复杂程度、施工现场的自然条件、工期要求、采用先进技术的程度、施工单位的技术力量及对采用的新技术的熟悉程度来确定。对其内容和深、广度的要求也不同，虽不强求一致，但应以讲究实效、在实际施工中起指导作用为目的。

单位工程施工组织设计的内容一般应包括：施工方案的确定、施工进度计划的编制、施工准备工作和各项资源需要量计划的编制、施工平面图的设计与绘制、主要技术组织措

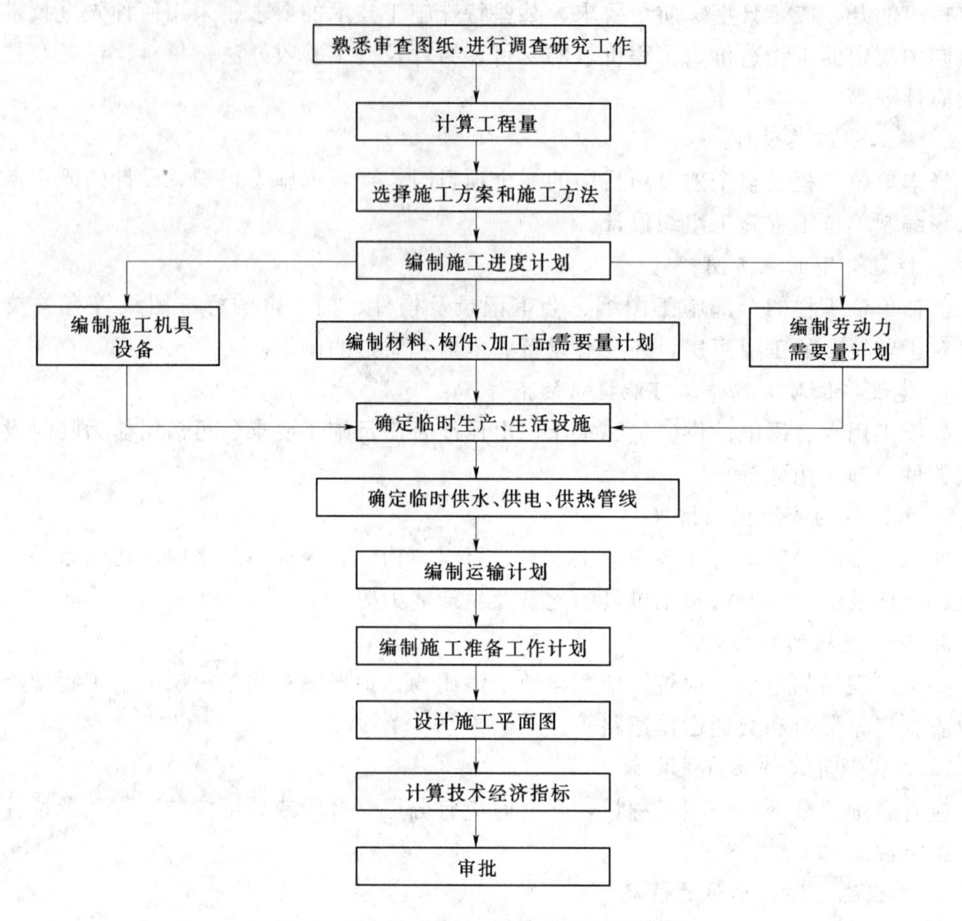

图4.3　单位工程施工组织设计编制程序

施的制定、主要技术经济指标的评价。

4.3.4.3　工程概况的编制

工程概况是编制单位工程施工组织设计的依据和基本条件。工程概况可附简图说明，各种工程设计及自然条件的参数（如建筑面积、建筑场地面积、造价、结构形式、层数、地质、水、电等）可列表说明，一目了然，简明扼要。施工条件着重说明资源供应、运输方案及现场特殊的条件和要求。

单位工程施工组织设计中的工程概况，是对拟建工程的工程特点、建设地点特征和施工条件等所作的一个简要而又突出重点的文字介绍或描述。

工程概况的内容主要包括：

针对工程特点，结合调查资料，进行分析研究，找出关键性的问题加以说明。对新材料、新结构、新工艺及施工的难点应着重说明。

1. 工程建设概况

主要介绍：拟建工程的建设单位，工程名称、性质、用途、作用和建设目的，资金来源及工程投资额，开、竣工日期，设计单位、监理单位、施工单位，施工图纸情况，施工合同，主管部门的有关文件或要求，以及组织施工的指导思想等。

2. 建筑设计特点

主要介绍：拟建工程的建筑面积，平面形状和平面组合情况，层数、层高、总高度和总长度和总宽度等尺寸及室内外装饰要求的情况，并附有拟建工程的平面、立面、剖面简图。

3. 结构设计特点

主要介绍：基础构造特点及埋置深度，设备基础的形式，桩基础的根数及深度，主体结构的类型，墙、柱、梁、板的材料及截面尺寸，预制构件的类型、重量及安装位置，楼梯构造及形式等。

4. 设备安装设计特点

主要介绍：建筑采暖卫生与煤气工程、建筑电气安装工程、通风与空调工程、电梯安装工程的设计要求。

5. 工程施工特点

主要介绍：工程施工的重点所在，以便突出重点，抓住关键，使施工顺利地进行，提高施工单位的经济效益和管理水平。

不同类型的建筑、不同条件下的工程施工，均有其不同的施工特点。如砖混结构住宅建设的施工特点是：砌转和抹灰工程量大，水平与垂直运输量大等。又如现浇钢筋混凝土高层建筑的施工特点主要有：结构和施工机具设备的稳定性要求高问题的解决等。

4.3.4.4 施工方案的选择

施工方案的选择是单位工程施工组织设计的核心问题。所确定的施工方案合理与否，不仅影响到施工进度计划的安排和施工平面图的布置，而且将直接关系到工程的施工质量、效率、工期和技术经济效果，因此，必须引起足够的重视。为了防止施工方案的片面性，必须对拟定的几个施工方案进行技术经济分析比较，使选定的施工方案施工上可行，技术上先进，经济上合理，而且符合施工现场的实际情况。

施工方案的选择一般包括：确定施工程序和施工起点流向，确定施工顺序，合理选择施工机械和施工方法，制定技术组织措施等。

1. 确定施工程序

施工程序是指单位工程中各分部工程或施工阶段的先后次序及其制约关系。工程施工受到自然条件和物质条件的制约，它在不同施工阶段的不同的工作内容按照其固有的、不可违背的先后次序循序渐进地向前开展，它们之间有着不可分割的联系、既不能相互代替，也不允许颠倒或跨越。

(1) 严格执行开工报告制度。

单位工程开工前必需做好一系列准备工作，具备开工条件后，项目经理部还应写出开工报告，报上级审查后方可开工。实行社会监理的工程，企业还应将开工报告送监理工程师审批，由监理工程师发布开工通知书。

(2) 遵守“先地下后地上”、“先土建后设备”、“先主体后围护”、“先结构后装饰”的原则。

“先地下后地上”，指的是在地上工程开始之前，尽量把管线、线路等地下设施和土方及基础工程做好或基本完成，以免对地上部分施工有干扰，带来不便，造成浪费，影响质量。

“先土建后设备”，指的是不论是工业建筑还是民用建筑，土建与水、暖、电、卫、通讯等设备的关系都需要摆正，尤其在装修阶段，要从保质量、降成本的角度处理好两者的关系。

“先主体后围护”，主要是指框架结构，应注意在总的程序上有合理的搭接。一般来说，多层建筑，主体结构与围护结构以少搭接为宜，而高层建筑则应尽量搭接施工，以便有效地节约时间。

“先结构后装饰”，是指就一般情况而言，有时为了压缩工期，也可以部分搭接施工。

但是，由于影响施工的因素很多，故施工程序并不是一成不变的，特别是随着建筑工业化的不断发展，有些施工程序也将发生变化，例如，大板结构房屋中的大板施工，已由工地生产逐渐转向工厂生产，这时结构与装饰可在工厂内同时完成。

（3）合理安排土建施工与设备安装的施工程序。

工业厂房的施工很复杂，除了要完成一般土建工程外，还要同时完成工艺设备和工业管道等安装工程。为了使工厂早日竣工投产，不仅要加快土建工程施工速度，为设备安装提供工作面，而且应该根据设备性质、安装方法、厂房用途等因素，合理安排土建工程与设备安装工程之间的施工程序。一般有三种施工程序：

1）封闭式施工：是指土建主体结构完成以后，再进行设备安装的施工顺序。它一般适用于设备基础较小，埋置深度较浅，设备基础施工时不影响柱基的情况。

封闭式施工的优点：①有利于预制构件的现场预制、拼装和安装就位，适合选择各种类型的起重机械和便于布置开行路线，从而加快主体结构的施工速度。②围护结构能及早完成，设备基础能在室内施工，不受气候影响，可以减少设备基础施工时的防雨、防寒等设施费用。③可利用厂房内的桥式吊车为设备基础施工服务。其缺点是：①出现某些重复性工作，如部分柱基回填土的重复挖填和运输道路的重新铺设等。②设备基础施工条件较差，场地拥挤，其基坑不宜采用机械挖土。③当厂房土质不佳，而设备基础与柱基础又连成一片时，在设备基础基坑挖土过程中，易造成地基不稳定，须增加加固措施费用；④不能提前为设备安装提供工作面，工期较长。

2）敞开式施工：是指先施工设备基础、安装工艺设备，然后建造厂房的施工顺序。它一般适用于设备基础较大，埋置深度较深，设备基础的施工将影响柱基的情况下（如冶金工业厂房中的高炉间）。其优缺点与封闭式施工相反。

3）设备安装与土建施工同时进行，这是指土建施工可以为设备安装创造必要的条件，同时又可采取防止设备被砂浆、垃圾等污染的保护措施时，所采用的程序。它可以加快工程的施工进度。例如，在建造水泥厂时，经济效益最好的施工程序便是两者同时进行。

2. 确定施工起点和流向

施工起点和流向是指单位工程在平面或空间上开始施工的部位及其展开方向。一般情况下，单层建筑物应分区分段地确定在平面上的施工流向，多层建筑物除了每层平面上的施工流向外，还需确定在竖向（层间或单元空间）上的施工流向。施工流向的确定涉及一系列施工活动的展开和进程，是组织施工的重要环节。确定单位工程施工起点流向时，一般应考虑以下因素：

(1) 施工方法是确定施工流向的关键因素。如一幢建筑物要用逆做法施工地下两层结构，它的施工流向可作如下表达：测量定位放线→进行地下连续墙施工→进行钻孔灌注桩施工→±0.000 标高结构层施工→地下两层结构施工，同时进行地上一层结构施工→底板施工并做各层柱，完成地下室施工→完成上层结构，若采用顺做法施工地下两层结构，其施工流向为：测量定位放线→底板施工→换拆第二道支撑→地下两层施工→换拆第一道支撑→±0.000 顶板施工→上部结构施工（先做主楼以保证工期，后做裙房）。

(2) 生产工艺或使用要求是确定施工流向的基本因素。从生产工艺上考虑，影响其他工段试车投产的或使用上要求急的工段、部位应该先施工。例如，B 车间生产的产品需受 A 车间生产的产品影响，A 车间又划分为三个施工段（1、2、3 段），且 2、3 段的生产要受 1 段的约束，故其施工应从 A 车间的 1 段开始，A 车间施工完后，再进行 B 车间施工。

(3) 施工繁简程度的影响。一般对技术复杂、施工进度较慢、工期较长的工段或部位先开工。例如，高层现浇钢筋混凝土结构房屋，主楼部分应先施工，裙房部分后施工。

(4) 当有高低层或高低跨并列时，应从高低层或高低跨并列处开始施工。例如，在高低跨并列的单层工业厂房结构安装中，应先从高低跨并列处开始吊装；又如在高低层并列的多层建筑物中，层数多的区段常先施工。

(5) 工程现场条件和选用的施工机械的影响。施工场地大小、道路布置、所采用的施工方法和机械也是确定施工流向的因素。例如，根据工程条件，挖土机械可选用正铲、反铲、拉铲等，吊装机械可选用履带吊、汽车吊或塔吊，这些机械的开行路线或位置布置便决定了基础挖土及结构吊装的施工起点和流向。

(6) 施工组织的分层分段。划分施工层、施工段的部位，如伸缩缝、沉降缝、施工缝，也是决定其施工流向应考虑的因素。

(7) 分部工程或施工阶段的特点及其相互关系。如基础工程由施工机械和方法决定其平面的施工流程；主体结构工程从平面上看，从哪一边先开始都可以，但竖向一般应自下而上施工；装饰工程竖向的流程比较复杂，室外装饰一般采用自上而下的流程，室内装饰则有自上而下、自下而上及自中而下再自上而中三种流向。密切相关的分部工程或施工阶段，一旦前面的施工过程的流向确定了，则后续施工过程也便随之而定了。如单层工业厂房的土方工程的流向决定了柱基础施工过程和某些构件预制、吊装施工过程的流向。

1) 室内装饰工程自上而下的施工流向是指主体结构工程封顶，做好屋面防水层以后，从顶层开始，逐层向下进行施工。其施工流向如图 4.4 所示，一般有水平向下和垂直向下两种形式，施工中一般采用如图 4.4 (a) 所示的水平向下的方式较多。这种流向的优点是：主体结构完成后有一定的沉降时间，能保证装饰工程的质量；做好屋面防水层后，可防止在雨季施工时因雨水渗漏而影响装饰工程质量；其次，自上而下的流水施工，各施工过程之间交叉作业少，影响小，便于组织施工，有利于保证施工安全，从上而下清理垃圾方便。其缺点是不能与主体施工搭接，工期相应较长。

2) 室内装饰工程自下而上的施工流向是指主体结构工程施工完第三层楼板后，室内装饰从第一层开始逐层向上进行施工。其施工流向如图 4.5 所示，一般与主体结构平行搭接施工，有水平向上和垂直向上两种形式。这种流向的优点是可以和主体砌筑工程进行交叉施工，可以缩短工期，当工期紧迫时可以采取这种流向。其缺点是各施工过程之间互相

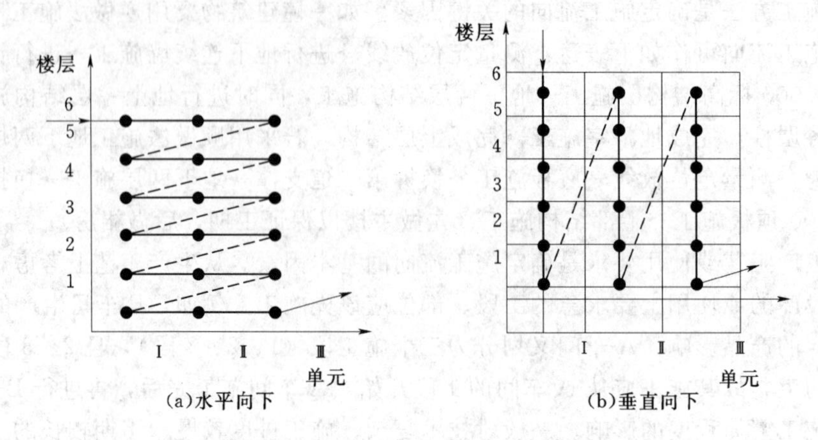

图 4.4 室内装饰工程自上而下的流程

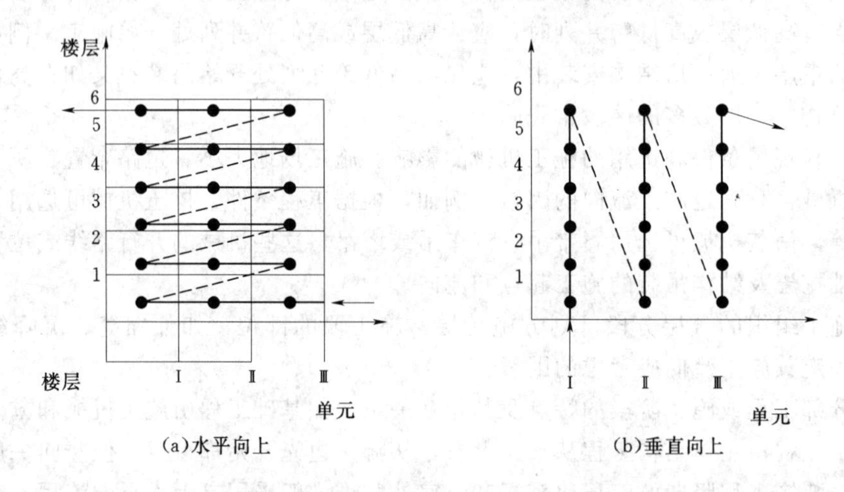

图 4.5 室内装饰工程自下而上的流程

交叉，材料供应紧张，施工机械负担重，故需要很好地组织和安排，并采取相应的安全技术措施。

3）室内装饰工程自中而下再自上而中的施工流向，综合了前两者的优缺点，一般适用于高层建筑的室内装饰工程施工。

3. 确定施工顺序

施工顺序是指分项工程或工序之间施工的先后次序。它的确定既是为了按照客观的施工规律组织施工，也是为了解决工种之间在时间上的搭接和在空间上的利用问题。在保证施工质量与安全施工的前提下，以求达到充分利用空间，争取时间，缩短工期的目的。合理的确定施工顺序也是编制施工进度计划的需要。

（1）确定施工顺序的基本原则。

1）遵循施工程序。施工程序确定了施工阶段或分部工程之间的先后次序，确定施工顺序时必须遵循施工程序。例如先地下后地上的程序。

2）必须符合施工工艺的要求。这种要求反映出施工工艺上存在的客观规律和相互间

的制约关系，一般是不可违背的。如预制钢筋混凝土柱的施工顺序为：支模板→绑钢筋→浇混凝土→养护→拆模。而现浇钢筋混凝土柱的施工顺序为：绑钢筋→支模板→浇混凝土→养护→拆模。

3）必须与施工方法协调一致。如单层工业厂房结构吊装工程的施工顺序，当采用分件吊装法时，则施工顺序为“吊柱→吊梁→吊屋盖系统”；当采用综合吊装法时，则施工顺序为“第一节间吊柱、梁和屋盖系统→第二节间吊柱、梁和屋盖系统→……→最后节间吊柱、梁和屋盖系统”。

4）必须考虑施工组织的要求。如安排室内外装饰工程施工顺序时，既可先室外也可先室内；又如安排内墙面及天棚抹灰施工顺序时，既可待主体结构完工后进行，也可在主体结构施工到一定部位后提前插入，这主要根据施工组织的安排。

5）必须考虑施工质量和施工安全的要求。确定施工顺序必须以保证施工质量和施工安全为大前提。如为了保证施工质量，楼梯抹面应在全部墙面、地面和天棚抹灰完成之后，自上而下一次完成；为了保证施工安全，在多层砖混结构施工中，只有完成两个楼层板的铺设后，才允许在底层进行其他施工过程的施工。

6）必须考虑当地气候条件的影响。如雨期和冬季到来之前，应先做完室外各项施工过程，为室内施工创造条件。如冬季室内装饰施工时，应先安门窗扇和玻璃，后做其他装饰工程。

现将多层砖混结构居住房屋、多层全现浇钢筋混凝土框架结构房屋和装配式钢筋混凝土单层工业厂房的施工顺序分别叙述如下。

（2）多层混合结构住宅楼的施工顺序。

多层混合结构住宅楼的施工，按照房屋各部位的施工特点，一般可划分为基础工程、主体结构工程、屋面及装饰工程三个施工阶段。水、暖、电、卫工程应与土建工程中有关分部分项工程密切配合，交叉施工。如图4.6所示为砖混结构四层住宅楼施工顺序示意图。

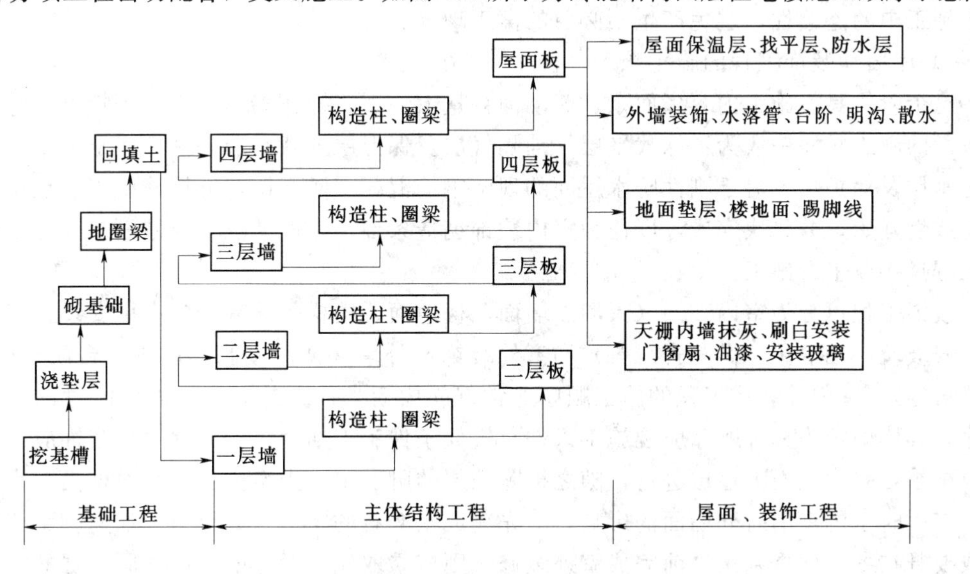

图4.6 砖混结构四层住宅楼施工顺序示意图

1）基础工程的施工顺序。

基础工程施工阶段是指室内地坪（±0.00）以下的所有工程施工阶段。其施工顺序一般是：挖土→做垫层→砌基础→地圈梁→回填土。如果有地下障碍物、坟穴、防空洞、软弱地基等问题，需先进行处理；如有桩基础，应先进行桩基础施工；如有地下室，则应在基础完成后或完成一部分后，进行地下室墙身施工、防水（潮）施工，再进行地下室顶板安装或现浇顶板，最后回填土。

注意：挖基槽（坑）和做垫层的施工搭接要紧凑，时间间隔不宜过长，以防雨后基槽（坑）内积水，影响地基的承载力。垫层施工后要留有一定的技术间歇时间，使其具有一定强度后，再进行下一道工序。各种管沟的挖土、做管沟垫层、砌管沟墙、管道铺设等应尽可能与基础工程施工配合，平行搭接进行。回填土根据施工工艺的要求，可以在结构工程完工以后进行，也可在上部结构开始以前完成，施工中采用后者的较多。这样，一方面可以避免基槽遭雨水或施工用水浸泡；另一方面可以为后续工程创造良好的工作条件，提高生产效率。回填土原则上是一次分层夯填完毕。对零标高以下室内回填土（房心土），最好与基槽（坑）回填土同时进行，但要注意水、暖、电、卫、煤气管道沟的回填标高，如不能同时回填，也可在装饰工程之前，与主体结构施工同时交叉进行。

2）主体结构工程的施工顺序。

主体结构工程施工阶段的工作，通常包括搭设脚手架、砌筑墙体、安预制过梁、安预制楼板和楼梯、现浇构造柱、楼板、圈梁、雨篷、楼梯等分项工程。若楼板、楼梯为现浇时，其施工顺序应为立构造柱筋→砌墙→安柱模板→浇柱混凝土→安梁、板、梯模板→安梁、板、梯钢筋→浇梁、板、梯混凝土。若楼板为预制时，其施工顺序应为立构造柱筋→砌墙→安柱模板→浇柱混凝土→安圈梁、楼梯模板→安圈梁、楼梯钢筋→浇圈梁、楼梯混凝土→吊装楼板→灌缝。砌筑墙体和安装预制楼板工程量较大，因此砌墙和安装楼板是主体结构工程的主导施工过程，它们在各楼层之间的施工是先后交替进行的。要注意两者在流水施工中的连续性，避免产生不必要的窝工现象。

3）屋面和装饰工程的施工顺序。

这个阶段具有施工内容多而杂、劳动消耗量大、手工操作多、工期长等特点。卷材防水屋面的施工顺序一般为：抹找平层→铺隔气层及保温层→找平层→刷冷底子油结合层→做防水层及保护层。对于刚性防水屋面的现浇钢筋混凝土防水层，分格缝施工应在主体结构完成后开始，并尽快完成，以便为室内装饰创造条件。一般情况下，屋面工程可以和装饰工程搭接或平行施工。

装饰工程可分为室内装饰（天棚、墙面、楼地面、楼梯等抹灰，门窗扇安装，门窗油漆、安玻璃，油墙裙，做踢脚线等）和室外装饰（外墙抹灰、勒脚、散水、台阶、明沟、水落管等）。室内外装饰工程的施工顺序通常有先内后外、先外后内、内外同时进行三种顺序，具体确定为哪种顺序应视施工条件、气候条件和工期而定。通常室外装饰应避开冬季或雨季，并由上而下逐层进行，随之拆除该层的脚手架。当室内为水磨石楼面，为防止楼面施工时水的渗漏对外墙面的影响，应先完成水磨石的施工；如果为了加速脚手架的周转或要赶在冬、雨季到来之前完成室外装修，则应采取先外后内的顺序。同一层的室内抹灰施工顺序有楼地面→天棚→墙面和天棚→墙面→楼地面两种。前一种顺序便于清理地

面，地面质量易于保证，且便于收集墙面和天棚的落地灰，节省材料。但由于地面需要留养护时间及采取保护措施，使墙面和天棚抹灰时间推迟，影响工期。后一种顺序在做地面前必须将天棚和墙面上的落地灰和渣滓扫清洗净后再做面层，否则会影响楼面面层同预制楼板间的黏结，引起地面起鼓。

底层地面一般多是在各层天棚、墙面、楼面做好之后进行。楼梯间和踏步抹面，由于其在施工期间易损坏，通常是在其他抹灰工程完成后，自上而下统一施工。门窗扇安装可在抹灰之前或之后进行，视气候和施工条件而定。例如，室内装饰工程若是在冬季施工，为防止抹灰层冻结和加速干燥，门窗扇和玻璃均应在抹灰前安装完毕。门窗玻璃安装一般在门窗扇油漆之后进行。

室外装饰工程总是采取自上而下的流水施工方案。在自上而下每层装饰、水落管安装等分项工程全部完成后，即可拆除该层的脚手架，然后进行散水及台阶的施工。

4）水、暖、电、卫等工程的施工顺序。

水、暖、电、卫等工程不同于土建工程，可以分成几个明显的施工阶段，它一般与土建工程中有关的分部分项工程进行交叉施工，紧密配合。配合的顺序和工作内容如下：①在基础工程施工时，先将相应的管道沟的垫层、地沟墙做好，然后回填土。②在主体结构施工时，应在砌砖墙和现浇钢筋混凝土楼板的同时，预留出上下水管和暖气立管的孔洞、电线孔槽或预埋木砖和其它预埋件。③在装饰工程施工前，安设相应的各种管道和电器照明用的附墙暗管、接线盒等。水、暖、电、卫安装一般在楼地面和墙面抹灰前或后穿插施工。若电线采用明线，则应在室内粉刷后进行。

（3）多层全现浇钢筋混凝土框架结构房屋的施工顺序。

钢筋混凝土框架结构多用于多层民用房屋和工业厂房，也常用于高层建筑。这种房屋的施工，一般可划分为基础工程、主体结构工程、围护工程和装饰工程等四个阶段。如图 4.7 所示为多层现浇钢筋混凝土框架结构房屋施工顺序示意图。

1）基础工程施工顺序。

多层全现浇钢筋混凝土框架结构房屋的基础一般可分为有地下室和无地下室基础工程。若有地下室一层，且房屋建造在软土地基时，基础工程的施工顺序一般为：桩基→围护结构→土方开挖→破桩头及铺垫层→地下室底板→地下室墙、柱（防水处理）→地下室顶板→回填土。

若无地下室，且房屋建造在土质较好的地区时，基础工程的施工顺序一般为：挖土→垫层→基础（扎筋、支模、浇混凝土、养护、拆模）→回填土。

在多层框架结构房屋的基础工程施工之前，和混合结构居住房屋一样，也要先处理好基础下部的松软土、洞穴等，然后分段进行平面流水施工。施工时，应根据当地的气候条件，加强对垫层和基础混凝土的养护，在基础混凝土达到拆模要求时及时拆模，并提早回填土，从而为上部结构施工创造条件。

2）主体结构工程的施工顺序（假定采用木制模板）。

主体结构工程即全现浇钢筋混凝土框架的施工顺序为：绑柱钢筋→安柱、梁、板模板→浇柱混凝土→绑扎梁、板钢筋→浇梁、板混凝土。柱、梁、板的支模、绑筋、浇混凝土等施工过程的工作量大，耗用的劳动力和材料多，而且对工程质量和工期也起着决定性

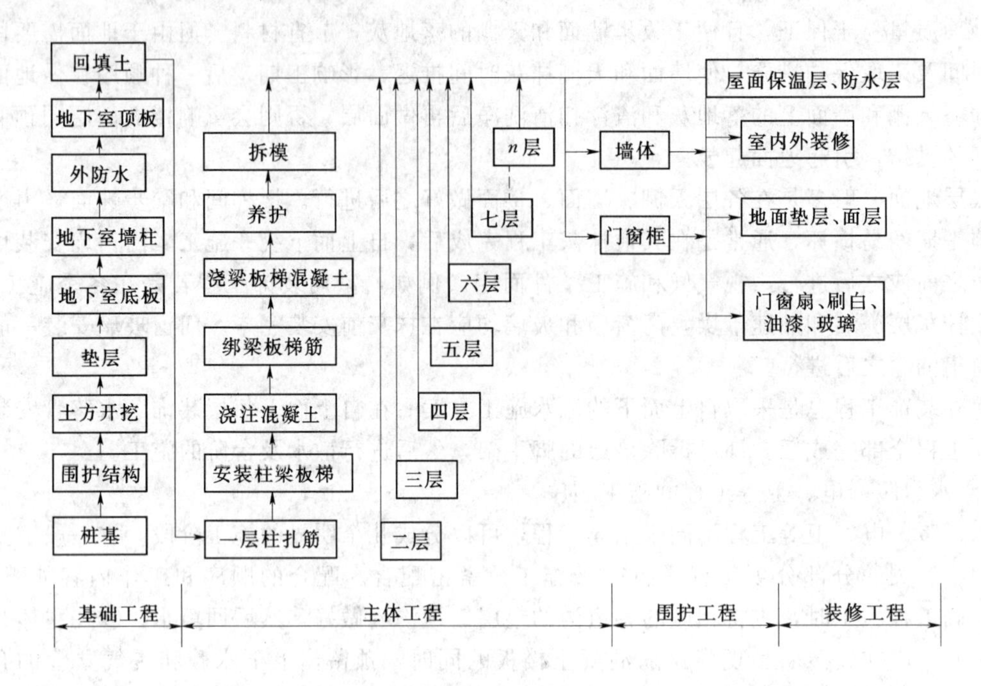

图 4.7　多层现浇钢筋混凝土框架结构房屋施工顺序示意图

（地下室一层、桩基础）

注：主体二—n层的施工顺序同一层

作用。故需把多层框架在竖向上分成层，在平面上分成段，即分成若干个施工段，组织平面上和竖向上的流水施工。

3）围护工程的施工顺序。

围护工程的施工包括墙体工程、安装门窗框和屋面工程。墙体工程包括砌砖用的脚手架的搭拆，内、外墙砌筑等分项工程。不同的分项工程之间可组织平行、搭接、立体交叉流水施工。屋面工程、墙体工程应密切配合，如在主体结构工程结束之后，先进行屋面保温层、找平层施工，待外墙砌筑到顶后，再进行屋面油毡防水层的施工。脚手架应配合砌筑工程搭设，在室外装饰之后、做散水坡之前拆除。内墙的砌筑顺序应根据内墙的基础形式而定，有的需在地面工程完成后进行，有的则可在地面工程之前与外墙同时进行。屋面工程的施工顺序与混合结构住宅楼的屋面工程的施工顺序相同。

4）装饰工程的施工顺序。

装饰工程的施工分为室内装饰和室外装饰。室内装饰包括天棚、墙面、楼地面、楼梯等抹灰，门窗扇安装，门窗油漆，安装玻璃等；室外装饰包括外墙抹灰、勒脚、散水、台阶、明沟等施工。其施工顺序与混合结构住宅楼的施工顺序基本相同。

（4）装配式钢筋混凝土单层工业厂房的施工顺序。

根据单层工业厂房的结构形式，它的施工特点为：基础挖土量及现浇混凝土量大、现场预制构件多及结构吊装量大、各工种配合施工要求高等。因此，装配式钢筋混凝土单层工业厂房的施工可分为：基础工程、预制工程、结构安装工程、围护工程和装饰工程等五个施工阶段。其施工顺序如图 4.8 所示。

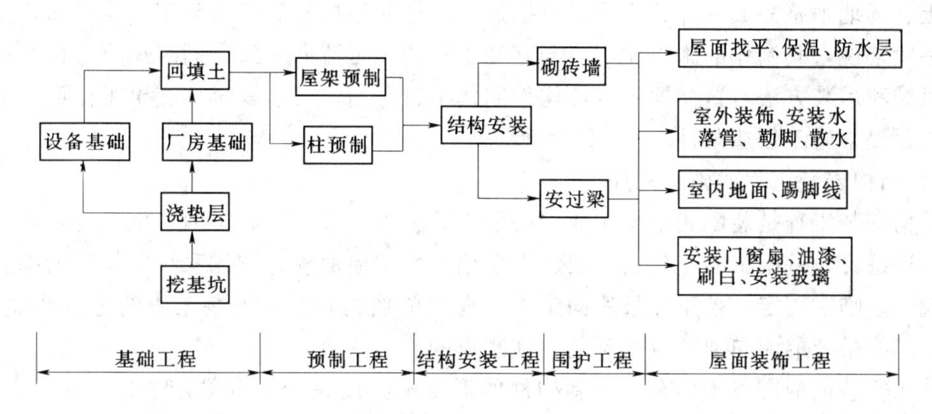

图 4.8　装配式钢筋混凝土单层工业厂房的施工顺序示意图

1）基础工程的施工顺序。

单层工业厂房柱基础一般为现浇钢筋混凝土杯形基础，宜采用平面流水施工。它的施工顺序与现浇钢筋混凝土框架结构的独立基础施工顺序相同。

对于厂房的设备基础和厂房柱基础的施工顺序，需根据厂房的性质和基础埋深等具体情况来决定。

在单层工业厂房基础工程施工之前，首先要处理好基础下部的松软土、洞穴等，然后分段进行平面流水施工。施工时，应根据当时的气候条件，加强对钢筋混凝土垫层和基础的养护，在基础混凝土达到拆模要求时及时拆模，并提早回填土，从而为现场预制工程创造条件。

2）预制工程的施工顺序。

单层工业厂房结构构件的预制方式，一般可采用加工厂预制和现场预制相结合的方法。在具体确定预制方案时，应结合构件技术特征、当地加工厂的生产能力、工程的工期要求、现场的交通道路、运输工具等因素，经过技术经济分析之后确定。通常，对于尺寸大、自重大的大型构件，多采用在拟建厂房内部就地预制，如柱、托架梁、屋架、鱼腹式预应力吊车梁等；对于种类及规格繁多的异型构件，可在拟建厂房外部集中预制，如门窗过梁等；对于数量较多的中小型构件，可在加工厂预制，如大型屋面板等标准构件、木制品及钢结构构件等。加工厂生产的预制构件应随着厂房结构安装工程的进展陆续运往现场，以便安装。

现场就地预制钢筋混凝土柱的施工顺序为：场地平整夯实→支模→扎筋→预埋铁件→浇筑混凝土→养护→拆模等。

现场后张法预制屋架的施工顺序为：场地平整夯实（或做台膜）→支模→扎筋（有时先扎筋后支模）→预留孔洞→预埋铁件→浇筑混凝土→养护→拆模→预应力筋张拉→锚固→灌浆等。

预制构件制作的顺序：原则上是先安装的先预制，虽然屋架迟于柱子安装，但预应力屋架由于需要张拉、灌浆等工艺，并且有两次养护的技术间歇，在考虑施工顺序时往往要提前制作。

预制构件制作的时间：因现场预制构件的工期较长，故预制构件的制作往往是在基础回填土、场地平整完成一部分之后就可以进行，这时结构安装方案已定，构件布置图已绘出。一般来说，其制作的施工流向应与基础工程的施工流向一致，同时还要考虑所选择的吊装机械和吊装方法。这样即可以使构件制作早日开始，又能及早地交出工作面，为结构安装工程提早施工创造条件。

3）结构安装工程的施工顺序。

结构安装工程是装配式单层工业厂房的主导施工阶段，其施工内容依次为：柱子、吊车梁、连系梁、基础梁、托架、屋架、天窗架、大型屋面板及支撑系统等构件的绑扎、起吊、就位、临时固定、校正和最后固定等。它应单独编制结构安装工程的施工作业设计，其中，结构吊装的流向通常应与预制构件制作的流向一致。

结构安装前的准备工作有：预制构件的混凝土强度是否达到规定要求（柱子达70%设计强度，屋架达100%设计强度，预应力构件灌浆后的砂浆强度达15MPa才能就位或安装），基础杯口抄平、杯口弹线，构件的吊装验算和加固，起重机稳定性、起重量核算和安装屋盖系统的鸟嘴架安设，起吊各种构件的索具准备等。

结构安装工程的施工顺序取决于安装方法。当采用分件安装方法时，一般起重机分三次开行才安装完全部构件，其安装顺序是：第一次开行安装全部柱子，并对柱子进行校正与最后固定；待杯口内的混凝土强度达到设计强度的70%后，起重机第二次开行安装吊车梁、连系梁和基础梁；第三次开行安装屋盖系统。当采用综合吊装方法时，其安装顺序是：先安装第一节间的四根柱，迅速校正并灌浆固定，接着安装吊车梁、连系梁、基础梁及屋盖系统，如此依次逐个渐渐地进行所有构件安装，直至整个厂房全部安装完毕。抗风柱的安装顺序一般有两种：一是在安装柱的同时，先安装该跨一端的抗风柱，另一端的抗风柱则在屋盖系统安装完毕后进行；二是全部抗风柱的安装均待屋盖系统安装完毕后进行，并立即与屋盖连接。

4）围护工程的施工顺序。

围护工程的施工顺序为：搭设垂直运输机具（如井架、门架、起重机等）→砌筑内外墙（脚手架搭设与其配合）→现浇门框、雨篷等。一般在结构吊装工程完成之后或吊装完成一部分区段之后，即可开始外墙砌筑工程的分段施工。不同的分项工程之间可组织立体交叉平行的流水施工，砌筑一完，即可开始屋面施工。

5）装饰工程的施工顺序。

装饰工程的施工也可分为室内装饰和室外装饰。室内装饰工程包括地面的平整、垫层、面层，安装门窗扇、油漆、安装玻璃、墙面抹灰、刷白等；室外装饰工程包括外墙勾缝、抹灰、勒脚、散水坡等分项工程。两者可平行施工，并可与其他施工过程交叉穿插进行，一般不占总工期。地面工程应在地下管道、电缆完成后进行。砌筑工程完成后，即进行内外墙抹灰，外墙抹灰应自上而下进行。门窗安装一般与砌墙穿插进行，也可在砌墙完成后进行。内墙面及构件刷白，应安排在墙面干燥和大型屋面板灌缝之后开始，并在油漆开始之前结束。玻璃安装在油漆后进行。

6）水、暖、电、卫等工程的施工顺序。

水、暖、电、卫等工程的施工顺序与砖混结构的施工顺序基本相同，但应注意空调设备安装工程的安排。生产设备的安装，一般由专业公司承担，由于其专业性强、技术要求

高，应遵照有关专业的生产顺序进行。

上面所述三种类型房屋的施工过程及其顺序，仅适用于一般情况。建筑施工是一个复杂的过程，随着新工艺、新材料、新建筑体系的出现和发展，这些规律将会随着施工对象和施工条件发生较大的变化。因此，对每一个单位工程，必须根据其施工特点和具体情况，合理的确定施工顺序，最大限度地利用空间，争取时间组织平行流水、立体交叉施工，以其达到时间和空间的充分利用。

4. 施工方法和施工机械的选择

选择施工方法和施工机械是施工方案中的关键问题，它直接影响施工进度、质量、安全及工程成本。因此，编制施工组织设计时，必须根据建筑结构特点、抗震要求、工程量大小、工期长短、资源供应情况、施工现场情况和周围环境等因素，制定出可行方案，并进行技术经济分析比较，确定出最优方案。

（1）选择施工方法。

选择施工方法时，应重点考虑影响整个单位工程施工的分部分项工程的施工方法。主要是选择工程量大且在单位工程中占有重要地位的分部分项工程、施工技术复杂或采用新技术、新工艺及对工程质量起关键作用的分部分项工程、不熟悉的特殊结构工程或由专业施工单位施工的特殊专业工程的施工方法，要求详细而具体，必要时应编制单独的分部分项工程的施工作业设计，提出质量要求及达到这些质量要求的技术措施，指出可能发生的问题并提出预防措施和必要的安全措施。而对于按照常规做法和工人熟悉的分项工程，则不必详细拟订，只提出应注意的一些特殊问题即可。通常，施工方法选择的内容有：

1）土方工程。①场地平整、地下室、基坑、基槽的挖土方法，放坡要求，所需人工、机械的型号及数量。②余土外运方法、所需机械的型号及数量。③地下、地表水的排水方法、排水沟、集水井、井点的布置、所需设备的型号及数量。

2）钢筋混凝土工程。①模板工程：模板的类型和支模方法是根据不同的结构类型、现场条件确定现浇和预制用的各种类型模板（如工具式钢模、木模、翻转模板，土、砖、混凝土胎模和钢丝网水泥胎膜、清水竹胶平面大模板等），以及各种支承方法（如钢、木立柱、桁架、钢制托具等），并分别列出采用的项目、部位、数量及隔离剂的选用。②钢筋工程：明确构件厂与现场加工的范围、钢筋调直、切断、弯曲、成型、焊接方法，钢筋运输及安装方法。③混凝土工程：搅拌与供应（集中或分散）输送方法，砂石筛选、计量、上料方法，拌和料、外加剂的选用及掺量，搅拌、运输设备的型号及数量，浇筑顺序的安排、工作班次、分层浇筑厚度、振捣方法、施工缝的位置、养护制度。

3）结构安装工程。①构件尺寸、自重、安装高度。②选用吊装机械型号及吊装方法、塔吊回转半径的要求、吊装机械的位置或开行路线。③吊装顺序、运输、装卸、堆放方法，所需设备型号及数量。④吊装运输对道路的要求。

4）垂直及水平运输。①标准层垂直运输量计算表。②垂直运输方式的选择及其型号、数量、布置、服务范围、穿插班次。③水平运输方式及设备的型号和数量。④地面及楼面水平运输设备的行驶路线。

5）装饰工程。①室内外装饰抹灰工艺的确定。②施工工艺流程与流水施工的安排。③装饰材料的场内运输，减少临时搬运的措施。

6）特殊项目。①对四新（新结构、新工艺、新材料、新技术）项目、高耸、大跨、重型构件、水下、深基础、软弱地基、冬季施工等项目均应单独编制。单独编制的内容包括：工程平面示意图、工程量、施工方法、工艺流程、劳动组织、施工进度、技术要求与质量、安全措施、材料、构件及机具设备需要量。②对大型土方、打桩、构件吊装等项目，无论内、外分包均应由分包单位提出单项施工方法与技术组织措施。

（2）选择施工机械。

选择施工方法必须涉及施工机械的选择问题。机械化施工是改变建筑工业生产落后面貌、实现建筑工业化的基础。因此，施工机械的选择是施工方法选择的中心环节。选择施工机械时应着重考虑以下几方面：

1）选择施工机械时，应首先根据工程特点，选择适宜主导工程的施工机械。如在选择装配式单层工业厂房结构安装用的起重机类型时，当工程量较大且集中时，可以采用生产效率较高的塔式起重机；但当工程量较小或工程量虽大却相当分散时，则采用无轨自行式起重机较为经济。在选择起重机型号时，应使起重机在起重臂外伸长度一定的条件下，能适应起重量及安装高度的要求。

2）各种辅助机械或运输工具应与主导机械的生产能力协调配套，以充分发挥主导机械的效率。如土方工程施工中采用汽车运土时，汽车的载重量应为挖土机斗容量的整数倍，汽车的数量应保证挖土机连续工作。

3）在同一工地上，应力求建筑机械的种类和型号尽可能少一些，以利于机械管理。为此，工程量大且分散时，宜采用多用途机械施工，如挖土机既可用于挖土，又能用于装卸、起重和打桩。

4）施工机械的选择还应考虑充分发挥施工单位现有机械的能力。当本单位的机械能力不能满足工程需要时，则应购置或租赁所需的新型机械或多用途机械。

4.3.4.5 单位工程施工进度计划的编制

单位工程施工进度计划是在确定了施工方案的基础上，根据规定工期和各种资源供应条件，按照施工过程的合理施工顺序及组织施工的原则，用图表的形式（横道图或网络图），对一个工程从开始施工到工程全部竣工的各个项目，确定其在时间上的安排和相互间的搭接关系。在此基础上，方可编制月、季计划及各项资源需要量计划。所以，施工进度计划是单位工程施工组织设计中的一项非常重要的内容。

1. 单位工程施工进度计划的分类

单位工程施工进度计划根据施工项目划分的粗细程度，可分为控制性与指导性施工进度计划两类。控制性施工进度计划按分部工程来划分施工项目，控制各分部工程的施工时间及其相互搭接配合关系。它主要适用于工程结构较复杂、规模较大、工期较长而需跨年度施工的工程（如体育场、火车站等公共建筑以及大型工业厂房等），还适用于工程规模不大或结构不复杂但各种资源（劳动力、机械、材料等）不落实的情况，以及建筑结构、建筑规模等可能变化的情况。编制控制性施工进度计划的单位工程，当各分部工程的施工条件基本落实之后，在施工之前还应编制各分部工程的指导性施工进度计划。指导性施工进度计划按分项工程或施工过程来划分施工项目，具体确定各分项工程或施工过程的施工时间及其相互搭接配合关系。它适用于施工任务具体而明确、施工条件基本落实、各种资

源供应正常、施工工期不太长的工程。

2. 单位工程施工进度计划的编制程序和依据

(1) 施工进度计划的编制程序。

单位工程施工进度计划的编制程序如图 4.9 所示。

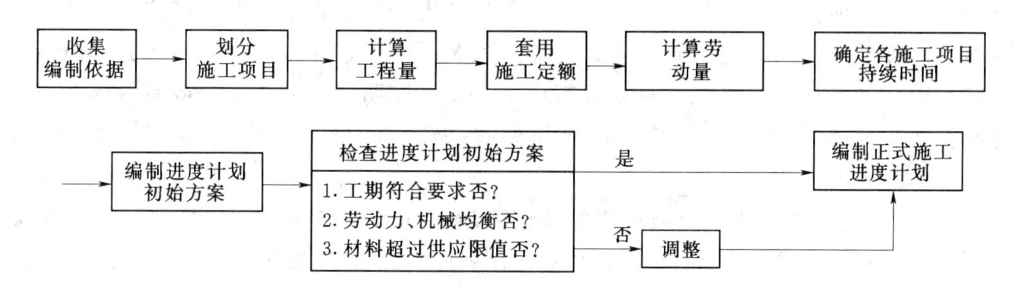

图 4.9　单位工程施工进度计划的编制程序

(2) 施工进度计划的编制依据。

编制单位工程施工进度计划，主要依据下列资料：

1) 经过审批的建筑总平面图及单位工程全套施工图，以及地质、地形图、工艺设计图、设备及其基础图，采用的各种标准图等图纸及技术资料。

2) 施工组织总设计对本单位工程的有关规定。

3) 施工工期要求及开、竣工日期。

4) 施工条件、劳动力、材料、构件及机械的供应条件、分包单位的情况等。

5) 主要分部分项工程的施工方案：包括施工程序、施工段划分、施工流程、施工顺序、施工方法、技术及组织措施等。

6) 施工定额。

7) 其他有关要求和资料：如工程合同。

3. 施工进度计划的表示方法

施工进度计划一般用图表来表示，通常有两种形式的图表：横道图和网络图。拟以一格表示一天或表示若干天。

网络图的表示方法详见学习领域 5，这里仅以横道图表编制施工进度计划作以阐述。

4. 单位工程施工进度计划的编制

根据单位工程施工进度计划的编制程序，下面将其编制的主要步骤和方法叙述如下：

(1) 施工项目的划分。

编制施工进度计划时，首先应按照图纸和施工顺序将拟建单位工程的各个施工过程列出、并结合施工方法、施工条件、劳动组织等因素，加以适当调整，使之成为编制施工进度计划所需的施工项目。施工项目是包括一定工作内容的施工过程，它是施工进度计划的基本组成单元。

单位工程施工进度计划的施工项目仅是包括现场直接在建筑物上施工的施工过程，如砌筑、安装等。而对于构件制作和运输等施工过程，则不包括在内。但对现场就地预制的钢筋混凝土构件的制作，不仅单独占有工期，且对其他施工过程的施工有影响。或构件的

运输需与其他施工过程的施工密切配合。如楼板随运随吊时，仍需将这些制作和运输过程列入施工进度计划。

在确定施工项目时，应注意以下几个问题：

1）施工项目划分的粗细程度，应根据进度计划的需要来决定。一般对于控制性施工进度计划，施工项目可以划分得粗一些，通常只列出分部工程，如混合结构居住房屋的控制性施工进度计划，只列出基础工程、主体工程、屋面工程和装饰工程四个施工过程；而对实施性施工进度计划，施工项目划分就要细一些，应明确到分项工程或更具体，以满足指导施工作业的要求。如屋面工程应划分为找平层、隔气层、保温层、防水层等分项工程。

2）施工过程的划分要结合所选择的施工方案。如结构安装工程，若采用分件吊装方法，则施工过程的名称、数量和内容及其吊装顺序应按构件来确定；若采用综合吊装方法，则施工过程应按施工单元（节间或区段）来确定。

3）适当简化施工进度计划的内容，避免施工项目划分过细，重点不突出。因此，可考虑将某些穿插性分项工程合并到主要分项工程中去。如门窗框安装可并入砌筑工程；而对于在同一时间内由同一施工班组施工的过程可以合并，如工业厂房中的钢窗油漆、钢门油漆、钢支撑油漆、钢梯油漆等可合并为钢构件油漆一个施工过程；对于次要的、零星的分项工程可合并为“其他工程”一项列入。

4）水、暖、电、卫和设备安装等专业工程不必细分具体内容，由各专业施工队自行编制计划并负责组织施工，而在单位工程施工进度计划中只要反映出这些工程与土建工程的配合关系即可。

5）所有施工项目应大致按施工顺序列成表格，编排序号避免遗漏或重复，其名称可参考现行的施工定额手册上的项目名称。

（2）计算工程量。

工程量计算是一项十分繁琐的工作，应根据施工图纸、有关计算规则及相应的施工方法进行计算。因为进度计划中的工程量仅是用来计算各种资源需用量，不作为计算工资或工程结算的依据，故不必精确计算，直接套用施工预算的工程量即可。计算工程量应注意以下几个问题：

1）各分部分项工程的工程量计算单位应与采用的施工定额中相应项目的单位一致，以便计算劳动量及材料需要量时可直接套用定额，不再进行换算。

2）计算工程量时应结合选定的施工方法和安全技术要求，使计算所得工程量与施工实际情况相符合。例如，挖土时是否放坡，是否加工作面，坡度大小与工作面尺寸是多少；是否使用支撑加固，开挖方式是单独开挖、条形开挖或整片开挖，这些都直接影响到基础土方工程量的计算。

3）结合施工组织的要求，分区、分段、分层计算工程量，以便组织流水作业。若每层、每段上的工程量相等或相差不大时，可根据工程量总数分别除以层数、段数，可得每层、每段上的工程量。

4）如已编制预算文件，应合理利用预算文件中的工程量，以免重复计算。施工进度计划中的施工项目大多可直接采用预算文件中的工程量，可按施工过程的划分情况将预算

文件中有关项目的工程量汇总。如“砌筑砖墙”一项的工程量，可首先分析它包括哪些内容，然后按其所包含的内容从预算工程量中摘抄出来并加以汇总求得。施工进度计划中的有些施工项目与预算文件中的项目完全不同或局部有出入时（如计量单位、计算规则、采用定额不同等），则应根据施工中的实际情况加以修改、调整或重新计算。

（3）套用施工定额。

根据所划分的施工项目和施工方法，即可套用施工定额（当地实际采用的劳动定额及机械台班定额），以确定劳动量和机械台班量。

施工定额有两种形式：即时间定额和产量定额。时间定额是指某种专业、某种技术等级的工人小组或个人在合理的技术组织条件下，完成单位合格的建筑产品所必须的工作时间，一般用符号 H_i 表示。它的单位有：工日/m^3、工日/m^2、工日/m、工日/t 等。因为时间定额是以劳动工日数为单位，便于综合计算，故在劳动量统计中用得比较普遍。产量定额是指在合理的技术组织条件下，某种专业、某种技术等级的工人小组或个人在单位时间内所应完成合格的建筑产品的数量，一般用符号 S_i 表示。它的单位有：m^3/工日、m^2/工日、m/工日、t/工日等。因为产量定额是由建筑产品的数量来表示，具有形象化的特点，故在分配施工任务时用得比较普遍。时间定额和产量定额是互为倒数的关系。

套用国家或地方颁发的定额，必须注意结合本单位工人的技术等级、实际施工操作水平、施工机械情况和施工现场条件等因素，确定完成定额的实际水平，使计算出来的劳动量、机械台班量符合实际需要，为准确编制施工进度计划打下基础。

有些采用新技术、新材料、新工艺或特殊施工方法的项目，施工定额中尚未编入，这时可参考类似项目的定额、经验资料，或按实际情况确定。

（4）确定劳动量和机械台班数量。

劳动量和机械台班数量应根据各分部分项工程的工程量、施工方法和现行的施工定额，并结合当地的具体情况加以确定。一般应按下式计算：

$$P = \frac{Q}{S} \tag{4-14}$$

或

$$P = QH \tag{4-15}$$

式中 P——完成某施工过程所需的劳动量（工日）或机械台班数量（台班）；

Q——某施工过程的工程量；

S——某施工过程所采用的产量定额；

H——某施工过程所采用的时间定额。

例如，已知某单层工业厂房的柱基坑土方量为 3240m^3，采用人工挖土，每工产量定额为 3.9m^3，则完成挖基坑所需劳动量为：

$$P = \frac{Q}{S} = \frac{3240}{3.9} = 830\text{（工日）}$$

若已知时间定额为 0.256 工日/m^3 则完成挖基坑所需劳动量为：

$$P = QH = 3240 \times 0.256 = 830\text{（工日）}$$

经常还会遇到施工进度计划所列项目与施工定额所列项目的工作内容不一致的情况，

具体处理方法如下：

1）若施工项目是由两个或两个以上的同一工种，但材料、做法或构造都不同的施工过程合并而成时，可用其加权平均定额来确定劳动量或机械台班量。加权平均产量定额的计算可按下式进行：

$$\overline{S_i} = \frac{\sum_{i=1}^{n} Q_i}{\sum_{i=1}^{n} P_i} \tag{4-16}$$

式中 $\overline{S_i}$——某施工项目加权平均产量定额；

$\sum_{i=1}^{n} Q_i = Q_1 + Q_2 + Q_3 + \cdots + Q_n$（总工程量）；

$\sum_{i=1}^{n} P_i = \frac{Q_1}{S_1} + \frac{Q_2}{S_2} + \frac{Q_3}{S_3} + \cdots + \frac{Q_n}{S_n}$（总工程量）；

Q_1，Q_2，Q_3，…，Q_n——同一工种但施工做法、材料或构造不同的各个施工过程的工程量；

S_1，S_2，S_3，…，S_n——与上述施工过程相对应的产量定额。

2）对于有些采用新材料、新工艺或特殊施工方法的施工项目，其定额在施工定额手册中未列入，则可参考类似项目或实测确定。

3）对于“其他工程”项目所需劳动量，可根据其内容和数量，并结合施工现场的具体情况，以占总劳动量的百分比（一般为10%～20%）计算。

4）水、暖、电、卫设备安装等工程项目，一般不计算劳动量和机械台班需要量，仅安排与一般土建单位工程配合的进度。

（5）确定各项目的施工持续时间。

施工项目的施工持续时间的计算方法，除前述的定额计算法和倒排计划法外，还有经验估计法。

施工项目的持续时间最好是按正常情况确定，这时它的费用一般是较低的。待编制出初始进度计划并经过计算后再结合实际情况作必要的调整，这是避免因盲目抢工而造成浪费的有效办法。根据过去的施工经验并按照实际的施工条件来估算项目的施工持续时间是较为简便的办法，现在一般也多采用这种办法。这种办法多运用于采用新工艺、新技术、新材料等无定额可循的工种。在经验估计法中，有时为了提高其准确程度，往往用“三时估计法”，即先估计出该项目的最长、最短和最可能的三种施工持续时间，然后据以求出期望的施工持续时间作为该项目的施工持续时间。其计算公式是：

$$t = \frac{A + 4C + B}{6} \tag{4-17}$$

式中 t——项目施工持续时间；

A——最长施工持续时间；

B——最短施工持续时间；

C——最可能施工持续时间。

（6）编制施工进度计划的初始方案。

流水施工是组织施工、编制施工进度计划的主要方式，在第三章中已作了详细介绍。编制施工进度计划时，必须考虑各分部分项工程的合理施工顺序，尽可能组织流水施工，力求主要工种的施工班组连续施工。其编制方法为：

1）首先，对主要施工阶段（分部工程）组织流水施工。先安排其中主导施工过程的施工进度，使其尽可能连续施工，其他穿插施工过程尽可能与主导施工过程配合、穿插、搭接。如砖混结构房屋中的主体结构工程，其主导施工过程为砖墙砌筑和现浇钢筋混凝土楼板；现浇钢筋混凝土框架结构房屋中的主体结构工程，其主导施工过程为钢筋混凝土框架的支模、扎筋和浇混凝土。

2）配合主要施工阶段，安排其他施工阶段（分部工程）的施工进度。

3）按照工艺的合理性和施工过程间尽量配合、穿插、搭接的原则，将各施工阶段（分部工程）的流水作业图表搭接起来，即得到了单位工程施工进度计划的初始方案。

（7）施工进度计划的检查与调整。

检查与调整的目的在于使施工进度计划的初始方案满足规定的目标，一般从以下几方面进行检查与调整：

1）各施工过程的施工顺序是否正确，流水施工的组织方法应用得是否正确，技术间歇是否合理。

2）工期方面：初始方案的总工期是否满足合同工期。

3）劳动力方面：主要工种工人是否连续施工，劳动力消耗是否均衡。劳动力消耗的均衡性是针对整个单位工程或各个工种而言，应力求每天出勤的工人人数不发生过大变动。

为了反映劳动力消耗的均衡情况，通常采用劳动力消耗动态图来表示。对于单位工程的劳动力消耗动态图，一般绘制在施工进度计划表右边表格部分的下方。劳动力消耗动态如图4.10所示。

劳动力消耗的均衡性指标可以采用劳动力均衡系数（K）来评估：

$$K=\frac{\text{高峰出工人数}}{\text{平均出工人数}} \tag{4-18}$$

式中的平均出工人数为每天出工人数之和被总工期除得之商。

最为理想的情况是劳动力均衡系数K接近于1。劳动力均衡系数在2以内为好，超过2则不正常。

4）物资方面：主要机械、设备、材料等的利用是否均衡，施工机械是否充分利用。

主要机械通常是指混凝土搅拌机、灰浆搅拌机、自动式起重机和挖土机等。机械的利用情况是通过机械的利用程度来反映的。

初始方案经过检查，对不符合要求的部分需进行调整。调整方法一般有增加或缩短某些施工过程的施工持续时间；在符合工艺关系的条件下，将某些施工过程的施工时间向前或向后移动。必要时，还可以改变施工方法。

应当指出，上述编制施工进度计划的步骤不是孤立的，而是互相依赖、互相联系的，有的可以同时进行。还应看到，由于建筑施工是一个复杂的生产过程，受周围客观条件影响的因素很多，在施工过程中，由于劳动力和机械、材料等物资的供应及自然条件等因素

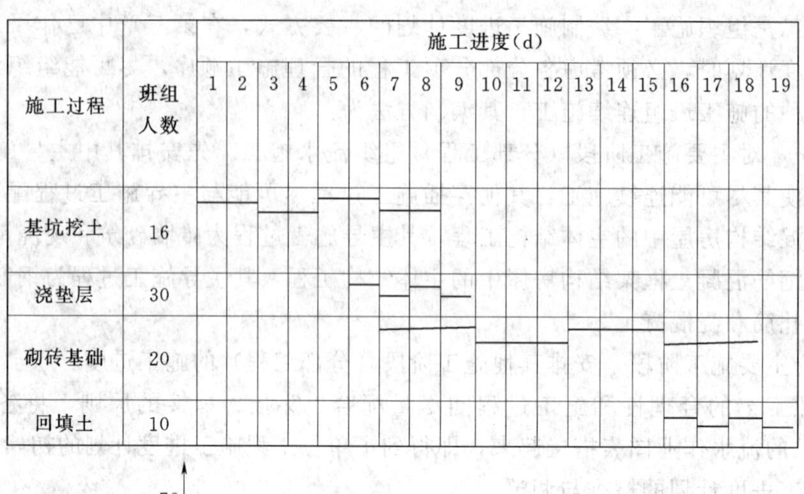

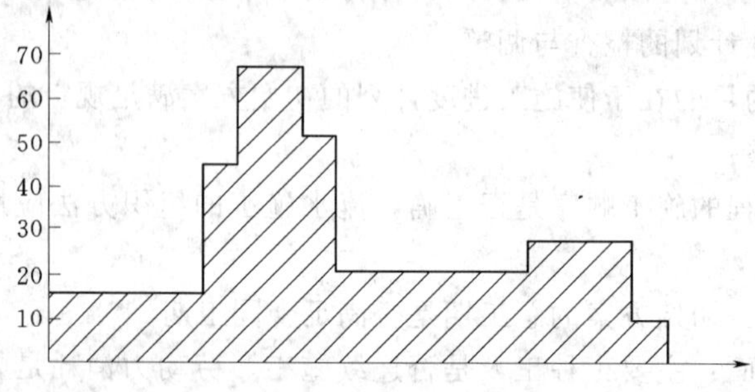

图 4.10　劳动力消耗动态图

的影响，使其经常不符合原计划的要求，因而在工程进展中应随时掌握施工动态，经常检查，不断调整计划。

4.3.4.6　施工准备工作及各项资源需要量计划的编制

单位工程施工进度计划编制确定以后，根据施工图纸、工程量计算资料、施工方案、施工进度计划等有关技术资料，着手编制劳动力需要量计划；各种主要材料、构件和半成品需要量计划及各种施工机械的需要量计划。它们不仅是为了明确各种技术工人和各种技术物资的需要量，而且还是做好劳动力与物资的供应、平衡、调度、落实的依据，也是施工单位编制月、季生产作业计划的主要依据之一。它们是保证施工进度计划顺利执行的关键。

1. *劳动力需要量计划*

劳动力需要量计划，主要是作为安排劳动力的平衡、调配和衡量劳动力耗用指标、安排生活福利设施的依据，其编制方法是将施工进度计划表内所列各施工过程每天（或旬、月）所需工人人数按工种汇总而得。其表格形式见表 4.8。

表 4.8　　**劳动力需要量计划表**

序号	工种名称	需要人数	××月			××月			备注
			上旬	中旬	下旬	上旬	中旬	下旬	

2. 主要材料需要量计划

主要材料需要量计划，是备料、供料和确定仓库、堆场面积及组织运输的依据，其编制方法是将施工进度计划表中各施工过程的工程量，按材料名称、规格、数量、使用时间计算汇总而得。其表格形式见表 4.9。

对于某分部分项工程是由多种材料组成时，应按各种材料分类计算，如混凝土工程应换算成水泥、砂、石、外加剂和水的数量列入表格。

表 4.9 主要材料需要量计划表

序号	材料名称	规格	需要量		需要时间						备注
					××月			××月			
			单位	数量	上旬	中旬	下旬	上旬	中旬	下旬	

3. 构件和半成品需要量计划

建筑结构构件、配件和其他加工半成品的需要量计划主要用于落实加工订货单位，并按照所需规格、数量、时间，组织加工、运输和确定仓库或堆场，可根据施工图和施工进度计划编制。其表格形式见表 4.10。

表 4.10 构件和半成品需要量计划表

序号	构件、半成品名称	规格	图号、型号	需要量		使用部位	制作单位	供应日期	备注
				单位	数量				

4. 施工机械需要量计划

施工机械需要量计划主要用于确定施工机械的类型、数量、进场时间，可据此落实施工机械来源，组织进场。其编制方法为将单位工程施工进度计划表中的每一个施工过程、每天所需的机械类型、数量和施工日期进行汇总，即得施工机械需要量计划。其表格形式见表 4.11。

表 4.11 施工机械需要量计划表

序号	机械名称	型号	需要量		现场使用起止时间	机械进场或安装时间	机械退场或拆卸时间	供应单位
			单位	数量				

4.3.4.7　单位工程施工平面图的设计与绘制

施工平面图既是布置施工现场的依据，也是施工准备工作的一项重要依据，它是实现文明施工、节约并合理利用土地、减少临时设施费用的先决条件。因此，它是施工组织设计的重要组成部分。施工平面图不仅要在设计时周密考虑，而且还要认真贯彻执行，这样才会使施工现场井然有序，施工顺利进行，保证施工进度，提高效率和经济效果。

一般单位工程施工平面图的绘制比例为1∶200～1∶500。

1. 单位工程施工平面图的设计依据、内容和原则

设计依据：单位工程施工平面图的设计依据是：建筑总平面图、施工图纸、现场地形图、水源和电源情况、施工场地情况、可利用的房屋及设施情况、自然条件和技术经济条件的调查资料、施工组织总设计、本工程的施工方案和施工进度计划、各种资源需要量计划等。

设计内容：

(1) 已建和拟建的地上、地下的一切建筑物、构筑物及其他设施（道路和各种管线等）的位置和尺寸。

(2) 测量放线标桩位置、地形等高线和土方取弃场地。

(3) 自行式起重机的开行路线、轨道式起重机的轨道布置和固定式垂直运输设备位置。

(4) 各种搅拌站、加工厂以及材料、构件、机具的仓库或堆场。

(5) 生产和生活用临时设施的布置。

(6) 一切安全及防火设施的位置。

设计原则：

(1) 在保证施工顺利进行的前提下，现场布置紧凑，占地要省，不占或少占农田。

(2) 临时设施要在满足需要的前提下，减少数量，降低费用。途径是利用已有的，多用装配的，认真计算，精心设计。

(3) 合理布置现场的运输道路及加工厂、搅拌站和各种材料、机具的堆场或仓库位置，尽量做到短运距、少搬运，从而减少或避免二次搬运。

(4) 利于生产和生活，符合环保、安全和消防要求。

2. 单位工程施工平面图的设计步骤

单位工程施工平面图的设计步骤如图4.11所示。

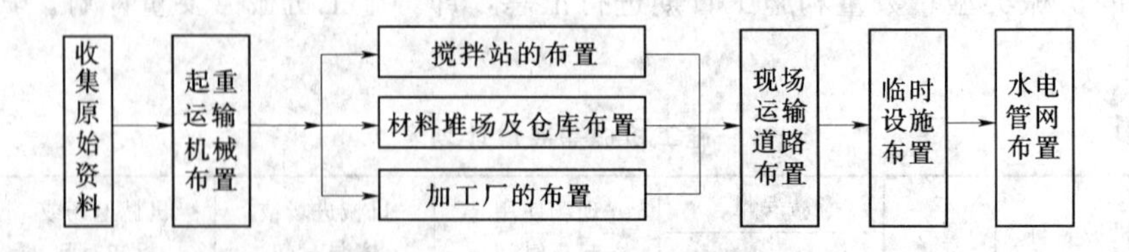

图4.11　单位工程施工平面图的设计步骤

(1) 起重运输机械的布置。

起重运输机械的位置直接影响搅拌站、加工厂及各种材料、构件的堆场或仓库等位置

和道路、临时设施及水、电管线的布置等，因此，它是施工现场全局的中心环节，应首先确定。由于各种起重机械的性能不同，其布置位置亦不相同。

1）固定式垂直运输机械的位置。

固定式垂直运输机械有井架、龙门架、桅杆等，这类设备的布置主要根据机械性能、建筑物的平面形状和尺寸、施工段划分的情况、材料来向和已有运输道路情况而定。其布置原则是：充分发挥起重机械的能力，并使地面和楼面的水平运距最小。布置时应考虑以下几个方面：

当建筑物各部位的高度相同时，应布置在施工段的分界线附近；当建筑物各部位的高度不同时，应布置在高低分界线较高部位一侧，以使楼面上各施工段的水平运输互不干扰。

井架、龙门架的位置以布置在窗口处为宜，以避免砌墙留槎和减少井架拆除后的修补工作。

井架、龙门架的数量要根据施工进度、垂直提升构件和材料的数量、台班工作效率等因素计算确定，其服务范围一般为50～60m。

卷扬机的位置不应距离起重机械过近，以便司机的视线能够看到整个升降过程。一般要求此距离大于建筑物的高度，水平距外脚手架3m以上。

2）有轨式起重机的轨道布置。

有轨式起重机的轨道一般沿建筑物的长向布置，其位置和尺寸取决于建筑物的平面形状和尺寸、构件自重、起重机的性能及四周施工场地的条件。通常轨道布置方式有两种：单侧布置和双侧布置（或环状布置）；当建筑物宽度较小、构件自重不大时，可采用单侧布置方式；当建筑物宽度较大，构件自重较大时，应采用双侧布置（或环形布置）方式。如图4.12所示。

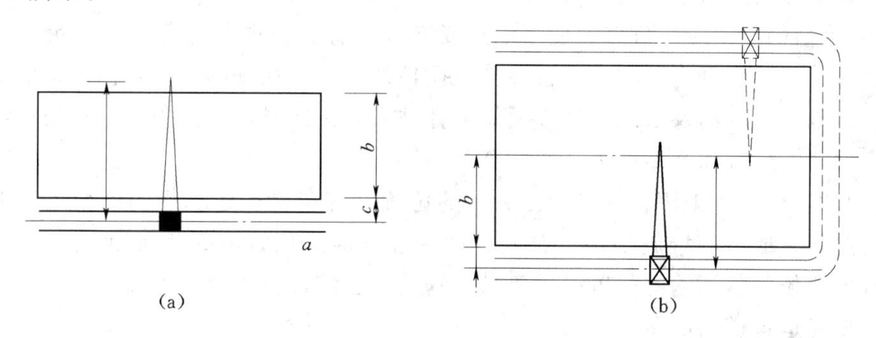

图4.12　轨道式起重机在建筑物外侧布置示意图
（a）单侧布置；（b）双侧（或环行）布置

轨道布置完成后，应绘制出塔式起重机的服务范围。它是以轨道两端有效端点的轨道中点为圆心，以最大回转半径为半径画出两个半圆，连接两个半圆，即为塔式起重机服务范围。塔式起重机服务范围之外的部分则称为“死角”。

在确定塔式起重机服务范围时，一方面要考虑将建筑物平面最好包括在塔式起重机服务范围之内，以确保各种材料和构件直接吊运到建筑物的设计部位上去，尽可能避免死角。如果确实难以避免，则要求死角范围越小越好，同时在死角上不出现吊装最重、最高的构件，并且在确定吊装方案时提出具体的安全技术措施，以保证死角范围内的构件顺利安装。为了解决这一问题，有时还将塔吊与井架或龙门架同时使用，但要确保塔吊回转时无碰撞的可能，以保证施工安全。另一方面，在确定塔式起重机服务范围时，还应考虑有较宽敞的施工用地，以便安排构件堆放及搅拌出料进入料斗后能直接挂钩起吊。主要临时道路也宜安排在塔吊服务范围之内。

3）无轨自行式起重机的开行路线。

无轨自行式起重机械分为履带式、轮胎式、汽车式三种起重机。它一般不用作水平运输和垂直运输，专用作构件的装卸和起吊。吊装时的开行路线及停机位置主要取决于建筑物的平面布置、构件自重、吊装高度和吊装方法等。

（2）搅拌站、加工厂及各种材料、构件的堆场或仓库的布置。

搅拌站、各种材料、构件的堆场或仓库的位置应尽量靠近使用地点或在塔式起重机服务范围之内，并考虑到运输和装卸的方便。

1）当起重机的位置确定后，再布置材料、构件的堆场及搅拌站。材料堆放应尽量靠近使用地点，减少或避免二次搬运，并考虑运输及卸料方便。基础施工时使用的各种材料可堆放在基础四周，但不宜距基坑（槽）边缘太近，以防压塌土壁。

2）当采用固定式垂直运输设备时，则材料、构件堆场应尽量靠近垂直运输设备，以缩短地面水平运距。当采用轨道式塔式起重机时，材料、构件堆场以及搅拌站出料口等均应布置在塔式起重机有效起吊服务范围之内；当采用无轨自行式起重机时，材料、构件堆场及搅拌站的位置，应沿着起重机的开行路线布置，且应在起重臂的最大起重半径范围之内。

3）预制构件的堆放位置要考虑到吊装顺序。先吊的放在上面，后吊的放在下面，预制构件的进场时间应与吊装就位密切配合，力求直接卸到其就位位置，避免二次搬运。

4）搅拌站的位置应尽量靠近使用地点或靠近垂直运输设备。有时在浇筑大型混凝土基础时，为了减少混凝土运输，可将混凝土搅拌站直接设在基础边缘，待基础混凝土浇完后再转移。砂、石堆场及水泥仓库应紧靠搅拌站布置。同时，搅拌站的位置还应考虑到使这些大宗材料的运输和装卸较为方便。

5）加工厂（如木工棚、钢筋加工棚）的位置，宜布置在建筑物四周稍远位置，且应有一定的材料、成品的堆放场地。石灰仓库、淋灰池的位置应靠近搅拌站，并设在下风向；沥青堆放场及熬制锅的位置应远离易燃物品，也应设在下风向。

（3）现场运输道路的布置。

现场运输道路应按材料和构件运输的需要，沿着仓库和堆场进行布置。尽可能利用永久性道路，或先做好永久性道路的路基，在交工之前再铺路面。

1）施工道路的技术要求。

道路的最小宽度及最小转弯半径：通常汽车单行道路宽应不小于3～3.5m，转弯半径不小于9～12m；双行道路宽应不小于5.5～6.0m，转弯半径不小于7～12m。

架空线及管道下面的道路，其通行空间宽度应比道路宽度大0.5m，空间高度应大于4.5m。

2）临时道路路面种类和做法。

为排除路面积水，道路路面应高出自然地面0.1～0.2m，雨量较大的地区应高出

0.5m左右，道路两侧一般应结合地形设置排水沟，沟深不小于0.4m，底宽不小于0.3m。路面种类和做法见表4.12。

表4.12　　　　临时道路路面种类和做法

路面种类	特点及使用条件	路基土壤	路面厚度(cm)	材料配合比
级配砾石路面	雨天能通车，可通行较多车辆，但材料级配要求严格	砂质土	10～15	体积比：黏土：砂：石子=1：0.7：3.5。重量比：1，面层：黏土13%～15%，砂石料85%～87%。底层：黏土10%，砂石混合料90%
		黏质土或黄土	14～18	
碎（砾）石路面	雨天能通车，碎砾石本身含土多，不加砂	砂质土	10～18	碎（砾）石>65%，当地土含量≤35%
		砂质土或黄土	15～20	
碎砖路面	可维持雨天通车，通行车辆较少	砂质土	13～15	垫层：砂或炉渣4～5cm。底层：7～10cm碎砖。面层：2～5cm碎砖
		黏质土或黄土	15～18	
炉渣或矿渣路面	可维持雨天通车，通行车辆较少	一般土	10～15	炉渣或矿渣75%，当地土25%
		较松软时	15～30	
砂土路面	雨天停车，通行车辆较少	砂质土	15～20	粗砂50%，细砂、风砂和黏质土50%
		黏质土	15～30	
风化石屑路面	雨天停车，通行车辆较少	一般土	10～15	石屑90%，黏土10%
石灰土路面	雨天停车，通行车辆较少	一般土	10～13	石灰10%，当地土90%

3）施工道路的布置要求。

现场运输道路布置时应保证车辆行驶畅通，能通到各个仓库及堆场，最好围绕建筑物布置成一条环形道路，以便运输车辆回转、调头方便。要满足消防要求，使车辆能直接开到消火栓处。

（4）行政管理、文化生活、福利用临时设施的布置。

办公室、工人休息室、门卫室、开水房、食堂、浴室、厕所等非生产性临时设施的布置，应考虑使用方便，不妨碍施工，符合安全、卫生、防火的要求。要尽量利用已有设施或已建工程，必须修建时要经过计算，合理确定面积，努力节约临时设施费用。通常，办公室的布置应靠近施工现场，宜设在工地出入口处；工人休息室应设在工人作业区；宿舍应布置在安全的上风向；门卫、收发室宜布置在工地出入口处。具体布置时房屋面积可参考表4.13。

（5）水、电管网的布置。

1）施工供水管网的布置。

施工供水管网首先要经过计算、设计，然后进行设置。其中包括水源选择、用水量计算（包括生产用水、机械用水、生活用水、消防用水等）、取水设施、贮水设施、配水布置、管径的计算等。

表 4.13　　行政管理、临时宿舍、生活福利用临时房屋面积参考表

序号	临时房屋名称	单位	参考面积（m^2）	序号	临时房屋名称	单位	参考面积（m^2）
1	办公室	m^2/人	3.5	5	浴室	m^2/人	0.10
2	单层宿舍（双层床）	m^2/人	2.6～2.8	6	俱乐部	m^2/人	0.10
3	食堂兼礼堂	m^2/人	0.9	7	门卫、收发室	m^2/人	6～8
4	医务室	m^2/人	0.06（≥30m^2）				

单位工程施工组织设计的供水计算和设计可以简化或根据经验进行安排，一般5000～10000m^2 的建筑物，施工用水的总管径为 100mm，支管径为 40mm 或 25mm。

消防用水一般利用城市或建设单位的永久消防设施。如自行安排，应按有关规定设置。消防水管线的直径不小于 100mm，消火栓间距不大于 120m，布置应靠近十字路口或道边。距道边应不大于 2m，距建筑物外墙不应小于 5m，也不应大于 25m，且应设有明显的标志，周围 3m 以内不准堆放建筑材料。

高层建筑的施工用水应设置蓄水池和加压泵，以满足高空用水的需要。

管线布置应使线路长度短，消防水管和生产、生活用水管可以合并设置。

为了排除地表水和地下水，应及时修通下水道，并最好与永久性排水系统相结合，同时，根据现场地形，在建筑物周围设置排除地表水和地下水的排水沟。

2）施工用电线网的布置。

施工用电的设计应包括用电量计算、电源选择、电力系统选择和配置。用电量包括电动机用电量、电焊机用电量、室内和室外照明容量等。如果是扩建的单位工程，可计算出施工用电总数请建设单位解决，不另设变压器；单独的单位工程施工，要计算出现场施工用电和照明用电的数量，选择变压器和导线的截面及类型。变压器应布置在现场边缘高压线接入处，距地面高度应大于 35cm，在 2m 以外的四周用高度大于 1.7m 铁丝网围住，以确保安全，但不宜布置在交通要道口处。

必须指出，建筑施工是一个复杂多变的生产过程，各种材料、构件、机械等随着工程的进展而逐渐进场，又随着工程的进展而消耗、变动，因此，在整个施工生产过程中，现场的实际布置情况是在随时变动的。对于大型工程、施工期限较长的工程或现场较为狭窄的工程，就需要按不同的施工阶段分别布置几张施工平面图，以便能把在不同的施工阶段内现场的合理布置情况全面地反映出来。

4.3.4.8　技术组织措施的设计

技术组织措施是指在技术和组织方面对保证工程质量、安全、节约和文明施工所采用的方法。制定这些方法是施工组织设计编制者带有创造性的工作。

1. 保证工程质量措施

保证工程质量的关键是对施工组织设计的工程对象经常发生的质量通病制订防治措施，可以按照各主要分部分项工程提出的质量要求，也可以按照各工种工程提出的质量要求。保证工程质量的措施可以从以下各方面考虑：

（1）确保拟建工程定位、放线、轴线尺寸、标高测量等准确无误的措施。

（2）为了确保地基土壤承载能力符合设计规定的要求而应采取的有关技术组织措施。

（3）各种基础、地下结构、地下防水施工的质量措施。

（4）确保主体承重结构各主要施工过程的质量要求；各种预制承重构件检查验收的措施；各种材料、半成品、砂浆、混凝土等检验及使用要求。

（5）对新结构、新工艺、新材料、新技术的施工操作提出质量措施或要求。

（6）冬、雨季施工的质量措施。

（7）屋面防水施工、各种抹灰及装饰操作中，确保施工质量的技术措施。

（8）解决质量通病措施。

（9）执行施工质量的检查、验收制度。

（10）提出各分部工程的质量评定的目标计划等。

2. 安全施工措施

安全施工措施应贯彻安全操作规程，对施工中可能发生的安全问题进行预测，有针对性地提出预防措施，以杜绝施工中伤亡事故的发生。安全施工措施主要包括：

（1）提出安全施工宣传、教育的具体措施；对新工人进场上岗前必须作安全教育及安全操作的培训。

（2）针对拟建工程地形、环境、自然气候、气象等情况，提出可能突然发生自然灾害时有关施工安全方面的若干措施及其具体的办法，以便减少损失，避免伤亡。

（3）提出易燃、易爆品严格管理及使用的安全技术措施。

（4）防火、消防措施；高温、有毒、有尘、有害气体环境下操作人员的安全要求和措施。

（5）土方、深坑施工、高空、高架操作、结构吊装、上下垂直平行施工时的安全要求和措施。

（6）各种机械、机具安全操作要求；交通、车辆的安全管理。

（7）各处电器设备的安全管理及安全使用措施。

（8）狂风、暴雨、雷电等各种特殊天气发生前后的安全检查措施及安全维护制度。

3. 降低成本措施

降低成本措施的制定应以施工预算为尺度，以企业（或基层施工单位）年度、季度降低成本计划和技术组织措施计划为依据进行编制。要针对工程施工中降低成本潜力大的（工程量大、有采取措施的可能性及有条件的）项目，充分开动脑筋，把措施提出来，并计算出经济效益和指标，加以评价、决策。这些措施必须是不影响质量且能保证安全的，它应考虑以下几方面：

（1）生产力水平是先进的。

（2）有精心施工的领导班子来合理组织施工生产活动。

（3）有合理的劳动组织，以保证劳动生产率的提高，减少总的用工数。

（4）物资管理的计划性，从采购、运输、现场管理及竣工材料回收等方面，最大限度地降低原材料、成品和半成品的成本。

（5）采用新技术、新工艺，以提高工效，降低材料耗用量，节约施工总费用。

（6）保证工程质量，减少返工损失。

(7) 保证安全生产，减少事故频率，避免意外工伤事故带来的损失。

(8) 提高机械利用率，减少机械费用的开支。

(9) 增收节支，减少施工管理费的支出。

(10) 工程建设提前完工，以节省各项费用开支。

降低成本措施应包括节约劳动力、材料费、机械设备费用、工具费、间接费及临时设施费等措施。一定要正确处理降低成本、提高质量和缩短工期三者的关系，对措施要计算经济效果。

4. 现场文明施工措施

现场场容管理措施主要包括以下几个方面：

(1) 施工现场的围挡与标牌、出入口与交通安全、道路畅通、场地平整。

(2) 暂设工程的规划与搭设，办公室、更衣室、食堂、厕所的安排与环境卫生。

(3) 各种材料、半成品、构件的堆放与管理。

(4) 散碎材料、施工垃圾运输以及其他各种环境污染；如搅拌机冲洗废水、油漆废液、灰浆水等施工废水污染；运输土方与垃圾、白灰堆放、散装材料运输等粉尘污染；熬制沥青、熟化石灰等废气污染；打桩、搅拌混凝土、振捣混凝土等噪声污染。

(5) 成品保护。

(6) 施工机械保养与安全使用。

(7) 安全与消防。

4.3.4.9 施工组织设计的评价

1. 施工进度计划的主要评价指标

(1) 总工期：自开工之日到竣工之日的全部日历天数。

(2) 提前时间：提前时间＝上级要求或合同要求工期－计划工期。

(3) 劳动力不均衡系数：

$$\text{劳动力不均衡系数}=\frac{\text{高峰人数}}{\text{平均人数}} \tag{4-19}$$

式中平均人数为每日人数之和被总工期除得之商，劳动力不均衡系数在2以内为好，超过2则不正常。

(4) 单方用工数：

$$\text{单位工程单方用工数}=\frac{\text{总用工数（工日）}}{\text{建筑面积（m}^2\text{）}} \tag{4-20}$$

(5) 工日节约率：

$$\text{工日节约率}=\frac{\text{施工预算用工数（工日）}-\text{计划用工数（工日）}}{\text{施工预算用工数（工日）}} \tag{4-21}$$

(6) 大型机械单方台班用量：

$$\text{大型机械单方台班用量}=\frac{\text{大型机械台班用量（台班）}}{\text{建筑面积（m}^2\text{）}} \tag{4-22}$$

(7) 建安工人日产量：

$$\text{建安工人日产量}=\frac{\text{计划施工工程工作量（元）}}{\text{进度计划日期}\times\text{每日平均人数（工日）}} \tag{4-23}$$

2. 施工平面图的评价指标

为评价单位工程施工平面图的设计质量，可以计算下列技术经济指标并加以分析，以有助于施工平面图的最终合理定案。

（1）施工占地面积及施工占地系数：

$$施工占地系数=\frac{施工占地面积（m^2）}{建筑面积（m^2）}\times100\% \tag{4-24}$$

（2）施工场地利用率：

$$施工场地利用率=\frac{施工设施占用面积（m^2）}{施工占地面积（m^2）} \tag{4-25}$$

（3）临时设施投资率：

$$临时设施投资率=\frac{临时设施费用总和（元）}{工程总造价（元）}\times100\% \tag{4-26}$$

此指标用以衡量临时设施包干费的支出情况。

3. 单位工程施工组织设计总体主要技术经济指标

单位工程施工组织设计中技术经济指标应包括：工期指标、劳动生产率指标、质量指标、安全指标、降低成本率、主要工程工种机械化程度、三大材料节约指标。这些指标应在施工组织设计基本完成后进行计算，并反映在施工组织设计的文件中，作为考核的依据。

施工组织设计技术经济分析主要指标应是：

（1）总工期指标（见施工进度计划评价指标）。

（2）单方用工。

（3）质量等级。这是在施工组织设计中确定的控制目标。主要通过保证质量措施实现，可分别对单位工程、分部分项工程进行确定。

（4）主要材料节约指标。可分别计算主要材料节约量，主要材料节约额或主要材料节约率，而以主要材料节约率为主。

$$主要材料节约量=技术组织措施节约量 \tag{4-27}$$

$$或主要材料节约量=预算用量-施工组织设计计划用量 \tag{4-28}$$

如图 4.13 所示是施工组织设计技术经济分析指标体系。

$$主要材料节约率=\frac{主要材料计划节约额（元）}{主要材料预算金额（元）}\times100\% \tag{4-29}$$

$$或主要材料节约率=\frac{主要材料节约量}{主要材料预算用量}\times100\% \tag{4-30}$$

（5）大型机械耗用台班用量及费用：

$$单方大型机械费=\frac{计划大型机械台班费（元）}{建筑面积（m^2）} \tag{4-31}$$

（6）降低成本指标：

$$降低成本额=承包成本-施工组织设计计划成本$$

$$降低成本率=\frac{降低成本额（元）}{承包成本（元）}\times100\% \tag{4-32}$$

以上所列 6 项指标是其中的主要指标，应重点掌握。

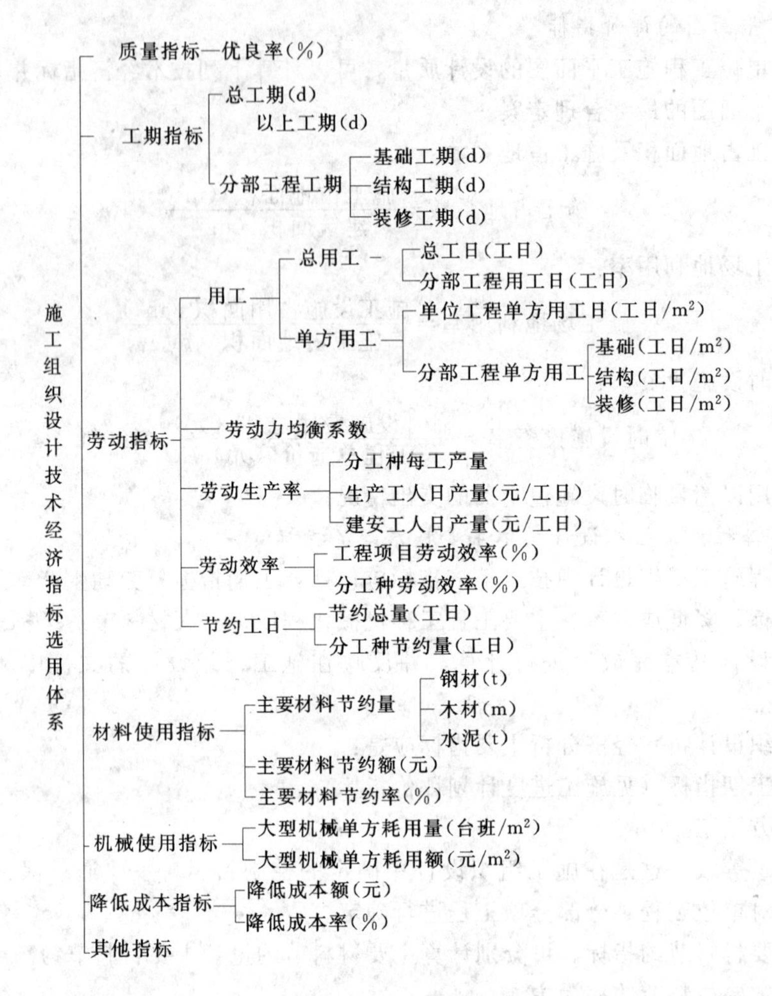

图4.13　施工组织设计技术经济分析指标体系

学习情境5　项目施工中的目标控制

学习单元5.1　施工项目进度的控制

5.1.1　学习目标

根据施工进度计划和工程实际开展的状态，会编制月（旬）作业计划和施工任务书、施工进度的检查、进度控制的分析与调整，能完成施工项目进度的控制任务。

5.1.2　学习任务

在项目管理工作中，必须对每个阶段都要进行进度控制。施工项目进度控制的质量如何，不仅直接影响建设项目能否在合同规定的期限内按期交付使用，而且关系到建设项目投资活动的综合效益能否顺利实现，是建设项目管理的一个重要内容。因而，针对施工项目进度控制进行的课程设计是工程项目管理教学过程中的重要环节之一。

建设项目进度控制的关键是施工阶段的进度控制。施工阶段的进度控制也称为施工项目进度控制，是施工项目管理中的重点控制目标之一，是保证施工项目按期完成、合理安排资源供应、节约工程成本的重要措施。

施工项目进度控制的任务是指在既定的工期内，编制出最优的施工进度计划，在执行该计划的过程中，经常检查施工的实际情况，并将其与进度计划相比较，若出现偏差，便分析产生的原因和对工期的影响程度，制定出必要的调整措施，修改原计划，不断地如此循环，直至工程竣工。

施工项目进度控制的总目标是实现合同约定的交工日期，或者在保证施工质量和不增加实际成本的前提下，适当缩短施工工期。总目标要根据实际情况进行分解，形成一个能够有效地实施进度控制、相互联系又相互制约的目标体系。一般来讲，应分解成各单项工程的交工分目标，各施工阶段的完工分目标，以及按年、季、月施工计划制定的时间分目标等。

5.1.3　任务分析

5.1.3.1　影响施工项目进度的主要因素分析

1. 相关单位

施工单位是对施工进度起着决定性影响的单位，其他相关单位也可能会给施工的某些方面造成困难而影响进度。如图纸错、设计变更、资金到位不及时、材料和设备不能按期供应、水电供应不完善等。

2. 施工条件

工程地质条件、水文地质条件与勘查设计不符，气候的异常变化及施工条件（如“三通一平”）准备不完善等都会给施工造成困难而影响进度的顺利完成。

3. 技术失误

施工单位采用技术措施不当，施工中发生技术事故；应用新技术、新材料、新工艺、新结构缺乏经验；工程质量不能满足要求等都要影响施工进度。

4. 施工组织管理

主要是施工组织不合理、施工方案欠佳、计划不周、管理不完善、劳动力和机械设备调配不当、施工平面布置不合理、解决问题不及时等方面造成的对进度的影响。

5. 意外事件的出现

施工中如果出现意外事件，如战争、内乱、工人罢工等政治事件；地震、洪水等严重的自然灾害；重大工程事故的发生；标准变更、试验失败等技术事件；通货膨胀、款项拖延、拒付债务、合同违约等经济事件都会对施工进度造成影响。

5.1.3.2 施工阶段进度控制的内容分析

1. 事前进度控制的内容

事前进度控制是指项目正式施工前进行的进度控制。其具体内容有：

(1) 编制施工阶段进度控制工作细则。

1) 施工阶段进度目标分解图。

2) 施工阶段进度控制的主要工作内容和深度。

3) 人员的具体分工。

4) 与进度控制有关的各项工作的时间安排、总的工作流程。

5) 进度控制所采取的具体措施（包括检查日期、收集数据方式、进度报表形式、统计分析方法等）。

6) 进度控制的方法。

7) 进度目标实现的风险分析。

8) 尚待解决的有关问题。

(2) 编制或审核施工总进度计划。

1) 项目的划分是否合理，有无重项和漏项。

2) 进度在总的时间安排上是否符合合同中规定的工期要求或是否与项目总进度计划中施工进度分目标的要求一致。

3) 施工顺序的安排是否符合逻辑，是否满足分期投产的要求以及是否符合施工程序的要求。

4) 全工地材料物资供应的均衡是否满足要求。

5) 劳动力、材料、机具设备供应计划是否能确保施工总进度计划的实现。

6) 施工组织总设计的合理性、全面性和可行性如何。

7) 进度安排与建设单位提供资金的能力是否一致。

(3) 审核单位工程施工进度计划。

1) 进度安排是否满足合同规定的开竣工日期。

2) 施工顺序的安排是否符合逻辑，是否符合施工程序的要求。

3) 施工单位的劳动力、材料、机具设备供应计划能否保证进度计划的实现。

4) 进度安排的合理性，以防止施工单位利用进度计划的安排造成建设单位违约，并以此向建设单位提出索赔。

5) 该进度计划是否与其他施工进度计划协调。

6）进度计划的安排是否满足连续性、均衡性的要求。

（4）进行进度计划系统的综合。

在对施工计划进行审核后，往往要把若干个相互关联的处于同一层次或不同层次的进度计划综合成一个多阶群体的施工总进度计划，以利于进行总体控制。

2. 事中进度控制的内容

事中进度控制是指项目施工过程中进行的进度控制，这是施工进度计划能否付诸实施实现的关键过程。进度控制人员一旦发现实际进度与目标偏离，必须及时采取措施以纠正这种偏差。事中进度控制的具体内容包括：

（1）建立现场办公室，以保证施工进度的顺利实施。

（2）随时注意施工进度的关键控制点。

（3）及时检查和审核进度，进行统计分析资料和进度控制报表。

（4）做好工程施工进度，将计划与实际进行比较，从中发现是否出现进度偏差。

（5）分析进度偏差带来的影响并进行工程进度预测，提出可行的修改措施。

（6）重新调整进度计划并实施。

（7）组织定期和不定期的现场会议，及时分析，协调各生产单位的生产活动。

3. 事后进度控制的内容

事后进度控制是指完成整个施工任务后进行的进度控制工作。具体内容有：

（1）及时组织验收准备，迎接验收。

（2）准备及进行工程索赔。

（3）整理工程进度资料。

（4）根据实际施工进度，及时修改和调整验收阶段进度计划，保证下阶段工作顺利实施。

5.1.3.3　任务分析

（1）准确、及时、全面、系统地收集、整理、分析进度执行过程中的有关资料，明确地反映施工进度状况。

（2）编制施工总进度计划并控制其执行，按期完成整个项目的施工任务。

（3）编制单位工程施工进度计划并控制其执行，按期完成单位工程的施工任务。

（4）编制分部分项工程施工进度计划并控制其执行，按期完成分部分项工程的施工任务。

（5）编制年、季、月、旬等时间作业计划并控制其执行，以确保项目施工任务的完成。

5.1.4　任务实施

5.1.4.1　熟悉施工项目进度控制的程序

施工项目进度控制的实施者是施工单位以项目经理为首的项目进度控制体系，即项目经理部。项目经理部在实施具体的施工项目进度控制时，主要是按下述程序进行工作。

（1）根据施工合同确定的开工日期、总工期和竣工日期确定施工进度目标，明确计划开工日期、计划总工期和计划竣工日期，确定项目分期分批的开工、竣工日期。

（2）编制施工计划，具体安排实现前述目标的工艺关系、组织关系、搭接关系、起止关系、劳动力计划、材料计划、机械计划和其他保证性计划。

（3）向监理工程师提出开工申请报告，按监理工程师开工令指定的日期开工。

（4）实施施工进度计划，加强协调和检查，如出现偏差，要及时进行调整。

（5）项目竣工验收前抓紧收尾阶段进度控制。

（6）全部任务完成后进行进度控制总结，并写出进度控制报告。

5.1.4.2　施工项目进度控制的准则

要完成施工项目的进度控制，必须认真分析主观与客观因素，加强目标管理，按照"事前计划，事中检查，事后分析"的顺序进行"三结合"的动态控制、系统控制和网络控制。

施工项目进度控制是一个不断进行的动态控制，也是一个循环进行的过程。它是从项目施工开始，实际进度就出现了运动的轨迹，也就是计划进入执行的动态。实际进度按照计划进度进行时，两者相吻合。当实际进度与计划不致时就产生了超前或滞后的偏差。就要分析偏差产生的原因，采取相应的措施，调整原来的计划，使二者在新的起点上吻合，使实际工作按计划进行。但调整后的作业计划又会在新的因素干扰下产生新的偏差，又要进行新的调整。因而施工进度计划内的控制必须在动态控制原理下采用动态控制的方法。

1. 施工项目进度控制系统

施工项目进度控制是一个系统工程，必须采用系统工程的原理来加以控制。一般来说，施工进度控制系统由如下三个子系统组成：

（1）施工项目计划系统。

为了对施工项目进行进度控制，必须编制施工项目的各种进度计划。其中最重要的是：施工项目总进度计划、单位工程进度计划、分部分项工程进度计划、季月旬时间进度计划等，这些计划组成了一个项目进度计划系统。计划编制时，从上到下，从总体计划到局部计划，计划的编制对象由大到小，计划内的内容从粗到细。实施和控制计划时，从下到上，从月旬到计划、分部分项工程进度计划开始逐级按目标控制，从而达到对施工项目整体进度目标控制。

（2）施工项目进度实施组织系统。

施工项目实施的全过程，各专业队伍都是按照计划规定的目标去努力完成一个个任务。施工项目经理和有关劳动调配、材料设备、采购运输等职能部门都按照施工进度规定的要求进行严格管理、落实和完成各自的任务。施工组织各级负责人，从项目经理、施工队长、班组长及其所属全体成员组成了施工项目实施的完整的组织系统。

（3）施工项目进度控制检查系统。

为了保证施工项目进度的实施，还有一个项目进度的检查控制系统。从总公司、项目经理部一直到作业班级都设有专门职能部门或人员负责检查、统计、整理实际施工进度的资料，与计划进度比较分析并进行必要的调节。

2. 进度控制的准则

（1）信息反馈准则。

信息反馈是施工项目进度控制的主要环节。工程的实际进度通过信息反馈给基层施工项目进度控制的工作人员，在分工的职责范围内，经过对其加工，再将信息逐级向上反馈，直到主控制室。主控制室整理统计各方面的信息，经比较分析作出决策，调整进度计

划，使其符合预定工期目标。若不应用信息反馈原理，则无法进行计划控制，因而施工项目进度控制的过程就是信息反馈的过程。

（2）弹性准则。

施工项目的工期比较长，影响进度的因素也比较多。其中有些因素已被人们所掌握，有些并未被人们所全面掌握。根据对影响因素的把握、利用原有的统计资料和过去的施工经验，可以估计出各个方面对施工进度的影响程度和施工过程中可能出现的一些问题，并在确定进度目标时，进行目标实现的风险分析。因而在编制施工进度计划时就必须要留有余地，即施工进度计划要具有弹性。在进行施工项目进度控制时，便可利用这些弹性，缩短有关工作的时间，或者改变它们之间的搭接关系，使前拖延的工期，通过缩短剩余计划工期的办法得以弥补，达到预期的计划目标。

（3）封闭循环准则。

项目进度计划控制的全过程是计划、实施、检查、比较分析、确定调整措施、再计划。从编制项目施工进度计划开始，经过实施过程中的跟踪检查，收集有关实际进度的信息，比较和分析实际进度与施工计划进度之间的偏差，找出产生偏差的原因和解决的办法，确定调整措施，并修改原进度计划。从整个进度计划控制的全过程来看，形成了一个封闭的动态调整的循环。

（4）网络计划原则。

在施工项目的进度控制中，要利用网络计划技术原理编制进度计划。在计划执行过程中，又要根据收集的实际进度信息，比较和分析进度计划，利用网络计划的优化技术，进行工期优化、成本优化和资源优化，从而合理地制定和调整施工项目的进度计划。

网络计划技术原理是施工项目进度控制的计划管理和分析计算的理论基础。

5.1.4.3 施工项目进度控制措施与方法的选择

1. 施工项目进度控制的措施

（1）组织措施。

组织措施主要是指落实各层次进度控制人员的具体任务和工作职责。首先要建立进度控制组织体系。其次是建立健全进度计划制定、审核、执行、检查、协调过程的有关规章制度和各相关部门、相关工作人员的工作标准、工作制度和工作职责，做到有章可循、有法可依、制度明确。再次要根据施工项目的结构、进展的阶段和合同约定的条款进行项目分解，确定其进度目标，建立控制目标体系，并对影响进度的因素进行分析和预测。

（2）技术措施。

技术措施有两个方面：一是要组织有丰富施工经验的工程师编制施工进度计划，同时监理单位要编制进度控制工作细则，采用流水施工原理，网络计划技术，结合电子计算机对建设项目进行动态控制。二是计划中要考虑到大量采用加快施工进度的技术方法。

（3）经济措施。

经济措施主要是指实施进度计划的资金保障措施。在施工进度的实施过程中，要及时进行工程量核算，签署进度款的支付，工期提前要给予奖励，工期延误要认定原因和责任，进行必要惩罚，做到奖罚分明。同时要做好工期索赔的认定与管理工作。

（4）合同措施。

合同措施是指要严格履行项目的施工合同，并使与分包单位签订的施工合同的合同工期和进度计划与整个项目的进度计划相协调。

(5) 信息管理措施。

信息管理措施是指不断地收集施工实际进度的有关资料，将收集到的资料进行统计、整理同计划进度对比分析，并定期向建设单位提供比较报告。

2. 施工项目进度控制的方法

施工项目进度控制的方法主要有三个方面：规划、控制、协调。

规划是指确定施工项目总进度控制目标和分进度控制目标，并编制进度计划。常用的技术手段和方法有横道图、网络计划图等。

控制是指在施工项目实施的全过程中，进行施工实际进度的比较，若出现偏差，要分析产生的原因，确定采取的措施并对计划进行适当的调整。常用的技术方法和手段有横道图比较法、S形曲线比较法，“香蕉”形曲线比较法、前锋线比较法、列表比较法等。

协调是指疏通、优化与施工进度有关的单位、部门和工作队组间的进度关系。

5.1.4.4 施工项目进度计划的实施

施工项目进度计划的实施是落实施工项目计划、用施工项目进度计划指导施工活动并完成施工项目计划。为此，在实施前必须进行施工项目计划的审核和贯彻。

实施施工进度计划要做好三项工作，即编制月（旬）作业计划和施工任务书，做好记录掌握施工实际情况，做好调度工作。现分述如下：

1. 编制月（旬）作业计划和施工任务书

施工组织设计中编制的施工进度计划，是按整个项目（或单位工程）编制的，也带有一定的控制性，还不能满足施工作业要求。实际作业时是按月（旬）作业计划和施工任务书执行的，故应进行认真编制。

月（旬）作业计划除依据施工进度计划编制外，还应依据现场情况及月（旬）的具体要求编制。月（旬）计划以贯执施工进度计划，明确当期任务及满足作业要求为前提。

施工任务书是一份计划文件，也是一份核算文件和原始记录。它把作业计划下达到班组进行责任承包，并将计划执行与技术管理、质量管理、成本核算、原始记录、资源管理等融合为一体，是计划与作业的连接纽带。

2. 做好记录掌握现场施工实际情况

在施工中，如实记载每项工作的开始日期、工作进程和结束日期，可为计划实施的检查、分析、调整、总结提供原始资料。要求跟踪记录、如实记录，并借助图表形成记录文件。

3. 做好调度工作

调度工作主要对进度控制起到协调作用，协调配合关系，排除施工中出现的各种矛盾，克服薄弱环节，实现动态平衡。调度工作的内容包括：检查作业计划执行中的问题，找出原因，并采取措施解决：督促供应单位按进度要求供应物资，控制施工现场临时设施的使用，按计划进行作业条件准备；传达决策人员的决策意图；发布调度令等。要求调度工作做得及时、灵活、准确、果断。

4. 施工项目计划的审核

施工项目计划的审核由总监理工程师完成，审核的内容主要包括以下几个方面；

1）进度安排是否与施工合同相符。

2）进度计划的内容是否全面，分期施工是否满足分期交工要求和配套交工要求。

3）施工顺序要求是否符合施工程序的要求。

4）物资供应计划的内容是否全面，分期施工是否满足分期交工要求和配套交工要求。

5）施工图设计进度是否满足施工计划的要求。

6）总分包间的计划是否协调、统一。

7）对实施进度计划的风险是否分析清楚并有相应的对策。

8）各项保证进度计划实现的措施是否周到、可行、有效。

5. 施工项目计划的贯彻

审核确定的施工项目进度计划要进行彻底地贯彻，以便进行有效的实施。

1）检查各层次的计划，形成严密的计划保证系统。

2）进行计划的交底，促进计划的全面、彻底实施。

施工项目进度计划在审核通过并认真贯彻后，就要进行彻底的实施。实施中必须做好以下几个方面的工作。

1）认真编制好月（旬）生产作业计划。

2）以签发任务书的形式落实施工任务和责任。

3）做好施工进度记录，填好施工进度统计表。

4）做好施工中的组织、管理和调度工作。

5.1.4.5 施工项目进度计划的检查

在施工项目的实施过程中，进度控制人员必须对实际的工程进度进行经常性地检查，并收集施工项目进度的相关材料，进行统计整理和对比分析，确定实际进度与计划进度间的关系，以便适时调整计划，进行有效地进度控制。

1. 跟踪检查施工实际进度

跟踪检查施工实际进度一般要做日检查和定期检查，检查的内容主要包括：

1）检查期内实际完成的和累计完成的工作量。

2）实际参加施工的人力、机械数量和生产效率。

3）窝工人数、窝工机械台班数及其原因分析。

4）进度偏差情况。

5）进度管理情况。

6）影响进度的特殊原因及其分析。

2. 整理统计检查数据

收集到施工项目实际进度数据，要进行必要的整理、按计划控制的工作项目进行统计，形成与计划进度具有可比性的数据，相同的量纲和形象进度。一般可以按实物工程量、工作量和劳动消耗量以及累计百分比整理和统计实际检查的数据，以便与相应的计划完成量相对比。

3. 对比实际进度与计划进度

将收集到的资料整理和统计成具有与计划进度可比性的数据后，用施工项目实际进度与计划进度的比较方法进行比较，通过比较得出实际进度与计划进度相一致、拖泥带水后、超前三种情况。

4. 施工项目进度结果的处理

施工项目进度检查的结果，按照检查报告制度的规定，形成进度控制报告向有关管理人员和部门汇报。

进度控制报告是把检查比较的结果，有关施工进度的现状和发展趋势，提供给项目经理及各级业务职能负责人的最简单的书面形式的报告。

进度控制报告是根据报告的对象不同，确定不同的编制范围和内容而分别编写的。一般分为项目概要级进度控制报告、项目管理级进度控制报告和业务管理级进度控制报告。

项目概要级进度控制报告是报给项目经理、企业经理或业务部门以及建设单位或业主的。它是以整个施工项目为对象说明进度执行情况的报告。

项目管理级进度报告是报给项目经理或企业业务部门的。它是以单位工程或项目分区为对象说明进度执行情况的报告。

业务管理级的进度报告是就某个重点部位或重点问题为对象编写的报告，供项目管理者及各业务部门为其采取应急措施而使用的。

进度报告由计划负责人或进度管理人员与其他项目管理人员合作编写。报告时间一般与进度检查时间相协调，也可按月、旬、周等间隔时间进行编写上报。

通过检查应向企业提供月度施工进度报告的内容主要包括：项目实施概况、管理概况、进度概况的总说明。项目施工进度、形象进度及简要说明。施工图纸提供进度。材料、物资、构配件提供进度。劳务记录及预测；日历计划；对建设单位、业主和施工者的工程变更指令、价格调整、索赔及工程款收支情况；进度偏差和导致偏差的原因分析；解决问题的措施和计划调整意见等。

5. 施工进度的检查方法

施工进度的检查与进度计划的执行是融汇在一起的。计划检查是计划执行信息的主要来源，是施工进度调整和分析的依据，是进度控制的关键步骤。

进度计划的检查方法主要是对比法，即实际进度与计划进度进行对比，从而发现偏差，以便调整或修改计划。最好是在图上对比，故计划图形的不同便产生了多种检查方法。

（1）用横道计划检查。

如图5.1所示，双线表示计划进度，在计划图上记录的单线表示实际进度。图中显示，由于工序K和F提前0.5d完成，使整个计划提前完成了0.5d。

（2）利用网络计划检查。

1）记录实际时间。例如某项工作计划为8d，实际进度为7d，如图5.2所示，将实际进度记录于括弧中，显示进度提前1d。

2）记录工作的开始日期和结束日期进行检查。如图5.3所示为某项工作计划为8d，实际进度为7d，如图中标法记录，亦表示实际进度提前1d。

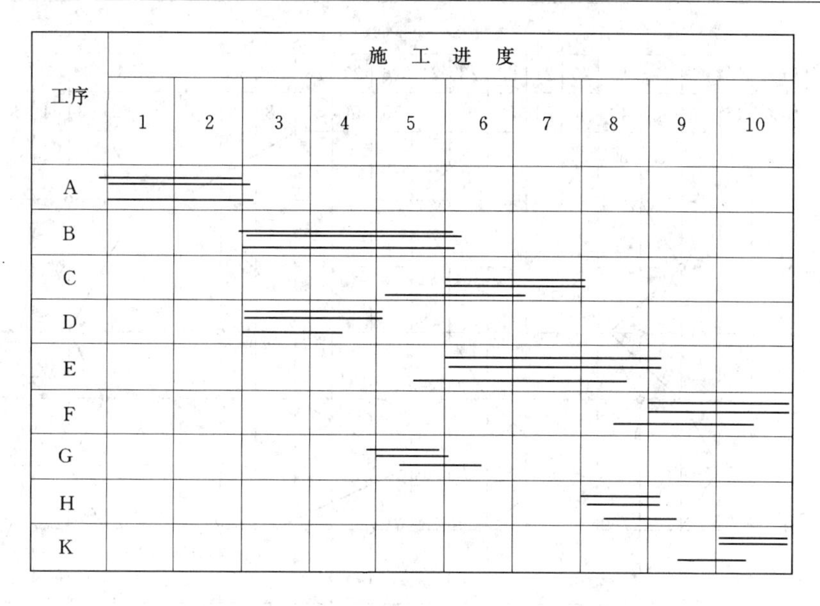

图5.1 利用横道计划记录施工进度

3）标注已完工作。可以在网络图上用特殊的符号、颜色记录其已完成部分，如图5.4所示，阴影部分为已完成部分。

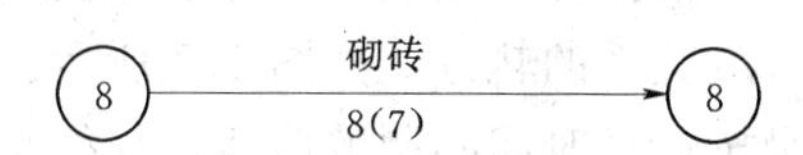

图5.2 记录实际作业时间

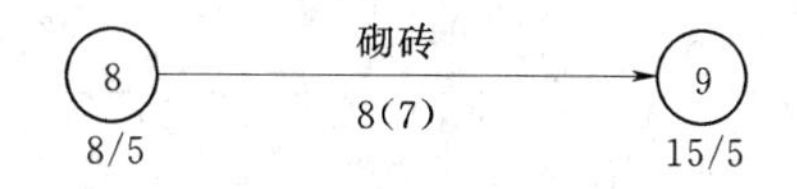

图5.3 记录工作实际开始与结束时间

（3）当采用时标网络计划时，可利用"实际进度前锋线"记录实际进度。如图5.5所示，图中的折线是实际进度的连线，在记录日期右方的点，表示提前完成进度计划，在记录日期左方的点，表示进度拖期。进度前锋点的确定可采用比例法。这种方法形象、直观，便于采取措施。

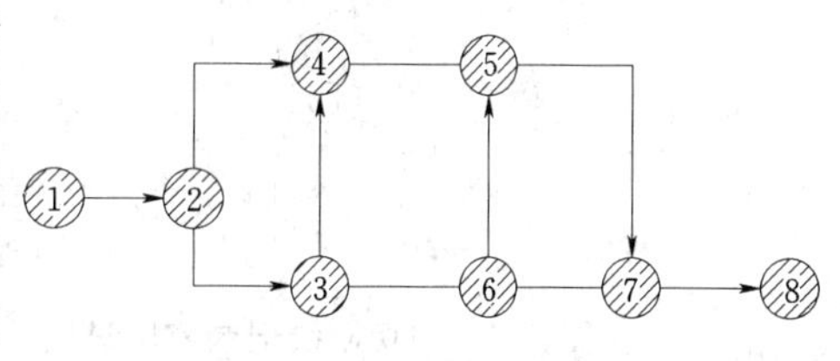

图5.4 已完成工作记录

（4）用切割线进行实际进度记录。如图5.6所示，点划线称为"切割线"。在第10d进度记录中，D用工尚需1d（方括号内的数）才能完成，G工作尚需8d才能完成，L工作尚需2d才能完成。这种检查方法可利用表5.1进行分析。经过计算，判断进度进行情况是D、L工作正常，G拖期1d。由于G工作是关键工作，所以它的拖期很可能影响整个计划导致拖延，故应调整计划，追回损失的时间。

表5.1 网络计划进行到第10d的检查结果

工作编号	工作代号	检查时尚需时间	到计划最迟完成前尚有时间	原有总时差	尚有时差	情况判断
2—3	D	1	13－10＝3	2	3－1＝2	正常
4—8	E	8	17－10＝7	0	7－8＝－1	拖期
6—7	L	2	15－10＝5	3	5－2＝3	正常

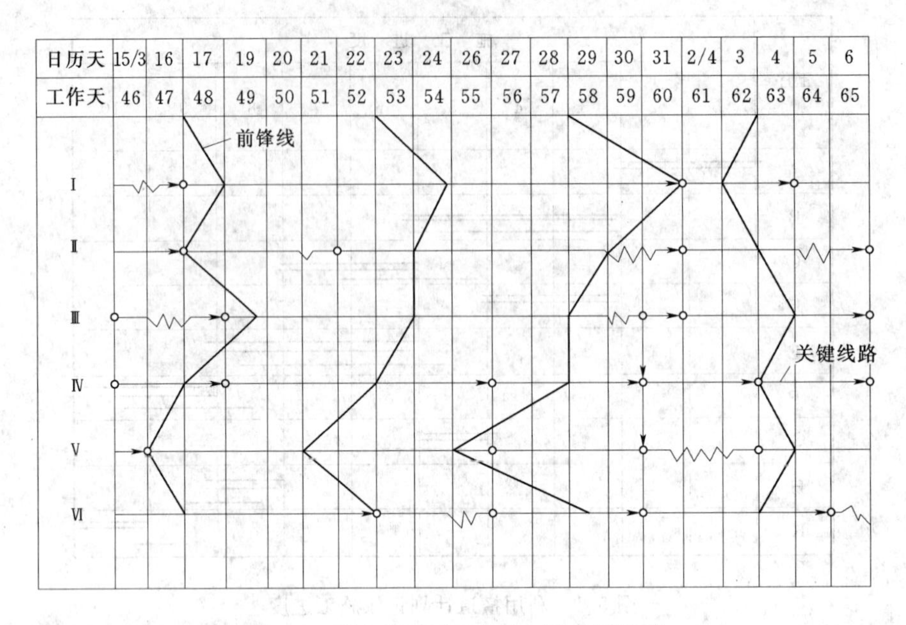

图5.5　用实际进度前锋线记录实际进度

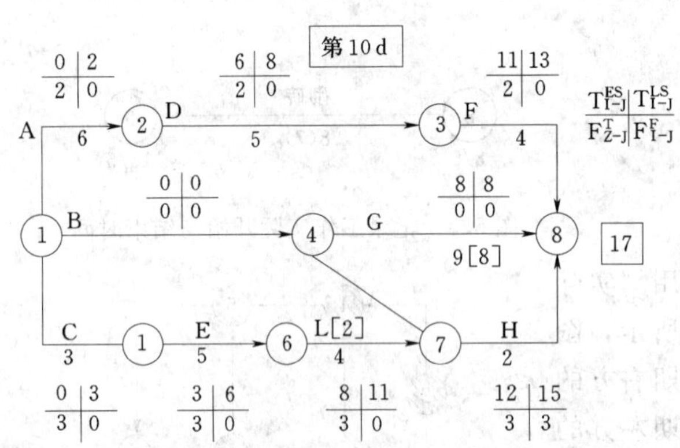

图5.6　用切割线记录实际进度

注：口内数字是第10d检查工作尚需时间。

(5) 利用“香蕉”曲线进行检查。

根据计划绘制的累计成数量与时间对应关系的轨迹，如图5.7所示。A线是按最早时间绘制的曲线，B线是按最迟时间绘制的计划曲线，P线是实际进度记录线。由于一项工程开始、中间和结束时曲线的斜率不相同，总的呈“S”形，故称“S”形曲线，又由于A线与B线构成香蕉状，故有的称为“香蕉”曲线。

检查方法是：当计划进行到时间t_1时，实际完成数量记录在M点。这个进度比最早时间计划曲线A的要求少完成$\triangle C_1 = OC_1 - OC$比最迟时间计划曲线$B$的要求多完成$\triangle C_2 = OC - OC_2$，由于它的进度比最迟时间要求提前，故不会影响总工期，只要控制得好，有可能提前$\triangle t_1 = Ot_1 - Ot$完成全部计划，同理可分析$t_2$时间的进度状况。

5.1.4.6　施工项目进度计划的比较

施工项目进度计划比较分析与计划调整是施工项目进度控制的主要环节。其中计划比较是调整的基础，常用的方法有以下几种：

1. 横道图比较法

横道图比较法是进行施工项目进度控制最常用的、最简单的方法。把项目施工中检查实际进度收集到的各种数据信息经整理后直接用横道线并列标于原计划横道线一起，进行计划进度与实际进度的直观比较。比较后根据计划进度与实际之间的偏差情况进行进度的

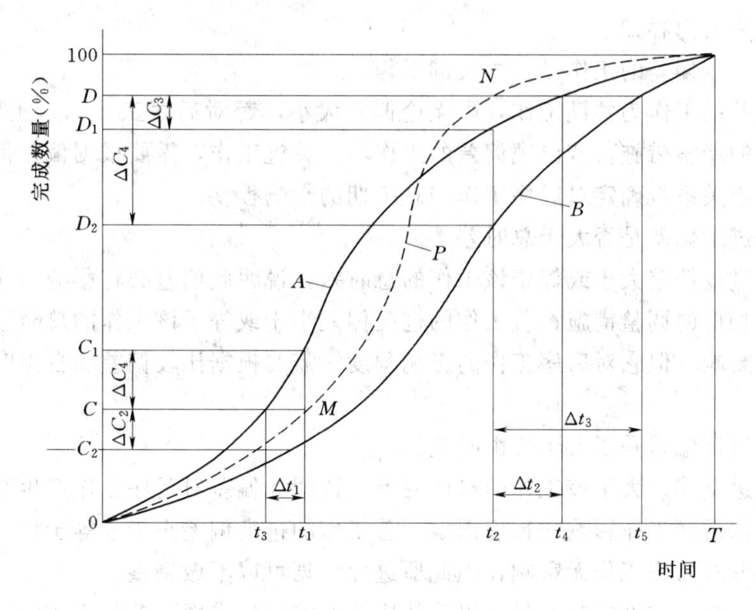

图5.7　“香蕉”曲线图

计划调整。

横道图比较法常用的有匀速施工横道图比较法、双比例单侧横道图比较法和双比例双侧横道图比较法等。

2. S形曲线比较法

S形曲线比较法又叫坐标比较法。它与横道图比较法不同，是以横坐标表示进度时间，纵坐标表示累计完成工作量，而绘制出的按计划时间累计完成任务量的一条S形的曲线，再将施工中实际进度绘成S形曲线与之相比较，因而称S形曲线比较法。

3. “香蕉”形曲线比较法

“香蕉”形曲线比较法是从S形曲线法发展过来的。S形曲线比较法是一条S形曲线，而“香蕉”型曲线比较法是两条S形曲线。其一是以计划中各项工作的最早开始时间安排进度而绘制的S形曲线，称ES曲线；其二是以计划中各项工作最迟开始时间安排进度而绘制的S形曲线，称LS曲线。二者构成一个闭合曲线，是“香蕉”形的，而实际完成进度的S形曲线落在此闭合曲线之中，可以很方便地进行计划进度与实际进度的比较。

4. 前锋线比较法

施工项目的进度计划用时标网络计划表达时，可以采用实际进度前锋线法进行实际进度与计划进度的比较。

前锋线比较法是从计划检查时间的坐标点出发，用点划线依次连接各项工作的实际进度点，最后到计划检查时间的坐标点为止，形成前锋线。按实际进度前锋线与工作箭线交点的位置判定施工实际进度与计划进度偏差。

5.1.4.7　施工项目进度计划的调整

1. 进度偏差影响的分析

通过前述的进度比较方法，当出现进度偏差时，应分析该偏差对后序工作及总工期的影响。分析的主要内容如下：

(1) 分析产生偏差的工作是否为关键工作。

若出现偏差的工作为关键工作，则无论偏差大小，都对后序工作和总工期产生影响，必须采取相应的调整措施；若出现偏差的工作不是关键工作，需要根据偏差值与总时差和自由时差的大小关系，确定对后序工作和总工期的影响程度。

(2) 分析进度偏差是否大于总时差。

若工作的进度偏差大于或等于该工作的总时差，说明此偏差必将影响后序工作和总工期，必须采取相应的调整措施；若工作的进度偏差小于或等于该工作的总时差，说明此偏差对总工期无影响，但它对后序工作的影响程度，需要根据比较偏差和自由时差的情况来确定。

(3) 分析进度偏差是否大于自由时差。

若工作的进度偏差大于该工作的自由时差，说明此偏差对后序工作产生影响，应该如何调整，要根据后序工作影响的程度而定。若工作的进度偏差小于或等于该工作的自由时差，说明此偏差对后序工作无影响，因此原进度计划可以不做调整。

经过如此分析，进度控制人员可以确认应该调整产生进度偏差的工作和调整偏差值的大小，以便确定采取措施，获得新的符合实际进度情况和计划目标的新进度计划。

2. 施工项目进度计划的调整方法

在对实施的原进度计划分析的基础上，应确定调整原计划的方法，一般有以下几种：

(1) 改变某些工间作的逻辑关系。

若检查的实际施工进度产生的偏差影响了总工期，在工作间的逻辑关系允许改变的条件下，可改变关键线路和超过计划工期的非关键线路上的有关工作的逻辑关系，达到缩短工期的目的。用这种方法调整的效益是很显著的。例如可以把有关工作改成平行的或互相搭接的，以及分成几个施工段进行流水施工等，都可以达到缩短工期的目的。

例如：将依次作业、平行作业、流水施工依据工期的限制合理采用。

(2) 改变某些工作的持续时间。

这种方法不是改变工作间的逻辑关系，而是缩短某些工作的持续时间，使施工进度加快，并保证实现计划工期的方法。这些被压缩持续时间的工作是位于由于实际施工进度的拖延而引起总工期增长的关键线路和某些非关键线路上的工作。同时这些工作又是可压缩持续时间的工作，这种方法实际上就是网络计划优化中工期优化方法和工期与成本优化方法。

例如：依靠增减施工资源，增减施工内容与工程量等。

(3) 资源供应的调整。

如果资源供应发生异常，应采取资源优化方法对计划进行调整，或采取应急措施使其对工期影响最小。

(4) 增减施工内容。

增减施工内容应做到不打乱原计划的逻辑关系，只对局部逻辑关系进行调整。在增减施工内容后，应重新计算时间参数，分析对原网络计划的影响。当工期有影响时，应采取调整措施，保证计划工期不变。

(5) 增减工程量。

增减工程量主要是指改变施工方案、施工方法，从而导致工程量的增多或减少。

(6) 起止时间的改变。

起止时间的改变应在相应工作时差范围内进行。每次调整必须重新计算时间参数，观察该项调整对整个施工计划的影响。调整时可在下列方法中进行：

1) 将工作在其最早开始时间与其最迟完成时间范围移动。

2) 延长工作的持续时间。

3) 缩短工作的待续时间。

3. 利用网络计划调整进度。

利用网络计划对进度进行调整，一种较为有效的方法是采用“工期—成本”优化原则。就是当进度拖期以后进行赶工时，要逐次缩短那些有压缩可能，且费用最低的关键工作。

如图 5.8 所示，箭线上数字为缩短一天需增加的费用（元/d）；箭线下括弧外数字为工作正常施工时间；箭线下括弧内数字为工作最短施工时间。

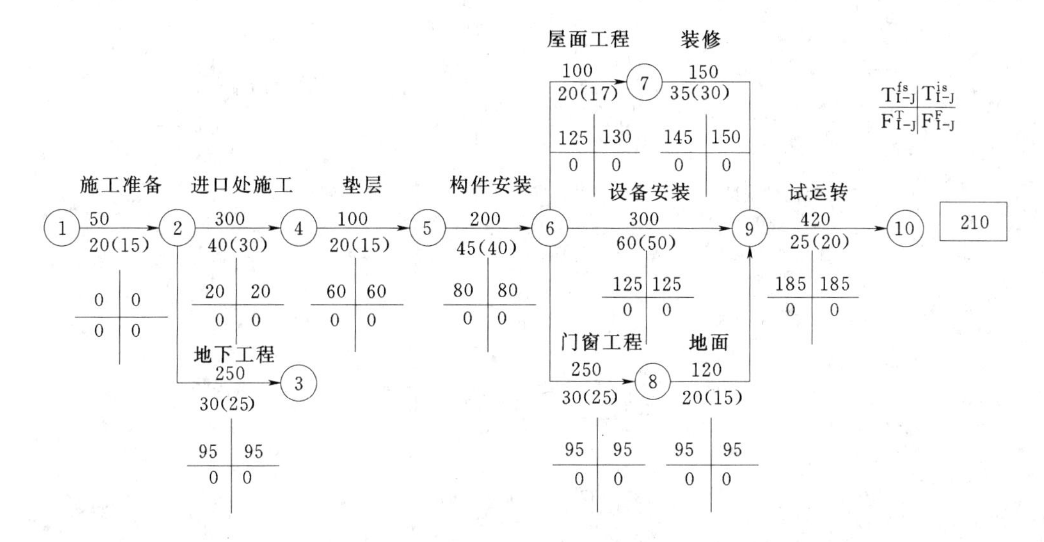

图 5.8 某单项工程网络进度计划

原计划工期是 210d，假设在第 95d 进行检查，工作④—⑤（垫层）前已全部完成，工作⑤—⑥（构件安装）刚开工，即拖后了 15d 开工。因为工作⑤—⑥是关键工作，它拖后 15d，将可能导致总工期延长 15d，于是便应当进行计划调整，使其按原计划完成。办法就是缩短工作⑤—⑥以后的计划工作时间，根据上述调整原理，按以下步骤进行调整。

第一步：先压缩关键工作中费用增加率最小的工作，压缩量不能超过实际可能压缩值。从图 5.8 中可以看出，三个关键工作⑤—⑥、⑧—⑨和⑨—⑩中，赶工费最低的是 a_{5-6}=200 元，可压缩量=45−40=5（d），因此先压缩工作⑤—⑥5d，需支出压缩费 5×200=1000（元），至此，工期缩短了 5d，但⑤—⑥不能再压缩了。

第二步：删去已压缩的工作。按上述方法，压缩未经调整的各关键工作中费用增加率最小者。比较⑥—⑦和⑨—⑩两个关键工作，$a_{6-9}=300$元为最小，所以压缩⑧—⑨。但压缩⑥—⑨工作必须考虑与其平行进行的工作，它们最小时差为5d，所以只能先压缩5d，增加费用5×300=1500（元）。至此工期已压缩10d，此时⑥—⑦与⑦—⑨也变成关键工作，如⑥—⑨再加压缩还需考虑⑥—⑦或⑦—⑨同步压缩，不然不能缩短工期。

第三步；⑥—⑦与⑥—⑨同步压缩。但压缩量是⑥—⑦小，只有3d，故先各压缩3d，增加费用3×100+3×300=1200（元），至此，工期已压缩了13d。

第四步：分析仍能压缩的关键工作。⑧—⑨与⑦—⑨同步压缩，每天费用增加$a_{7-8}=300+150=450$（元），而⑨—⑩工作$a_{9-10}=420$（元）。因此，⑨—⑩工作较节省，压缩⑨—⑩2d，增加费用2×420=840（元），至此，工期压缩15d已完成，总增加费用为1000+150+1200+840=4540（元）。

压缩调整后的网络计划如图5.9所示。调整后工期仍是210d，但各工作的开工时间和部分工作作业时间有变动。劳动力、物资、机械计划及平面布置按调整后的进度计划作相应的调整。

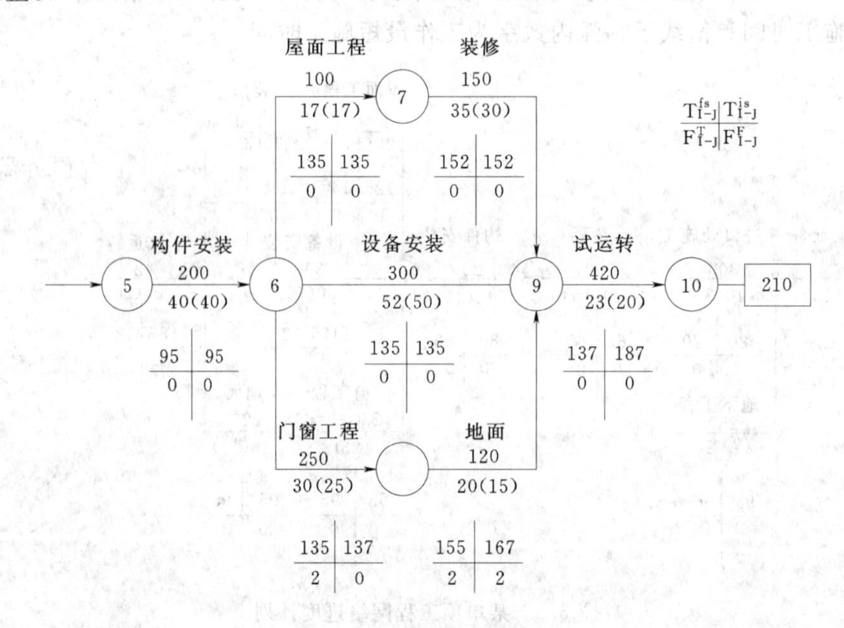

图5.9　压缩调整后的网络计划

仍用图5.8的资料，如果按合同规定工期提前完工，每天发包单位奖给承包单位400元，迟延一天每天罚款300元。在第25d检查时，发现施工准备刚结束，问承包单位的进度计划应作何决策?

分析图5.8可知，第一个月工期就拖后了5d，如果不做调整，承包单位将被罚1500元。见表5.2，按表5.2的步骤调整，如果将工期确定为187d，承包单位可多得2000元，是最高收益值。

5.1.4.8　进度控制的分析

进度控制的分析比其他阶段更为重要，因为它对实现管理循环和信息反馈起重要作用。进度控制分析是对进度控制进行评价的前提，是提高控制水平的阶梯。

表 5.2 调整计划计算表

计划方案	工期 (d)	压缩天数 (d)	增加的压缩费 (元)	增加的累计压缩费 (元)	奖罚值 (元)	承包单位损益 (亳)
压缩 4—5	210	5	−500	−500	±0	−500
压缩 5—6	205	5	−1000	−1500	+2000	+500
压缩 2—4	195	10	−3000	−4500	+6000	+1500
压缩 6—9	190	5	−1500	−6000	+8000	+2000
压缩 6—9 6−7	187	3	−1200	−7200	+9200	+2000
压缩 9—10	182	5	−2100	−9300	+11200	+1900
压缩 6—9 7−9	180	2	−900	−10200	+12000	+1800

1. 进度控制分析的内容

进度控制分析阶段的主要工作内容是：各项目标的完成情况分析、进度控制中的问题及原因分析、进度控制中经验的分析、提高进度控制工作水平的措施。

2. 目标完成情况分析

(1) 时间目标完成情况分析计算下列指标：

$$\text{合同工期节约值} = \text{合同工期} - \text{实际工期} \tag{5-1}$$

$$\text{指令工期节约值} = \text{指令工期} - \text{实际工期} \tag{5-2}$$

$$\text{定额工期节约值} = \text{定额工期} - \text{实际工期} \tag{5-3}$$

$$\text{计划工期提前率} = \frac{\text{计划工期} - \text{实际工期}}{\text{计划工期}} \times 100\% \tag{5-4}$$

$$\text{缩短工期的经济效益} = \text{缩短一天产生的经济效益} \times \text{缩短工期天数} \tag{5-5}$$

还要分析缩短工期的原因，大致有以下几种：计划积极可靠、执行认真、控制得力、协调及时有效、劳动效率高。

(2) 资源情况分析使用下列指标：

$$\text{单方用工} = \text{总用工效} / \text{建筑面积} \tag{5-6}$$

$$\text{劳动力不均衡系数} = \text{最高日用工数} / \text{平均日用工数} \tag{5-7}$$

$$\text{节约工日数} = \text{计划用工工日} - \text{实际用工工日} \tag{5-8}$$

$$\text{主要材料节约量} = \text{计划材料用量} - \text{实际材料用量} \tag{5-9}$$

$$\text{主要机械台班节约量} = \text{计划主要机械台班数} - \text{实际主要机械台班数} \tag{5-10}$$

$$\text{主要大型机械节约率} = \frac{\text{各种大型机械计划费之和} - \text{实际费之和}}{\text{各种大型机械计划费之和}} \times 100\% \tag{5-11}$$

资源节约的原因大致有以下几种：资源优化效果好、按计划保证供应、认真制定并实施了节约措施、协调及时得力、劳动力及机械的效率高。

(3) 成本分析的主要指标如下：

$$\text{降低成本额} = \text{计划成本} - \text{实际成本} \tag{5-12}$$

$$\text{降低成本率} = \frac{\text{降低成本额}}{\text{计划成本额}} \times 100\% \tag{5-13}$$

节约成本的原因主要是：计划积极可靠、成本优化效果好、认真制定并执行了节约成本措施、工期缩短、成本核算及成本分析工作效果好。

3. 进度控制中的问题分析

这里所指的问题是：某些进度控制目标没有实现，或在计划执行中存在缺陷。在总结分析时可以定量计算（指标与前项分析相同），也可以定性地分析。对产生问题的原因也要从编制和执行计划中去找，问题要找够，原因要摆透，不能文过饰非，遗留的问题应反馈到下一循环解决。

进度控制中大致有以下一些问题：工期拖后、资源浪费、成本浪费、计划变化太大等。控制中出现上述问题的原因大致是：计划本身的原因、资源供应和使用中的原因、协调方面的原因、环境方面的原因等。

4. 进度控制中经验的分析

总结出来的经验是指对成绩及其取得的原因进行分析以后，归纳出来的可以为以后进度控制用的本质的、规律性的东西。分析进度控制的经验可以从以下几方面进行：

（1）怎样编制计划，编制什么样的计划才能取得更大效益，包括准备、绘图、计算等。

（2）怎样优化计划才更有实际意义。包括优化目标的确定、优化方法的选择、优化计算、优化结果的评审、电子计算机应用等。

（3）怎样实施、调整与控制计划。包括组织保证、宣传、培训、建立责任制、信息反馈、调度、统计、记录、检查、调整、修改、成本控制方法、资源节约措施等。

（4）进度控制工作的创新。总结出来的经验应有应用价值，通过企业和有关领导部门的审查与批准，形成规程、标准及制度，作为指导以后工作的参照执行文件。

5. 提高进度控制水平的措施

（1）编制好计划的措施。

（2）更好地执行计划的措施。

（3）有效的控制措施。

学习单元5.2　施工项目质量的控制

5.2.1　学习目标

本单元的学习目标是会建立施工项目质量控制系统和质量体系，编制质量手册，在项目实施过程中进行质量控制。能根据标准和规范，进行质量检验和实验，对建筑安装工程进行质量检验与评定。使学生具有项目实施过程中进行质量控制的能力、口才表达能力、分析和解决问题的能力。

5.2.2　学习任务

根据施工进度计划和工程实际开展的状态，学会施工项目质量控制方法、依据、质量体系的建立、质量手册的编制、质量检验与试验的内容与方法、质量等级的评定、质量控制的数理统计方法。施工项目成本控制的过程和内容及手段，施工项目成本预测与计划的依据和程序及方法，能完成施工项目成本的控制任务。

施工项目质量目标控制的依据包括技术标准和管理标准。技术标准包括：《建筑安装工程施工及验收规范》（GBJ 300—83，GBJ 107—87）；《建筑安装工程质量检验评定统一标准（GBJ 300—88）》；《建筑工程质量检验评定标准（GBJ 301—88）》；本地区及企业自身的技术标准和规程；施工合同中规定采用的有关技术标准。管理标准有：GB/T—19000—ISO9000族系列标准（根据需要的模式选用）；企业主管部门有关质量工作的规定；本企业的质量管理制度及有关质量工作的规定。另外，项目经理部与企业签订的质量责任状、企业与业主签订的工程承包合同、施工组织设计、施工图纸及说明书等，也是施工项目质量控制的依据。

5.2.3　任务分析

5.2.3.1　工程质量的特性分析

1. 适用性。是指建筑工程能够满足使用目的各种性能，如理化性能、结构性能、使用性能和外观性能等。

2. 耐久性。是指工程在规定的条件下，满足规定功能要求使用的年限，也就是合理使用的寿命。

3. 安全性。是指工程在使用过程中保证结构安全、人身安全和环境免受危害的能力。如一般工程的结构安全、抗震及防火能力；人防工程的抗辐射、抗核污染、抗爆炸冲动波的能力；民用工程的整体及各种组件和设备保证使用者安全的能力等。

4. 可靠性。是指工程在规定的时间和规定的条件下完成规定的功能的能力。

5. 经济性。是指工程的设计成本、施工成本和使用成本三者之和与工程本身的使用价值之间的比例关系。

6. 与环境的协调性。是指工程与其所在的位置周围的生态环境相协调，与其所在的地区的经济环境相协调以及与其周围的已建工程相协调，以适应可持续发展的要求。

5.2.3.2　工程质量的特点分析

建设工程质量的特点是由建设工程本身和建设生产的特点决定的。建设工程及其生产有两个最为明显的特点：一是产品的固定性和生产的流动性；二是产品的多样性和生产的单件性。正是建设工程及其生产的特点决定了工程质量的特点。

1. 工程质量的影响因素多

建设工程的质量受到诸多因素的影响，既有社会的、经济的；也有技术的、环境的，这些因素都直接或间接地影响着建设工程的质量。

2. 工程质量波动大

生产的流动性和单件性决定了建设工程产品不像一般工业产品那样具有规范性的生产工艺、完善的检测技术、固定的生产流水线和稳定的生产环境。生产中偶然因素和系统因素比较多，产品具有较大质量波动性。

3. 质量隐蔽性

建设工程施工过程中，分项工程交接多、中间产品多、隐蔽工程多。如不在施工中及时检验，事后很难从表面上检查发现质量问题，具有产品质量的隐蔽性。在事后的检查中，有时还会发生误判（弃真）和误收（取伪）的错误。

4. 终检的局限性

建设工程产品不能像一般工业产品那样，依靠终检来判断产品的质量，也不能进行破坏性的抽样拆卸检验，大部分情况下只能借助一些科学的手段进行表面化的检验，因而其终检具有一定的局限性。为此，要求工程质量控制应以预防为主，重事先、事中控制，防患于未然。

5. 评价方法的特殊性

建设工程产品质量的检查、评价方法不同于一般的工业产品，强调的是“验评分离、强化验收、完善手段、过程控制”。质量的检查、评定和验收是按检验批、分项工程、分部工程、单位工程进行的。检验批的质量是分项工程乃至整个工程质量的基础，而检验批的合格与否也只能取决于主控项目和一般项目经抽样检验的结果。

5.2.3.3 工程项目质量的影响因素分析

从质量管理角度和建设工程的生产实践来看，建设工程产品也同一般工业品一样，影响其质量的因素归纳起来不外乎五个方面，即人、机械、材料、方法和环境，俗称4M1E因素。在这里，人的因素主要是指人员素质和工作质量对建设工程产品质量影响。机械的因素包含两个方面：一是指施工中使用的机械设备其性能的稳定性和技术的先进性对工程产品质量的影响；二是指组成建设工程实体及配套的工艺设备和各类机具本身的质量对工程产品质量的影响。材料的因素是指工程中所使用的各类建筑材料、构配件和半成品等的本身质量对建设工程产品质量的影响。方法因素指的是施工方案、施工组织、施工方法、施工工艺、作业方法等对建设工程质量的影响。环境的因素是指对工程质量特性起着重要作用的环境条件，如工程技术环境、工程作业环境、工程管理环境和周边环境对建设工程质量的影响。

5.2.3.4 工程项目质量的形成过程分析

建设工程项目的质量的形成过程就是建设项目的建设过程，建设过程中的每一个阶段都对项目的质量起着不可替代的作用。这其中最关键的是以下几个阶段：

1. 项目可行性研究阶段

项目的可行性的研究是在项目建议书和项目策划的基础上，运用经济学的原理和技术经济分析的方法对项目技术上的可行性、经济上的合理性和建设上的可能性进行分析，对多个可能或可行的建设方案进行对比，并最终选择一个最佳的项目建设方案的过程。在此过程中，必须根据项目建设的总体方案，确定项目的质量目标和要求，因而可行性研究过程的质量将直接影响着项目的决策质量的设计质量。

2. 项目决策阶段

项目的决策是在项目可行性研究报告和项目评估的基础上进行的，其目的在于最终确定项目建设的方案。确定的项目要符合时代和社会的需要，更要充分反映业主的意愿。要考虑投资、质量、进度三者的统一，要确定合理的质量目标和水平。

3. 项目设计阶段

“质量设计出来的”，施工过程是建设工程质量实体的主要形成过程。规划得再好，决策得再好，设计得再好，如果施工不好，最终不能形成高质量的工程项目。工程施工决定着决策方案和设计成果的能否实现，是工程适用性、耐久性、安全性、可行性和使用性能

的保证，因而工程施工的质量决定着建设工程的实体质量，是工程质量的决定性环节。

4. 项目竣工验收阶段

工程的竣工验收就是对项目施工阶段的质量通过进行检查评定和试车运转，考核项目是否达到了质量目标和工程设计的要求。达不到时，要进行返工和改进，直至达到要求为止。因而竣工验收是确保工程项目最终质量的强有力的手段。

根据有关资料的统计，实际工程项目的质量问题的原因及其所占的比例见表5.3：

表5.3　实际工程项目的质量问题的原因及其所占的比例

设计的问题	40.1%
施工的责任	29.3%
材料的问题	14.5%
使用的责任	9.0%
其他	7.1%

5.2.4　任务实施

5.2.4.1　熟悉工程项目质量的控制过程与建立施工项目质量控制系统

1. 工程项目质量的控制过程

从工程项目的质量形成过程可以看出，工程项目的质量控制必须是全过程的质量控制，也是全生产要素和全生产人员的质量控制。

工程项目的质量控制过程如图5.10所示。

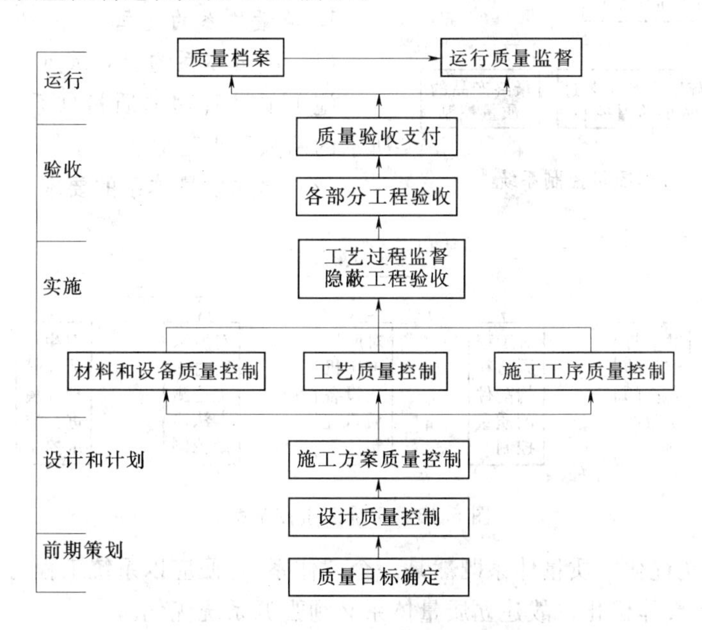

图5.10　工程项目质量控制过程

施工是形成建筑工程产品质量的过程，因而施工阶段的质量控制是建筑工程质量控制的关键。

2. 施工项目质量控制系统建立

从投标开始的施工项目管理全过程，均是质量控制的过程，我们可以把这个过程细化为如图5.11所示的几个过程。

施工项目质量控制是一个系统过程，如图5.12、图5.13所示都可以表示施工项目质

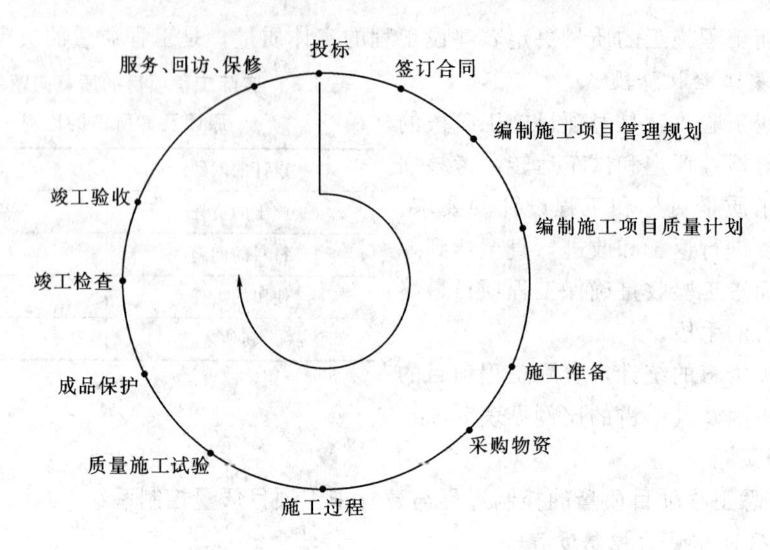

图 5.11　施工项目质量控制的全过程

量控制系统过程。

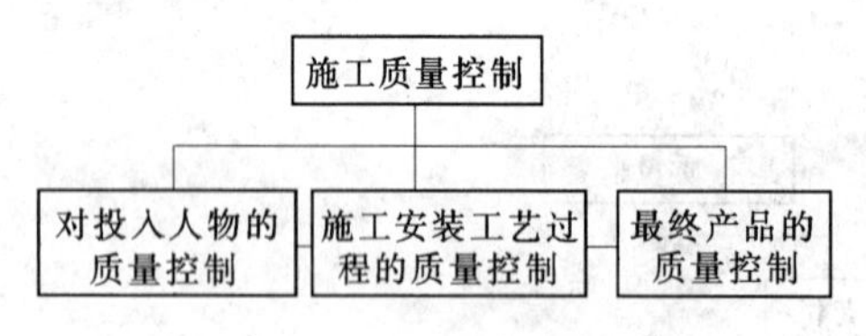

图 5.12　过程质量控制系统

5.2.4.2　确定施工项目质量控制的对策

1. 质量体系的建立

(1) 质量体系的建立重点。

施工项目管理的质量体系应围绕如图 5.14 所示的两大重点建立。

(2) 建立质量体系的要求。

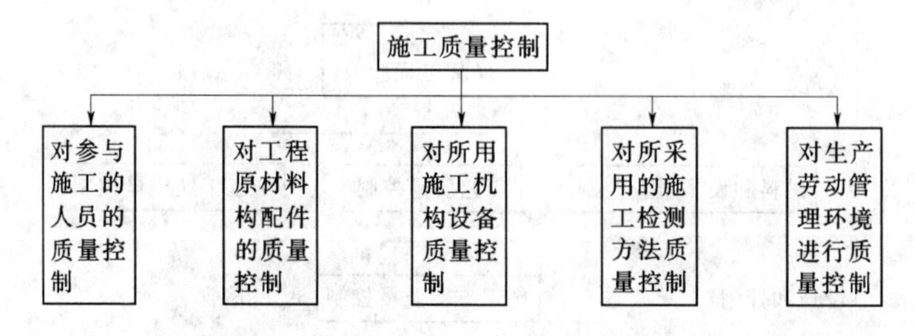

图 5.13　质量因素控制系统

1) 强调系统优化。质量体系既然是一个"体系",便应以系统工程为其主要方法，系统工程的核心是整体优化，故建立质量体系必须强调系统优化。

2) 强调预防为主。要将质量管理的重点从管理结果向管理因素转移，使产品质量的技术、管理和人的因素处于受控状态，达到预防产生质量事故的目的。

3) 强调满足顾客对产品的需求。满足顾客及其他受益者对产品的需求是建立质量体系的核心。质量体系是否有效应体现在生产的产品质量上，产品质量必须满足顾客的需要。

4) 强调过程概念。所有工作都是通过过程来完成的。评价质量体系时，必须对每一被评价的过程提出三个问题：一是过程是否被确定，过程程序是否被恰当地形成文件。二

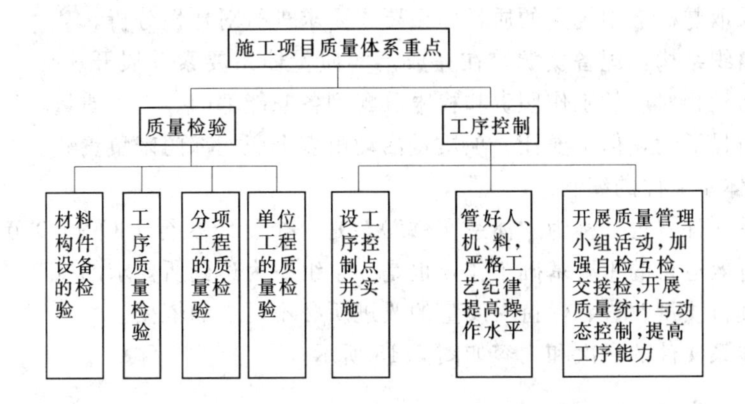

图 5.14　施工项目管理班子建立质量保证体系的重点

是过程是否被充分展开，并按文件要求贯彻实施。三是在提供预期的结果方面，过程是否有效。

(3) 质量体系的建立。

质量体系的建立经过策划与设计、质量体系文件编制、试运行、审核和评审 4 个阶段。每个阶段又可分为若干具体步骤。

1) 质量体系的策划与设计。

①培训教育、统一认识。培训教育应分层次进行。第一层次为决策层，包括党、政、技术领导。主要使他们认识建立和完善质量体系的迫切性和重要性，提高对贯彻标准和建立质量体系的认识，明确决策层在质量体系建设中的关键地位和主导作用。第二层次是管理层，重点是管理、技术和生产部门的负责人，以及与建立质量体系有关的工作人员。要使他们全面接受 ISO 9000 族标准有关内容的培训。第三层次是执行层，即与产品质量形成全过程有关的作业人员。主要培训与本岗位质量活动有关的内容，包括在质量活动中应承担的任务，完成任务应赋予的权限，以及造成质量过失应承担的责任。

②组织落实、拟订计划。应成立一个精干的工作班子，这个班子也分为三个层次。第一层次是以最高管理者（厂长、总经理等）为组长，质量主管领导为副组长的质量体系建设领导小组（或委员会）。负责编制体系建设的总体规划，制定质量方针和目标，按职能部门进行质量职能的分解。第二层次是由各职能部门领导（或代表）参加的工作班子，一般由质量部门和计划部门领导共同牵头。主要任务是按照体系建设的总体规划具体组织实施。第二个层次成立要素工作小组。根据各职能部门的分工，明确各质量体系要素的责任单位，以上组织责任落实后。再按不同层次分别制定工作计划，明确目标，控制进程，突出重点。

③确定质量方针，制定质量目标。质量方针体现了一个组织对质量的追求，对顾客的承诺，是职工质量行为的准则和质量工作的方向。制定质量方针要求与企业的总方针协调，应包含质量目标，结合组织的特点，确保各级人员都能理解和坚持执行。

④现状调查和分析。现状调查的目的是合理确定质量体系要素。内容包括：体系情况分析；产品特点分析；组织结构分析；生产设备及检测设备能否适应质量体系的有关要求；技术、管理和操作人员的组成、结构及水平状况的分析；管理基础工作情况分析；对

以上内容可采取与标准中规定的质量体系要素要求进行对比性分析。

⑤调整组织结构，配备资源。在完成落实质量体系要素并展开相对应的质量活动以后，必须将活动相对应的工作职责和权限分配到各职能部门。一个质量职能部门可以负责或参与多个质量活动，但不要让一项质量活动由多个职能部门来负责。

2）质量体系文件的编制。

质量体系文件（也可称为“体系文件”），是一个组织执行 ISO 9000 族标准，保持质量体系要素有效运行的重要基础工作，也是一个组织为达到所要求的（产品）质量，评价质量体系、进行质量改进、保持对质量的改进所必不可少的依据。

①质量体系文件的层次和内容如图 5.15 所示。

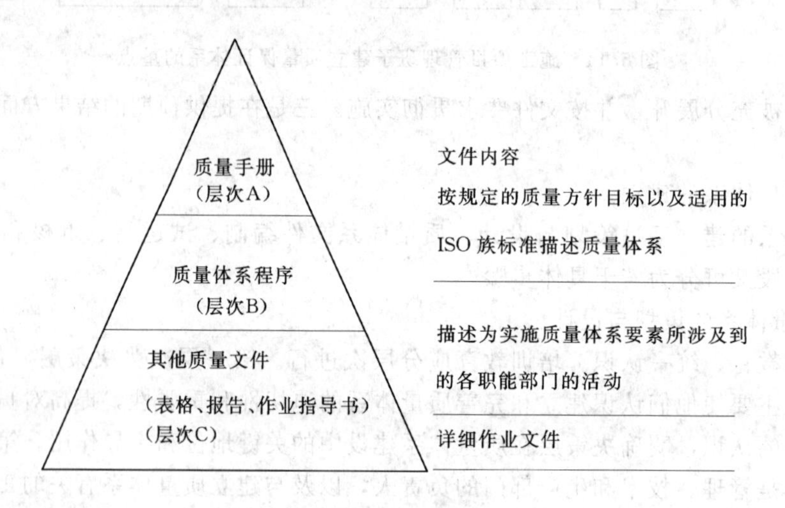

图 5.15　典型的质量体系文件层次

一般认为，除图 5.15 中包含的典型质量体系文件外，还涉及质量计划的质量记录。故质量体系文件包含（涉及）以下文件：质量手册、质量体系程序、详细作业文件、质量计划和质量记录。

②编制质量体系文件的要求。质量体系文件要有系统性和法规性；编制质量体系文件要体现出动态的高增值的转换活动；质量体系要有见证性；以作为客观证据向顾客、第三方证实本组织质量体系的运行情况；质量体系文件还应有适宜性，即根据产品特点、组织规模、质量活动的具体性质等采取不同形式。

③质量手册。质量手册是证实或描述文件化质量体系的主要文件的一般形式。它“阐明一个组织的质量方针，并描述其质量体系”。质量手册可以涉及到一个组织的全部活动或部分活动。它至少应包括或涉及质量方针；影响参加质量的管理、执行、验证或评审工作人员的职责、权限和互相关系；质量体系程序和说明；关于手册的评审、修改和控制的规定。

④文件化程序。文件程序是“为进行某项活动所规定的途径”。它通常包括：活动的目的和范围；做什么和谁来做；何时、何地及如何做；应采取什么材料、设备和文件；如何对活动进行控制和记录。应将组织的质量体系中采用的全部要素、要求和规定，以政策和程序的形式有系统、有条理地形成文件，并能为人们所理解。

⑤质量计划。质量计划是“针对特定的产品、项目或合同规定专门的质量措施、资源和活动顺序的文件”。它的作用是：“作为一种工具，当用于组织内部时，应确保特定产品项目或合同要求被恰当地纳入质量计划。在合同情况下，向顾客证实具体合同的特定要求已被充分阐述”。质量计划以特定产品为主线，将质量保证模式标准、质量手册和质量体系程序等文件的通用要求联系起来的专用文件。一个针对性强的、内容全面的质量计划，可以在特定产品、项目或合同上代替或减少其他质量体系文件的运用，从而简化现场管理。编制并执行质量计划，有利于实现规定的质量目标和全面、经济地完成合同要求。

根据GB/T 19004·1的要求，质量计划的内容包括：需达到质量目标（如特性或规范、一致性、有效性、美学、周期时间、成本，自然资料、综合利用，产量和可信性）；组织实际运作的各过程的步骤；在项目的各不同阶段职责、权限和资源的具体的文化程度和指导书；适宜阶段（如设计、施工）适用的试验、检验、检查和审核大纲；随项目的进展进行更改和完善质量计划的文件程序；达到质量目标的度量方法；为达到质量目标必须采取的其他措施。

⑥质量记录。质量记录是“为完成的活动或达到的结果提供客观证据的文件”。质量记录为满足质量要求的程度或为质量体系要素运行的有效性提供客观证据。质量记录的某些目的是证实可追溯性，预防措施和纠正措施。记录可以是书面的，也可以贮存在任何媒体上。质量记录包括两个方面的文件：一是与质量体系运行有关的记录，如设计更改记录等。二是与产品有关的记录，如产品鉴定报告等。

⑦作业指导书。作业指导书是实施程序活动中需要深化控制的内容，它比程序文件更细化，阐述某一项工作（作业）所包含的内容及要做到什么程度、由谁做、用什么方法、在什么地方做、如何控制其结果等。通常包括了质量要求、操作标准和控制标准。并非所有工作（作业）都要编制作业指导书，而是重点的、复杂的、易出问题的作业才需要编制。在施工项目中，作业指导书类似于工艺卡。

3）质量体系试运行。

质量体系文件编制后，进入试运行阶段。其目的是，通过试运行，考验质量体系文件的有效性和协调性，并对暴露出来的问题，采取改进措施和纠正措施，以达到进一步完善质量体系文件的目的。

4）质量体系的审核与评审。

质量体系审核的重点主要是验证和确认质量体系文件的适用性和有效性。内容包括：规定的质量方针和质量目标是否可行；质量体系文件是否覆盖了所有质量活动；各文件之间的接口是否清楚；组织结构能否满足质量体系运行的需要；各部门、各岗位的质量职责是否明确；质量体系要素的选择是否合理；规定的质量记录能否起到见证作用；所有职工是否养成按体系文件操作或工作的习惯，执行情况如何。

2. 施工项目质量控制的主要对策

施工项目质量控制，就是为了确保工程符合合同、规范所规定的质量标准，所采取的一系列检测、监控措施、手段和方法。为此必须建立施工项目质量控制的主要对策如图5.16所示。

（1）用全员的工作质量保证工程质量。

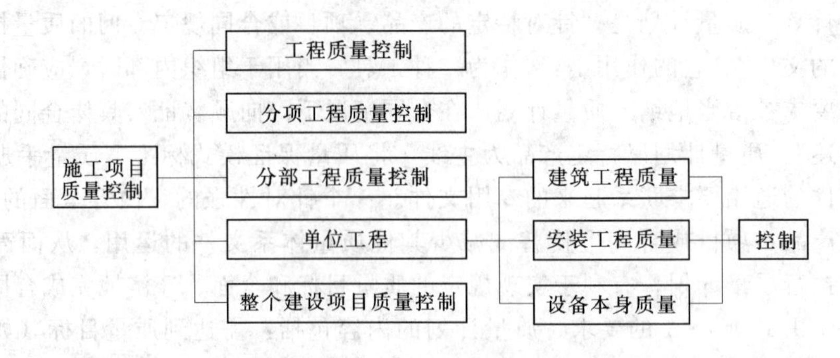

图 5.16（a）　施工项目质量控制过程

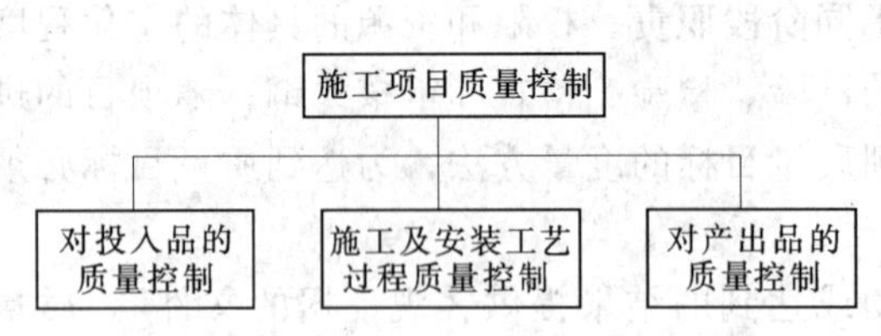

图 5.16（b）　施工项目质量控制过程

工程质量是人所创造的。人的政治思想素质、责任感、事业心、质量观、业务能力、技术水平等均直接影响工程质量。据统计资料证明，88%的质量安全事故都是人的失误所造成。为此，我们对工程质量的控制始终要“以人为本”，狠抓人的工作质量，避免人的失误。充分调动人的积极性，发挥人的主导作用，增强人的质量观和责任感，使每个人牢牢树立“百年大计，质量第一”的思想，认真地搞好本职工作，以优秀的工作质量来创造优质的工程质量。

（2）严格控制投入品的质量。

任何一项工程施工，均需投入大量的各种原材料、成品、半成品、构配件和机械设备，要采用不同的施工工艺和施工方法，这是构成工程质量的基础。投入品质量不符合要求，工程质量也就不可能符合标准。所以，严格控制投入品的质量，是确保工程质量的前提。为此，对投入品的订货、采购、检查、验收、取样、试验均应进行全面控制。从组织货源，优选供货厂家，直到使用认证，做到层层把关。对施工过程中所采用的施工方案要进行充分论证，要做到工艺先进、技术合理、环境协调，这样才有利于安全文明施工，有利于提高工程质量。

（3）全面控制施工过程，重点控制工序质量。

任何一个工程项目都是由若干分项、分部工程所组成，要确保整个工程项目的质量，达到整体优化的目的，就必须全面控制施工过程，使每一个分项、分部工程都符合质量标准。而每一个分项、分部工程，又是通过一道道工序来完成，由此可见，工程质量是在工序中所创造的，为此，要确保工程质量就必须重点控制工序质量。对每一道工序质量都必须进行严格检查，当上一道工序质量不符合要求时，决不允许进入下一道工序施工。这样，只要每一道工序质量都符合要求，整个工程项目的质量就能得到保证。

（4）严把分项工程质量检验评定关。

分项工程质量等级是分部工程、单位工程质量等级评定的基础。分项工程质量等级不符合标准，分部工程、单位工程的质量也不可能评为合格；而分项工程质量等级评定正确与否，又直接影响分部工程和单位工程质量等级评定的真实性和可靠性。为此，在进行分项工程质量检验评定时，一定要坚持质量标准，严格检查，一切用数据说话，避免出现判

断错误。

(5) 贯彻“以预防为主”的方针。

“以预防为主”，防患于未然，把质量问题消灭于萌芽之中，这是现代化管理的观念。预防为主就是要加强对影响质量因素的控制。对投入品质量的控制，就是要从对质量的事后检查把关，转向对质量的事前控制、事中控制；从对产品质量的检查，转向对工作质量的检查，对工序质量的检查，对中间产品的质量检查。这些是确保施工项目质量的有效措施。

(6) 严防系统性因素的质量变异。

系统性因素，如使用不合格的材料、违反操作规程、混凝土达不到设计强度等级、机械设备发生故障等，均必然会造成不合格产品或工程质量事故。系统性因素的特点是易于识别、易于消除，是可以避免的。只要我们增强质量观念，提高工作质量，精心施工，完全可以预防系统性因素引起的质量变异。为此，工程质量的控制，就是要把质量变异控制在偶然性因素引起的范围内，要严防或杜绝由系统性因素引起的质量变异，以免造成工程质量事故。

5.2.4.3 对施工项目质量因素的控制

如前所述，影响施工项目质量的因素主要有五大方面，即人、材料、机械、方法和环境，简称4M1E因素。事前对这五方面的因素严加控制，是保证施工质量的关键。

1. 人的控制

人，是指直接参与施工的组织者、指挥者和操作者。人，作为控制的对象，是要避免产生失误。作为控制的动力，是要充分调动人的积极性，发挥人的主导作用。为此，除了加强政治思想教育、劳动纪律教育、职业道德教育、专业技术培训、健全岗位责任制、改善劳动条件，公平合理地激励劳动热情以外，还需根据工程特点。从确保质量出发，在人的技术水平、人的生理缺陷、人的心理行为、人的错误行为等方面来控制人的使用。如对技术复杂、难度大、精度高的工序或操作，应由技术熟练、经验丰富的工人来完成。反应迟钝、应变能力差的人，不能操作快速运行、动作复杂的机械设备。对某些要求万无一失的工序和操作，一定要分析人的心理行为，控制人的思想活动。稳定人的情绪。对具有危险源的现场作业，应控制人的错误行为，严禁吸烟、打赌、嬉戏、误判断、误动作等。

此外，应严格禁止无技术资质的人员上岗操作。对不懂装懂、图省事、碰运气、有意违章的行为，必须及时制止。总之，在使用人的问题上，应从政治素质、业务素质和身体素质等方面综合考虑，全面控制。

2. 材料的控制

材料控制包括析材料、成品、半成品、构配件等的控制，主要是严格检查验收，正确合理的使用，建立管理台账，进行收、发、储、运等各环节的技术管理，避免混料和将不合格的原材料使用到工程上。

3. 机械控制

机械控制包括施工机械设备、工具等控制，要根据不同工艺特点和技术要求，选用合适的机械设备，正确使用、管理和保养好机械设备。为此要健全“人机固定”制度、“操作证”制度、岗位责任制度、交接班制度、“技术保养”制度、“安全使用”制度、机械设备检查制度等，确保机械设备处于最佳使用状态。

4. 方法控制

这里所指的方法控制，包含施工方案、施工工艺、施工组织设计、施工技术措施等的控制。主要应切合工程实际，能解决施工难题、技术可行、经济合理，有利于保证质量、加快进度、降低成本。

5. 环境控制

影响施工项目质量的环境因素较多，有工程技术环境，如工程地质、水文、气象等；工程管理环境，如质量保证体系、质量管理制度等；劳动环境，如劳动组合、作业场所、工作面等。环境因素对质量的影响，具有复杂而多变的特点。如气象条件就变化万千，温度、湿度、大风、暴雨、酷暑、严寒都直接影响工程质量；又如前一工序往往就是后一工序的环境，前一分项、分部工程也就是后一分项、分部工程的环境。因此，根据工程特点和具体条件，应对影响质量的环境因素，采取有效的措施严加控制。尤其是施工现场，应建立文明施工和文明生产的环境，保持材料工件堆放有序，道路畅通，工作场所清洁整齐，施工程序井然有序，为确保质量、安全创造良好条件。

5.2.4.4 对施工项目质量的控制

为了加强对施工项目的质量控制，明确各施工阶段质量控制的重点，可把施工项目质量分为事前控制、事中控制和事后控制三个阶段。

1. 事前质量控制

指在正式施工前进行的质量控制，其控制重点是做好施工准备工作，且施工准备工作要贯穿于施工全过程中。

(1) 施工准备的范围。

1) 全场性施工准备，是以整个项目施工现场为对象而进行的各项施工准备。

2) 单位工程施工准备，是以一个建筑物或构筑物为对象而进行的施工准备。

3) 分项（部）工程施工准备，是以单位工程中的一个分项（部）工程或冬、雨期施工为对象而进行的施工准备。

4) 项目开工前的施工准备，是在拟建项目正式开工前所进行的一切施工准备。

5) 项目开工后的施工准备，是在拟建项目正式开工后，每个施工阶段正式开工前所进行的施工准备。如果混合结构住宅施工，通常分为基础工程、主体工程和装饰工程等施工阶段。每个阶段的施工内容不同，其所需的物质技术条件、组织要求和现场布置也不同，因此，必须做好相应的施工准备。

(2) 施工准备的内容。

1) 技术准备。包括：项目扩大初步设计方案的审查，熟悉和审查项目的施工图纸；项目建设地点的自然条件、技术经济条件调查分析；编制项目施工预算和施工预算；编制项目施工组织设计等。

2) 物质准备。包括：建筑材料准备；构配件和制品加工准备；施工机具准备；生产工艺设备的准备等。

3) 组织准备。包括：建立项目组织机构；集结施工队伍；对施工队伍进行入场教育等。

4）施工现场准备。包括：控制网、水准点、标桩的测量；“五通一平”；生产、生活临时设施等的准备；组织机具、材料进场；拟定有关试验、试制和技术进步项目计划；编制季节性施工准备；制定施工现场管理制度等。

2. 事中质量控制

指在施工过程中进行的质量控制。事中质量控制的策略是：全面控制施工过程，重点控制工序质量。其具体措施是：工序交接有检查；质量预控有对策；施工项目有方案；技术措施有交底，图纸会审有记录；配制材料有试验；隐蔽工程有验收；计量器具校正有复核；设计变更有手续；钢筋代换有制度；质量处理有复查；成品保护有措施；行使质控有否决（如发现质量异常、隐蔽未经验收、质量问题未处理、擅自变更设计图纸、擅自代换或使用不合格材料、无证上岗未经资质审查的操作人员等，均应对质量予以否决）；质量文件有档案。（凡是与质量有关的技术文件，如水准、坐标位置、测量、放线记录、沉降、变形观测记录、图纸会审记录、材料合格证明、试验报告、施工记录、隐蔽工程记录、设计变更记录、调试、试压运行记录、试车动转记录、竣工图等都要编目建档。）

3. 事后质量控制

指在完成施工过程形成产品的质量控制。其具体工作内容有：

1）组织联动试车。

2）准备竣工验收资料，组织自检和初步验收。

3）按规定的质量评定标准和办法，对完成的分项、分部工程、单位工程进行质量评定。

4）组织竣工验收。

5）质量文件编目建档。

6）办理工程交接手续。

5.2.4.5　施工项目质量控制方法的选择

施工项目质量控制的方法，主要是审核有关技术文件、报告和直接进行现场质量检验或必要的试验等。

1. 审核有关技术文件、报告或报表

对技术文件、报告、报表的审核，是项目经理对工程质量进行全面控制的重要手段，其具体内容有：

1）审核有关技术资质证明文件。

2）审核开工报告，并经现场核实。

3）审核施工方案、施工组织设计和技术措施。

4）审核有关材料、半成品的质量检验报告。

5）审核反映工序质量动态的统计资料或控制图表。

6）审核设计变更、修改图纸和技术核定书。

7）审核有关质量问题的修改报告。

8）审核有关应用新工艺、新材料、新技术、新结构的技术鉴定书。

9）审核有关工序交接检查，分项、分部工程质量检查报告。

10）审核并签署现场有关技术签证、文件等。

2. 现场质量检验

(1) 现场质量检验的内容。

1) 开工前检查。目的是检查是否具备开工条件，开工后能否连续正常施工，能否保证工程质量。

2) 工序交接检查。对于重要的工序或对工程质量有重大影响的工序，在自检、互检的基础上，还要组织专职人员进行工序交接检查。

3) 隐蔽工程检查。凡是隐蔽工程均应检查认证后方能掩盖。

4) 停工后复工前的检查。因处理质量问题或某种原因停工后需复工时，亦应经检查认可后方能复工。

5) 分项、分部工程完工后，应经检查认可，签署验收记录后，才许进行下一工程项目施工。

6) 成品保护检查。检查成品的保护措施，或保护措施是否可靠。

此外，还应经常深入现场，对施工操作质量进行巡视检查。必要时，还应进行跟班或追踪检查。

质量检验就是根据一定的质量标准，借助一定的检测手段来估价工程产品、材料或设备等的性能特征或质量状况的工作。

(2) 质量检验工作的内容。

①明确某种质量特性的标准。

②量度工程产品或材料的质量特征数值或状况。

③记录与整理有关的检验数据。

④将量度的结果与标准进行比较。

⑤对质量进行判断与估价。

⑥对符合质量要求的做出安排。

⑦对不符合质量要求的进行处理。

(3) 现场质量检查的方法。

1) 目测法。

其手段可归纳为看、摸、敲、照四个字。

看，就是根据质量标准进行外观目测。如墙纸裱糊质量应是：纸面无斑痕、空鼓、气泡、褶皱；每一墙面纸的颜色、花纹一致；斜视无胶痕，纹理无压平、起光现象；对缝无离缝、搭缝、张嘴；对缝处图案、花纹完整；裁纸的一边不能对缝，只能搭接；墙纸只能在阴角应采用包角等。又如，清水墙面是否洁净；喷涂是否密实和颜色是否均匀；内墙抹灰大面及口角是否平直；地面是否光洁平整；油漆的表面观感；施工顺序是否合理；工人操作是否正确等，均是通过目测检查、评价。

摸，就是手感检查，主要用于装饰工程的某些检查项目。如水刷石、干粘石结牢固程度；油漆的光滑度；浆活是否掉粉；地面有无起砂等，均可通过手摸加以鉴别。

敲，是运用工具进行声感检查。对地面工程、装饰工程中的水磨石、面砖、锦砖和大理石贴面等，均应进行敲击检查。通过声音的虚实确定有无空鼓，还可根据声音的清脆和沉闷，判定属于面层空鼓或底层空鼓。此外，用手敲玻璃，如发出颤动声响，一般是底灰

不满或压条不实。

照，对于难以看到或光线较暗的部位，则可采用镜子反射或灯光照射的方法进行检查。

2）实测法。

就是通过实测数据与施工规范及质量标准所规定的允许偏差对照，来判别质量是否合格。实测检查法的手段，也可归纳为靠、吊、量、套四个字。

靠，是用直尺、塞尺检查墙面、地面、屋面的平整度。

吊，是用托线板以线坠吊线检查垂直度。

量，是用测量工具和计量仪表等检查断面尺寸、轴线、标高、湿度、温度等的偏差。

套，是以方尺套方，辅以塞尺检查。如对阴阳角的方正、踢脚线的垂直度、预制构件的方正等项目的检查。对门窗口及构配件的对角线（窜角）检查，也是套方的特殊手段。

3）试验检查，指必须通过试验的手段，才能对质量进行判断的检查方法。如对桩或地基的静载试验，确定其承载力；对钢结构进行稳定性试验，确定是否产生失稳现象；对钢筋对焊接头进行拉力实验，检验焊接的质量等。

3. 质量的检验与试验

（1）材料与构件的质量试验。

按照国家规定，建筑材料、设备供应单位应对供应的产品质量负责。供应的产品必须达到国家有关法规、技术标准和购销合同规定的质量要求，有产品检验合格证和说明书以及有关技术资料。实行生产许可证制度的产品，要有许可证主管部门颁发的许可证编号、批准日期和有效期限：产品包装必须符合国家有关规定和标准；使用商标和分级分等的产品，应在产品或包装上有商标和分级分等标记；建筑设备（包括相应仪表）除符合上述要求外，还应有产品的详细说明书，电气产品应附有线路图。除明确规定由产品生产厂家负责售后服务的产品之外，供应单位售出的产品发生质量问题时，由供应单位负责保修、保换、保退、并赔偿经济损失。

国家亦规定，构配件产品出厂时，必须达到国家规定的合格标准。具有产品标号等文字说明，在构件上有明显的出厂合格标志，注明厂名、产品型号、出厂日期、检查编号等。因此，原材料和成品、半成品进场后，应检查是否按国家规范和标准及有关规定进行的试（检）验记录。施工部门对进场的材料和产品，要严格按国家规范的要求进行验收，不得使用无出厂证明或质量不合格的材料、构配件和设备。许多材料只有制造单位的有关资料还不能确定是否适用，还必须进行试验。

需要按规定进行试验与检验的原材料、成品、半成品、水泥，钢筋、钢结构的钢材及产品，焊条、焊剂、焊药，砖、砂、石、外加剂、防水材料、预制混凝土构件等。

（2）施工试验。

施工试验有：回填土、灰土、回填砂和砂石、砂浆试块强度、混凝土试块强度，钢筋焊接、钢结构焊接、现场预应力混凝土、防水、试水、风道、烟道、垃圾道（检查）等。

5.2.4.6 建筑安装工程质量的检验与评定

质量检验就是借助于某种手段和方法，测定产品的质量特性，然后把测得的结果和规定的产品质量标准进行比较，从而对产品作出合格或不合格的判断。凡是合乎标准的称为合格品，检查以后予以通过；凡是不合乎标准的，检查后予以返修、加固或补强。合乎优良标准的，评为优良品。检验包括以下四项具体工作：度量，即借助于计量手段进行对比与测试；比较，即把度量结果同质量标准进行对比；判断，是根据比较的结果；判断产品是否符合规定的质量标准；处理，即决定被检查的对象是否可以验收；下一步工作是否可以进行，是否要采取补救措施。

中华人民共和国国家标准《建筑安装工程质量检验评定统一标准》(GBJ 300—88)、《建筑工程质量检验评定标准》(GBJ 301—88)、《建筑采暖卫生与煤气工程质量检验评定标准》(GBJ 362—88)、《建筑电气安装工程质量检验评定标准》(GBJ 303—88)、《通风与空调工程质量检验评定标准》(GBJ 304—88)、《电梯安装工程质量检验评定标准》(GBJ 310—88)，共六项标准（以下简称标准），由建设部于1988年11月5日以［88］建标字第335号文发布。

标准的主要内容分为两部分，一部分是检验标准，一部分是评定标准。本文就《建筑工程质量检验评定标准》为典型阐述质量检验标准，以《建筑安装工程质量检验评定统一标准》为典型阐述评定标准。着重阐述基本原理，而不对具体规定一一进行介绍。但通过对本文的学习，可以具备参照标准的规定及根据自身的专业水平进行质量检验与评定的能力。

1. 分项工程的检验标准

分项工程是建筑安装工程的最基本组成部分。在质量检验中，它一般是按主要工程为标志划分。例如，土方工程，必须按楼层（段）划分分项工程；单层房屋工程中的主体分部工程，应按变形缝划分分项工程；其他分部工程的分项工程可按楼层（段）划分。每个分项工程的检查标准一般都按三种项目作出了决定，这三种项目分别是保证项目、基本项目和容许偏差项目。现对这三种项目的意义分述如下：

(1) 保证项目。

保证项目是分项工程施工必须达到要求，是保证工程安全或使用功能的重要检验项目。检验标准条文中采用“必须”、“严禁”等词表示，以突出其重要性。这些项目是确定分项工程性质的。如果提高要求，就等于提高性能等级，导致工程造价增加；如果降低要求，会严重地影响工程的安全或使用功能。所以无论是合格工程还是优良工程均应同样遵守。保证项目的内容都涉及结构工程安全或重要使用性能，因此都应满足标准规定要求。例如砌砖工程，其砖的品种和标号、砂浆的品种和强度、砌体砂浆的饱满密实程度、外墙转角的留槎、临时间断处的留磋做法，都涉及砌体的强度和结构使用性能，都必须满足要求。

(2) 基本项目。

基本项目是保证工程安全或使用性能的基本要求，标准条文都采用“应”、“不应”的用词表示。其指标分为合格及优良两级，并尽可能给出了量的规定。基本项目与前述的保证项目相比，虽不像保证项目那样重要，但对使用安全、使用功能及美观都有较大影响。只是基本项目的要求有一定“弹性”，即允许有优良、合格之分。基本项目的内容是工程质量或使用性能的基本要求，是划分分项工程合格、优良的条件之一。例如，砌砖工程中，砌砖体的错缝、砖砌体接槎、预埋拉结筋、留置构造柱、清水墙面，都作为基本项目

做出了检验规定。

（3）容许偏差项目。

容许偏差项目是分项工程检验项目中规定有容许偏差的项目，条文中也采用“应”、“不应”等词表示。在检验时，容许有少量检查点的测量结果略超过容许偏差值范围，并以其所占比例作为区分分项工程合格和优良等级的条件之一。对检查时所有抽查点均要满足规定要求值的项目不属此项目范围，它们已被列入了保证项目或基本项目。容许偏差项目的内容反映了工程使用功能、观感质量，是由其测点合格率划分合格、优良等级的。例如，砌砖工程中的砖砌体的尺寸、位置都按工程的部位分别做出了容许偏差的规定。

2. 分部工程的检验标准

（1）分部工程由若干个相关分项工程组成，是按建筑的主要部位划分的。

（2）建筑工程按部位分地基与基础工程、主体工程、地面与楼面工程、门窗工程、装饰工程、屋面工程、建筑设备安装工程、通风与空调工程、电梯安装工程。

（3）分部工程的检查是以其中所包含的分项工程的检查为基础的。按照规定，基础工程完成后，必须进行检查验收，方可进行主体工程施工。主体工程完成后，也必须经过检查验收，方可进行装修。一般工程在主体完成后，做一次性结构检查验收。有人防地下室的工程，可分两次进行结构检查验收（地下室一次，主体一次）。如需提前装修的工程，可分层进行检查验收。

3. 单位工程的检验标准

按“标准”规定，建筑工程和建筑设备安装工程共同组成一个单位工程。新（扩）建的居住小区和厂区室外给水、排水、采暖、通风、煤气等组成一个单位工程。室外的架空线路、电缆线路、路灯等建筑电气安装工程组成一个单位工程。道路，围墙等工程组成一个单位工程。

单位工程的各部分工程完工检查后，还要对观感质量进行检验（室外的单位工程不进行观感质量检验），对质量保证资料进行检查。

4. 质量检验方法

在“标准”的每个分项工程的检验项目之后，都作出了检验方法的具体规定。如GB 301—88第6.1.2条规定对砖的品种、标号的检验方法为观察检查，检查出厂合格证或试验报告。第6.1.8条对预埋拉结筋的检验方法为观察或尺量检查，第6.1.11条规定轴线位置偏移的检验方法为用经纬仪或拉线和尺量检查等。概括起来，“标准”中的质量检验方法可以归纳为8个字，即看、摸、敲、照、靠、吊、量、套。

（1）看的方法。看就是根据“标准”的规定，进行外观目测。例如，外墙转角留槎、清水墙面刮缝深度及整洁，安装工程的接缝严密程度等。观察检验方法的使用需要有丰富的经验，经过反复实践才能掌握标准，统一口径。所以这种方法虽然简单，但是却难度最大，应予充分重视，加强训练。

（2）摸的方法。摸就是手感检查，主要适用于装饰工程的某些检验项目、如壁纸的黏结检验，刷浆的沙眼检验，干黏石的黏结牢固程度检验等。

（3）敲的方法。敲就是运用工具敲击，进行声音鉴别检验的方法。主要用于对装饰工程中的黏结状况进行检验，如干黏石、水刷石、面砖、水磨石、大理石、抹灰面层和底

层、水泥楼地面面层等，均通过敲击辨音检查其是否空鼓。

(4) 照的方法。照的方法也是目测的方法，只是借助“光”进行目测。例如对于人眼高度以上的部位的产品上面（管道上半部等）、缝隙较小伸不进头的产品背面、下水道的底面、雨落管的后面等，均可采用镜子反射的方法检验，封闭后光线较暗的部分（如模板内清理情况），可用灯光照射检验。

(5) 靠的方法。靠的方法用来量平整度，检查平整度利用靠尺和塞尺进行，如对墙面、地面等要求平整的项目都利用这种方法检验。

(6) 吊的方法。吊就是用线锤测量垂直度的方法。可在托线板上系以线锤吊线，紧贴墙面，或在托线板上下两端粘一突出小块，以触点触及受检面进行检验。板上线锤的位置可压托线板的刻度，示出垂直度。

(7) 量的方法。量即是用尺、磅、温度计、水准仪等工具进行检验的方法。这种方法用得最多，主要是检查容许偏差项目。如外墙砌砖上下窗口偏移用经纬仪或吊线检查，钢结构焊缝余高用“量规”检查，管道保温厚度用钢针刺入温层和尺量检查等。

(8) 套的方法。套即是用方尺套，辅以塞尺检查。门窗口及构配件的对角线（窜角）检查，是套方检查的特殊手段。

5. 质量检验的数量

“标准”中对检验数量也进行了规定，检验工程质量时必须严格以规定的数量为检验数量的最少限量。检验数量有以下几种：

(1) 全数检验。全数检验就是对一批待验产品的所有产品都要逐一进行检验。全数检验一般说来比较可靠，能提供更完整的检验数据，以便获得更充分可靠的质量信息。如果希望得到产品都是百分之百的合格产品，唯一的办法就是全检。但全检有工作量大、周期长、检验成本高等特点，更不适用于破坏性的检验项目。“标准”中规定进行全数检验的项目如室外和屋面的单位工程质量观感检查。

(2) 抽样检验。抽样检验就是根据数理统计原理所预先制定的抽样方案，从交验的分项工程中，抽出部分项目样品进行检验。根据这部分样品的检验结果，照抽样方案的判断规则，判定整批产品（分项工程）的质量水平，从而得出该批产品（分项工程）是否合格或优良的结论。例如“标准”中砌砖工程，容许偏差项目规定的检查数量是：外墙，按楼层（或4m高以内），每20m抽查1处，每处3m，但不少于3处。内墙，按有代表性的自然间抽查10%，但不少于3间，每间不少于2处。柱不少于5根。这个“规定”是在数理统计原理试验、分析的基础上作出的。

抽样检验的主要优点是大大节约检验工作量和检验费用，缩短时间，尤其适用于破坏性试验。但这种检验有一定风险，即有错判率，不可能100%可靠。对于建筑安装工程来说，由于其体积庞大，构成复杂，分项工程多，检验项目数量大，也只有抽样检验才使检验工作有可能进行下去并保证它的及时性。

6. 质量等级的评定

(1) 质量评定的程序。建筑安装工程的质量评定按照“标准”要求，要先评定分项工程，再评定分部工程，最后评定单位工程。

(2) 质量评定的等级。建筑安装工程的分项工程、分部工程和单位工程的质量等级标

准，均分为“合格”与“优良”两个等级。

（3）分项工程的等级评定标准。

1）合格。

①保证项目必须符合相应质量检验评定标准的规定。

②基本项目抽检的处（件）应符合相应质量检验评定标准的合格规定。

③容许偏差项目抽检的点数中，建筑工程有70%及其以上，建筑设备安装工程有80%及以上的实测值应在相应质量检验评定标准的容许偏差范围内。

2）优良。

①保证项目必须符合相应质量检验评定标准的规定。

②基本项目抽检处（件）应符合相关质量检验评定标准的合格规定。其中50%及其以上的处（件）符合优良规定，该项即为优良。优良项目应占检验项数50%及其以上。

③容许偏差项目抽检的点数中有90%及其以上的实测值应在质量检验评定标准的容许偏差范围内。

（4）分部工程的等级评定标准。

1）合格。所含分项工程的质量应全部合格。

2）优良。所含分项工程的质量全部合格，其中有50%及其以上为优良（建筑设备安装工程中，必须含指定的主要分项工程）。

（5）单位工程的质量等级评定标准。

1）合格。

①所含分部工程的质量应全部合格。

②质量保证资料应基本齐全。

③观感质量的评定得分率应达到70%及其以上。

2）优良。

①所含分部工程的质量应全部合格。其中50%以及其以上优良，建筑工程必须含主体和装饰分部工程。以建筑设备安装工程为主的单位工程，其指定的分部工程必须优良（如锅炉房的建筑采暖卫生与煤气分部工程；变、配电室的建筑电气安装分部工程；空调机房和净化车间的通风与空调分部工程等）。

②质量保证资料基本齐全。

③观感质量的评定得分率应达到85%以上。

（6）对不合格分项工程的处理标准。

1）返工重做的可重新评定质量等级。

2）经加固补强或以法定检测单位鉴定能够达到设计要求的，其质量仅应评为合格。

3）经法定检测单位鉴定达不到原设计要求，但经设计单位认可能够满足结构安全和使用功能要求可不加固补强的，或经加固补强改变外形尺寸或造成永久性缺陷的，其质量可定为合格。但所在分项工程不应评为优良。

5.2.4.7　质量控制的数理统计

1. 排列图法

排列图又称主次因素排列图。它是根据意大利经济学家帕累托（Pareto）提出关键的

"少数和次要的多数"的原理，由美国质量管理专家朱兰（J·M·Juran）运用于质量管理中而发明的一种质量管理图形。其作用是寻找主要质量问题或影响质量的主要原因以便于工作抓住提高质量的关键，取得好的效果。如图5.17所示是根据表5.3绘制的排列图。

表5.3　　柱子不合格点频数频率统计表

序号	项目	容许偏差（mm）	不合格点数	频率（%）	累计频率
1	轴线位移	5	35	46.05	46.05
2	柱高	±5	24	31.58	77.63
3	截面尺寸	±5	8	10.53	88.16
4	垂直度	5	4	5.26	93.42
5	表面平整度	8	2	2.63	96.05
6	预埋钢板中心偏移	10	1	1.32	97.37
7	其他	—	2	2.63	100
合计			76	100	

2. 因果分析图

因果分析图，按其形状又可称为鱼刺图或树枝图，也叫特性要因图。所谓特性，就是施工中出现的质量问题。所谓要因，也就是对质量问题有影响的因素或原因。

因果分析图是一种用来逐步深入地研究和讨论质量问题，寻找其影响因素，以便从重要的因素着手进行解决的一种工具。其形状，如图5.18所示。因果分析图也像座谈会的小结提纲，可以供人们集体地、一步一步地，像顺藤摸瓜一样地寻找影响质量特性的大原因和小原因，找出原因后便可以针对性地制定相应的对策加以改进。对策表见表5.4。

表5.4　　对　策　表

序号	项目	现状	目标	措施	地点	负责人	完成期	备注

3. 频数分布直方图

所谓频数，是在重复试验中，随机事件得重复出现的次数，或一批数据中某个数据（或某组数据）重复出现的次数。

产品在生产过程中，质量状况总是会有波动的。其波动的原因，正如因果分析图中所提到的，一般有人的因素、材料的因素、工艺的因素、设备的因素和环境的因素。

为了了解上述各种因素对产品质量的影响情况，在现场随机地实测一批产品的有关数据，将实测得来的这批数据进行分组整理，统计每组数据出现的频数。然后，在直角坐标的横坐标轴上从小到大标出各分组点，在纵坐标轴上标出对应的频数。画出其高度值为其频数值的一系列直方形，即成为频数分布直方图。如图5.19所示是根据表5.5绘制的频数分布直方图。

频数分布直方图的作用是：通过对数据的加工、整理、绘图，掌握数据的公布状况从

而，判断加工能力、加工质量，以及估计产品的不合格率。频数分布直方图又是控制图产生的直接理论基础。

表 5.5　　数　据　表

数据										最大值	最小值
29.4	27.3	28.2	27.1	28.3	28.5	28.9	28.3	29.9	28.0	29.9	27.1
28.9	27.9	28.1	28.3	28.9	28.3	27.8	27.5	28.4	27.9	28.9	27.5
28.8	27.1	27.1	27.9	28.0	28.5	28.6	28.3	28.9	28.8	28.9	27.1
28.5	29.1	28.1	29.0	28.6	28.9	27.9	27.8	28.6	28.4	29.1	27.8
28.7	29.2	29.0	29.1	28.0	28.5	28.9	27.7	27.9	27.7	29.2	27.7
29.1	29.0	28.7	27.6	28.3	28.3	28.6	28.0	28.3	28.5	29.1	27.6
28.5	28.7	28.3	28.3	28.7	28.3	29.1	28.5	27.7	29.3	29.3	27.7
28.8	28.3	27.8	28.1	28.4	28.9	28.1	27.3	27.5	28.4	28.9	27.3
28.4	29.0	28.9	28.3	28.6	27.7	28.7	27.7	29.0	29.4	29.4	27.7
29.3	28.1	29.7	28.5	28.9	29.0	28.8	28.1	29.4	27.9	29.7	27.9

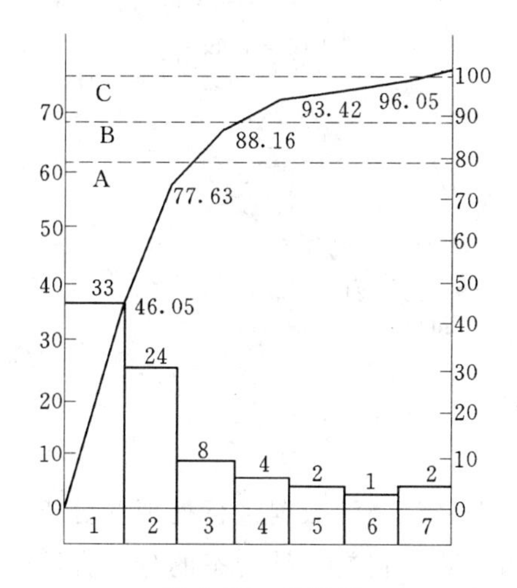

图 5.17　排列图

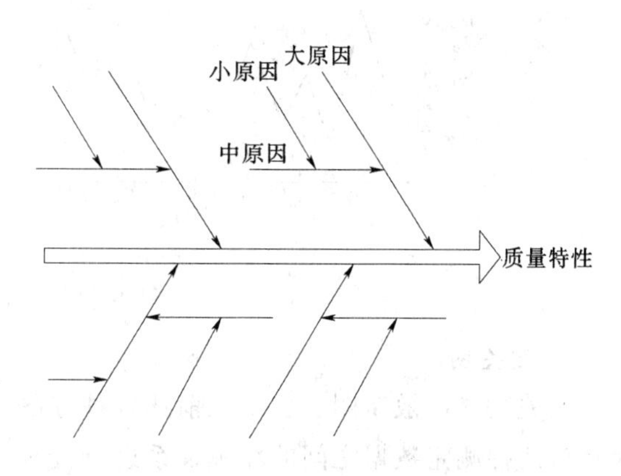

图 5.18　因果分析图

4. 控制图

控制图又叫管理图，是能够表达施工过程中质量波动状态的一种图形。使用控制图，能够及时地提供施工中质量状态偏离控制目标的信息，提醒人们不失时机地采取措施，使质量始终处于控制状态。

使用控制图，使工序质量的控制由事后检查转变为以预防为主，使质量控制产生了一个飞跃。1924 年美国人休哈特发明了这种图形，此后在质量控制中

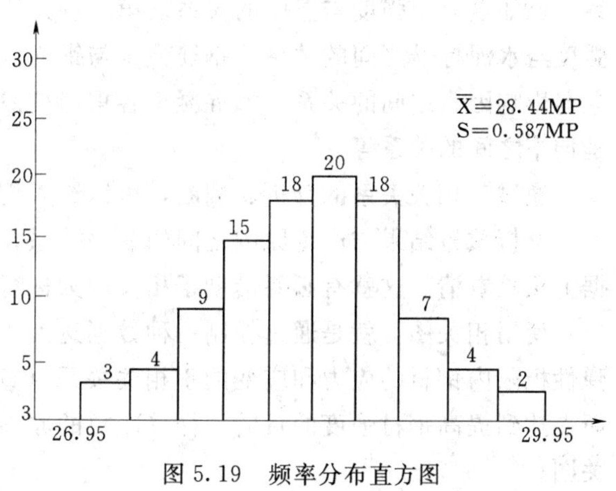

图 5.19　频率分布直方图

得到了日益广泛的应用。

控制图与前述各统计方法的根本区别在于，前述各种方法所提供的数据是静态的，而控制图则可提供动态的质量数据，使人们有可能控制异常状态的产生和蔓延。

如前所述，质量的特性总是有波动的。波动的原因主要有人、材料、设备、工艺、环境五个方面。控制图就是通过分析不同状态下统计数据的变化，来判断五个系统因素是否在异常而影响着质量，也就是要及时发现异常因素加以控制，保证工序处于正常状态。它通过子样数据来判断总体状态，以预防不良产品的产生。如图 5.20 所示是根据表 5.6 绘制的控制图。

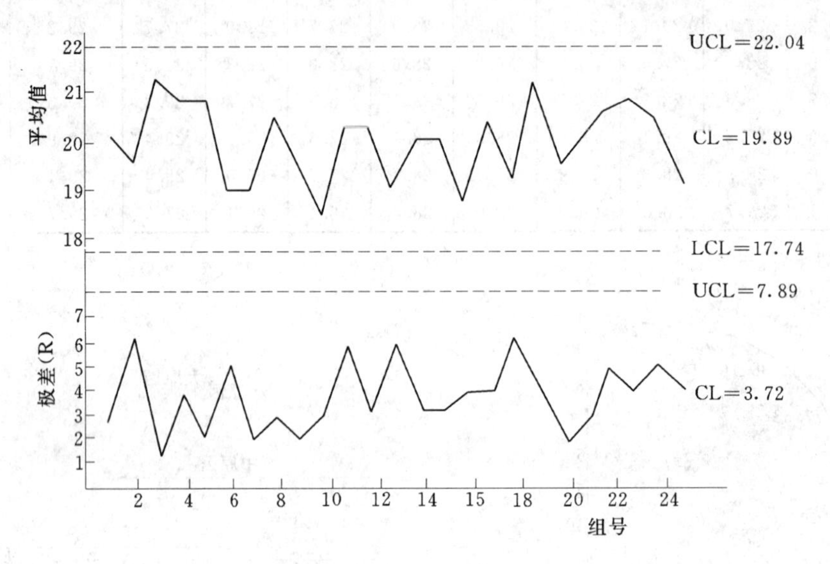

图 5.20 X-R 控制图

5. 相关图

相关图又叫散布图。它不同前述各种方法之处是，不是对一种数据进行处理和分析，而是对两种测定数据之间的相关关系进行处理、分析和判断。它是一种动态的分析方法。在工程施工中，工程质量的相关关系有三种类型：第一种是质量特性和影响因素之间关系，例如混凝土强度与温度的关系。第二种是质量特性与质量特性之间的关系，如混凝土强度与水泥标号之间的关系，钢筋强度与钢筋混凝土强度之间的关系等。第三种是影响因素与影响因素之间的关系，如混凝土容重与抗渗能力之间的关系，沥青的黏结力与沥青的延伸率之间的关系等。

通过对相关关系的分析、判断，可以给人们提供对质量目标进行控制的信息。

分析质量结果与产生原因之间的相关关系，有时从数据上比较容易看清，但有时从数据上很难看清。这就有必要借助于相关图为进行相关分析提供方便。

使用相关图，就是通过控制一种数据达到控制另一种数据的目的。正如我们掌握了在弹性极限内钢材的应力和应变的正相关关系（直线关系）可以通过控制拉伸长度（应变）而在达到提高钢材强度的目的一样（冷拉的原理）。如图 5.21 所示是根据表 5.7 绘制的相关图。

表 5.6　　混凝土构件强度数据表　　单位：MPa

组号	测定日期	X1	X2	X3	X4	X5	X	R
1	10 - 10	21.0	19.0	19.0	22.0	20.0	20.2	3.0
2	11	23.0	17.0	18.0	19.0	21.0	19.6	6.0
3	12	21.0	21.0	22.0	21.0	22.0	21.4	1.0
4	13	20.0	19.0	19.0	23.0	20.0	20.8	4.0
5	14	21.0	22.0	20.0	20.0	21.0	20.8	2.0
6	15	21.0	17.0	18.0	17.0	22.0	19.0	5.0
7	16	18.0	18.0	20.0	19.0	20.0	19.0	2.0
8	17	22.0	22.0	19.0	20.0	19.0	20.4	3.0
9	18	20.0	18.0	20.0	19.0	20.0	19.4	6.0
10	19	18.0	17.0	20.0	20.0	17.0	18.4	3.0
11	20	18.0	19.0	19.0	24.0	21.0	20.2	6.0
12	21	19.0	22.0	20.0	20.0	20.0	20.2	3.0
13	22	22.0	19.0	16.0	19.0	18.0	18.8	6.0
14	23	20.0	22.0	21.0	21.0	18.8	20.0	3.0
15	24	19.0	18.0	21.0	21.0	20.0	19.8	36.0
16	25	16.0	18.0	19.0	20.0	20.0	18.6	4.0
17	26	21.0	22.0	21.0	20.0	18.0	20.4	4.0
18	27	18.0	18.0	16.0	21.0	22.0	19.0	6.0
19	28	21.0	21.0	21.0	21.0	20.0	21.4	4.0
20	29	21.0	19.0	19.0	19.0	19.0	19.4	2.0
21	30	20.0	19.0	19.0	20.0	22.0	20.0	3.0
22	31	20.0	20.0	23.0	22.0	18.0	20.6	5.0
23	11 - 1	22.0	22.0	20.0	18.0	22.0	20.8	4.0
24	2	19.0	19.0	20.0	24.0	22.0	20.4	5.0
25	3	17.0	21.0	21.0	18.0	19.0	19.2	4.0

表 5.7　　混凝土密度与抗渗的关系

抗渗	密度	抗渗	密度	抗渗	密度	抗渗	密度	抗渗	密度
780	2290	650	2080	480	1850	580	2040	550	1940
500	1919	700	2150	730	2200	590	2050	680	2140
550	1960	840	2520	750	2240	640	2060	620	2110
810	2400	520	1900	810	2440	780	2350	630	2120
800	2350	750	2250	690	2170	350	2300	700	2200

注　单位为抗渗能力 kN/m^2，混凝土密度为 kg/m^3。

5.2.4.8　施工项目质量控制 ISO 9000 族标准简介

ISO 9000 族标准是 ISO/TC 176 技术委员会制定的所有国际标准。于 1987 年 3 月问世，1992 年修改，1994 年再次修改并沿用至今。我国于 1992 年起等同采用这一国际标准，编号为 GB/T 19000 族。ISO 9000 族的构成如图 5.22 所示。

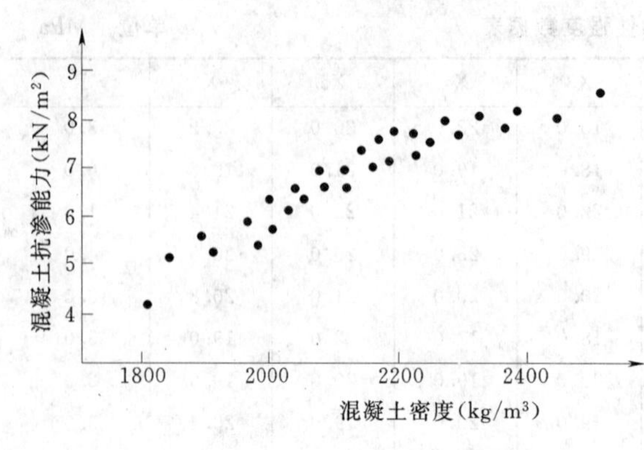

图 5.21　混凝土密度与抗渗相关图

1. 术语标准

ISO 8402 质量管理和质量保证——术语，该标准是阐明质量领域所用的质量术语的含意。共 67 个词条，按照内容的逻辑关系分为 4 类：基本术语，13 个词条；与质量有关的术语，19 个词条；与质量体系有关的术语，16 个词条；与工具和技术有关的术语，19 个词条。

2. 两类标准的使用或实施指南

这类标准的总编号为 ISO 9000，总标题是质量管理和质量保证，每个部分的标

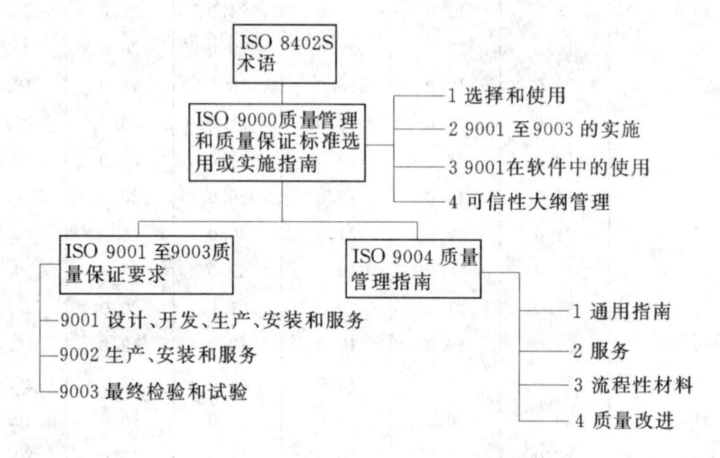

图 5.22　ISO 9000 族标准构成

准再加上该分标准的部分号和具体名称，共有 4 个分标准，目的是为质量管理和质量保证两类标准的选择和使用或如何实施提供指南。

（1）ISO 9000—1：质量管理和质量保证标准——第 1 部分。选择和使用指南。本标准阐明了与质量有关的基本概念，并为 ISO 9000 族的质量管理和质量保证标准的选择和使用提供指南。

（2）ISO 9000—2：质量管理和质量保证标准——第 2 部分：ISO 9001、ISO 9002 和 ISO 9003 的实施通用指南。本标准是对 3 个质量保证标准的实施所作的解释，以便对标准中的要求一致、准确和清楚的理解。

（3）ISO 9000—3：质量管理和质量保证标准——第 3 部分。ISO 9001 在软件开发、供应和维护中的使用指南。本标准中的软件仅指计算机软件。由于计算机软件的开发和维护过程不同于其他大多数工业产品，因而有必要对涉及软件产品的质量体系提供补充性指南。本标准的目的是为承担软件开发、供应和维护的组织、通过建议适当的控制和方法、采用 ISO 9001 提供使用指南。

（4）ISO 9000—4：质量管理和质量保证标准——第 4 部分。可信性大纲管理指南。可信性包括可靠性、维护性和可用性。可信性大纲是用于管理可信性的组织结构、职责、

程序、过程和资源。本标准适用于在使用和维修阶段可信性是特别重要的那些硬件和软件产品。例如用于运输、电力、通信和信息服务的产品。主要目的是在从策划到使用的整个产品寿命周期内控制对可信性的影响，以便生产出可靠的和可维修的产品。

3. 质量保证标准

质量保证标准有3个，分别将一定数量的质量体系要素组成3种不同的模式，代表了第2方或第3方在具体情况下对供方质量体系的要求，供方对这些要求必须满足并应予以证实。

（1）ISO 9001：质量体系——设计、开发、生产、安装和服务的质量保证模式。当需要证实供方设计和生产合格产品的过程控制能力时应选择和使用此种模式的标准。

（2）ISO 9002：质量体系——生产、安装和服务的质量保证模式。当需要证实供方生产合格产品的过程控制能力时，应选择和使用此种模式的标准。

（3）ISO 9003：质量体系——最终检验和试验的质量保证模式。当仅要求供方保证最终检验和试验符合规定要求时，应选择此种模式的标准。

4. 质量管理标准

这一类标准的总编号为ISO 9004。总标题是质量管理和质量体系要素，每个部分的标准再加上该分标准的部分号和具体名称。所有这些标准的目的都是用于指导组织进行质量管理和建立质量体系的。这一类的分标准有以下4个：

（1）ISO 9004—1：质量管理和质量体系要素——第1部分，指南。本标准全面阐述了与产品寿命周期内所有阶段和活动有关的质量体系要素，以帮助组织选择和使用适合其需要的要素。本标准适用于生产或提供四种通用类别产品（硬件、软件、流程性材料和服务）的组织。

（2）ISO 9004—2：质量管理和质量体系要素——第2部分，服务指南。本标准是对ISO 9004—1在服务类产品方面的补充指南，提供服务或提供具有服务成分的产品的组织参照使用。

（3）ISO 9004—3：质量管理和质量体系要素——第3部分，流程性材料指南。本标准是对ISO 9004—1在流程材料类产品方面的补充指南。供生产流程性材料类产品的组织参照使用。所谓流程性材料，是指通过将原材料转化成某一预定状态所形成的有形产品。

（4）ISO 9004—4：质量管理和质量体系要素——第4部分，质量改进指南。本标准阐述了质量改进的基本概念和原理、管理指南和方法（工具和技术）。凡是希望改进其有效性的组织，不管他是否已经实施了正规的质量体系，均应参照本标准。

学习单元5.3　施工项目的成本控制

5.3.1　学习目标

根据施工进度计划和工程实际开展的状态，懂得施工项目成本预测的依据和程序，施工项目成本控制的过程、内容及手段，会进行施工项目成本预测与计划的编制及方法选择、施工项目成本管理考核，能完成施工项目成本计划的编制，完成施工项目成本的控制任务。

5.3.2　学习任务

施工项目成本是施工企业为完成施工项目的建筑安装工程任务所耗费的各项生产费用的总和。它包括施工过程中所消耗的生产资料，转移价值即以工资补偿费形式分配给劳动者消费的那部分和劳动消耗所创造的价值。亦即，某建设项目在施工中所发生的全部生产费用的总和。包括所消耗的主、辅材料，构配件，周转材料的摊销费或租赁费，施工机械的台班费或租赁费，支付给生产工人的工资、奖金以及项目经理部（或分公司、工程处）级为组织和管理施工所发生的全部费用支出。建设项目成本不包括劳动者为社会所创造的价值（如税金和计划利润），也不应包括不构成建设项目价值的一切非生产性支出。

在建设项目管理中，最终是要使项目达到质量高、工期短、消耗低、安全好等目标，而成本是这四项目标经济效果的综合反映。因此，建设项目成本是建设项目管理的核心。

施工项目成本控制的任务包括施工项目成本预测与决策、成本计划的编制和实施、成本核算和成本分析等主要环节，其中成本计划的实施为关键环节。因此，进行施工项目成本控制，必须具体研究每个环节的有效工作方式和关键控制措施，从而取得施工项目整体的成本控制效果。

建设项目成本是建设单位的主要产品成本，亦称工程成本，一般以项目的单位工程作为核算对象，通过各单位工程成本核算的综合来反映建设项目成本。施工项目成本控制既不是造价控制，更不是业主所进行的投资控制。要达到控制成本的目的，必须对人工费、材料费、机械费、其他直接费用和现场管理费分别进行有效控制。

5.3.3　任务分析

5.3.3.1　施工项目成本的构成分析

1. 施工项目的成本按造价构成分为直接成本和间接成本

(1) 直接成本。

直接成本是指直接耗用于并能直接计入工程对象的费用，包括：

1) 人工费。

2) 材料费。

3) 机械使用费。

4) 其他直接费。

(2) 间接成本。

间接成本是指非直接用于也无法计入工程对象，但为进行工程施工所必须发生的费用，通常是按照直接成本的比例来计算。包括：

1) 工作人员薪金。

2) 劳动保护费。

3) 职工福利费。

4) 办公费。

5) 差旅、交通费。

6) 固定资产使用费。

7) 工具用具使用费。

8) 保险费。

9）工程保修费。

10）工程排污费。

11）其他费用。

12）工会经费。

13）教育经费。

14）业务活动经费。

15）税金。

16）劳保统筹费。

17）利息支出。

18）其他财务费用。

2. 按成本性质工程成本划分为固定成本和变动成本

（1）固定成本。

固定成本是指在一定期间和一定的工程范围内，其发生的成本额不受工程量增减变动的影响而相对固定的成本。如折旧费、大修理费、管理人员工资、办公费、照明负荷费等。这一成本是为了企业一定的生产经营条件而发生的。一般来说，对于企业的固定成本每年基本相同，但是，当工程量超过一定范围则需要增添机械设备和管理人员，此时固定成本将会发生变动。此外，所谓固定，指其总额而言，关于分配到每个项目单位工程的固定费用则是变动的。

（2）变动成本。

变动成本是指发生总额随着工程量的增减变动而成正比例变动的费用，如直接用于工程上的材料费、实行计划工资的人工费等。所谓变动，也是就其总额而言，对于单位分项工程上的变动费用往往是不变的。

将施工过程中发生的全部费用划分为固定成本和变动成本，对于成本管理和成本决策具有重要作用。它是成本控制的前提条件。由于成本是维持生产能力所必须的费用，只有通过提高劳动率，增加企业总工程量数额并降低固定成本的绝对值入手，降低变动成本只能从降低单位分项工程的消耗定额入手。

3. 按计算范围的大小分

（1）全部工程成本。

全部工程成本，亦称总成本，指建设项目进行各种建筑安装工程施工所发生的全部施工费用。

（2）单项工程成本。

单项工程，亦称工程项目。它是建设项目的组成部分。单项工程成本，是指具有独立的设计文件，在建成后可以独立发挥生产能力或效益的各项工程所发生的施工费用。如纺纱车间工程成本、织布车间工程成本，一栋职工宿舍工程成本等。

（3）单位工程成本。

单位工程，是单位工程的组成部分。是指单项工程内具有独立的施工图和独立施工条件的工程。如某车间是一个单项工程，而车间的厂房建筑工程，设备安装工程都是单位工程。民用建筑一般以一栋房屋作为一个单位工程。单位工程成本，是指单位工程进行施工所发生的施工费用。

（4）分部工程成本。

分部工程，是单位工程的组成部分。如一般房屋土建工程，按其结构可分为基础、墙体、楼楹、门窗、屋面等分部工程。单位工程成本，是指分部工程进行施工所发生的施工费用。如织布车间的基础工程成本、屋面工程成本等。

以上各项工程成本的关系是：单位工程成本，由各有关部门工程成本组成；全部工程成本，由各单项工程成本组成。

建设项目成本分类还有许多方法，可根据用途与需要不同而划分。

5.3.3.2　工程项目成本的特点分析

1. 事前计划性

从工程项目投标报价开始到工程项目竣工结算前，对于工程项目的承包商而言，各阶段的成本数据都是事前的计划成本，包括投标书的预算成本、合同预算成本、设计预算成本、组织对项目经理的责任目标成本、项目经理部的施工预算及计划成本等，无一不是事前成本。

2. 投入复杂性

工程项目最终作为建筑产品的完全成本和承包商在实施工程项目期间投入的完全成本，其内涵是不一样的。作为工程项目管理责任范围的项目成本，显然要根据项目管理的具体要求来界定。

3. 核算困难大

由于成本的发生或费用的支出与已完的工程任务量，在时间和范围上不一定一致，这就对实际成本的统计归集造成很大的困难，影响核算结果的数据可比性和真实性，以致失去对成本管理的指导作用。

4. 信息不对称

建设工程项目的实施通常采用总分包的模式，由于商业机密，总包方对于分包方的实际成本往往很难把握，这对总包方的事前成本计划带来一定的困难。

5.3.3.3　工程成本控制的任务分析

工程项目成本控制，着重围绕着成本预测、成本计划、成本控制、成本核算、成本分析与考核等环节来进行。这些环节的内容相辅相成，构成了一个完整的成本控制体系。各个环节之间是互为条件、互为制约的。成本预测与成本计划为成本控制与成本核算提出要求和目标，成本控制与成本核算为成本分析与考核提供依据；成本分析与考核的结果，反馈给成本预测与计划环节，作为下一阶段预测和计划的参考。建设项目的整个成本管理工作就是这样一环扣一环不断地进行。

5.3.4　任务实施

5.3.4.1　做好施工项目成本控制的基础工作

加强建设项目成本管理，必须把基础工作搞好，它是搞好建设项目成本管理的前提。

1. 必须加强工程项目成本观念

要搞好工程项目成本控制，必须首先对企业的项目经理部人员加强成本管理教育并采取措施，只有在工程项目中培养强烈的成本意识，让参与项目管理与实施的每个人员都意

识到加强项目成本控制对建设项目的经济效益及个人收入所产生的重大影响，各项成本管理工作才能在建设项目管理中得到贯彻和实施。

2. 加强定额和预算管理

为了进行工程项目成本管理，必须具有完善的定额资料，搞好施工预算和施工图预算。除了国家统一的建筑、安装工程基础定额以及市场的劳务、材料价格信息外，企业还应有施工定额。施工定额既是编制单位工程预算及成本计划的依据，又是衡量人工、材料、机械消耗的标准。要对建设项目成本进行控制，分析成本节约或超支的原因，不能离开施工定额。按照国家统一的定额和取费标准编制的施工图预算也是成本计划和控制的基础资料，可以能过"两算对比"确定成本降低水平。实践证明，加强定额和预算管理，不断完善企业内部定额资料，对节约材料消耗、提高劳动生产率、降低建设项目成本，都有着十分重要的意义。

3. 建立和健全原始记录与统计工作

原始记录是生产经营活动的第一次直接记载，是反映生产经营活动的原始资料，是编制成本计划、制定各项定额的主要依据，也是统计的成本管理的基础。施工企业在施工中对人工、材料、机械台班消耗、费用开支等，都必须做好及时的、完整的、准确的原始记录。原始记录应符合成本管理要求，记录格式内容和计算方法要统一，填写、签署、报送、传送、保管和存档等制度要健全并有专人负责管理要求，对项目经理部有关人员要进行训练，以掌握原始记录的填制、统计、分析和计算方法，做到及时准备地反映施工活动情况。原始记录还应有利于开展班组织经济核算，力求简便易行讲求实效，并根据实际使用情况，随时补充和修改，以充分发挥原始凭证的作用。

4. 建立和健全各项责任制度

对工程项目成本进行全过程的成本管理，不仅需要有周密的成本计划和目标，更重要的是为实现这种计划和目标的控制方法和项目施工中有关的各项责任制度。有关建设项目成本管理的各项责任制度包括有：计量验收制度、考勤、考核制度，原始记录和统计制度，成本核算部分以及完善的成本目标责任制体系。

5.3.4.2　熟悉工程项目成本控制的程序和过程

1. 工程项目成本控制的程序

工程项目成本控制的程序是从成本估算开始，经编制成本计划，采取降低成本的措施，进行成本控制，直到成本核算与分析为止的一系列管理工作步骤，一般程序如图5.23所示。

2. 工程项目成本控制的过程

施工项目成本控制的过程包括施工项目成本预测与决策、成本计划的编制和实施、成本核算和成本分析等主要环节，其中成本计划的实施为关键环节。因此，进行施工项目成本控制，必须具体研究每个环节的有效工作方式和关键控制措施，从而取得施工项目整体的成本控制效果。

（1）成本预测。

施工项目成本预测是其成本控制的首要环节之一，也是成本控制的关键。成本预测的目的是预见成本的发展趋势，为成本管理决策和编制成本计划提供依据。

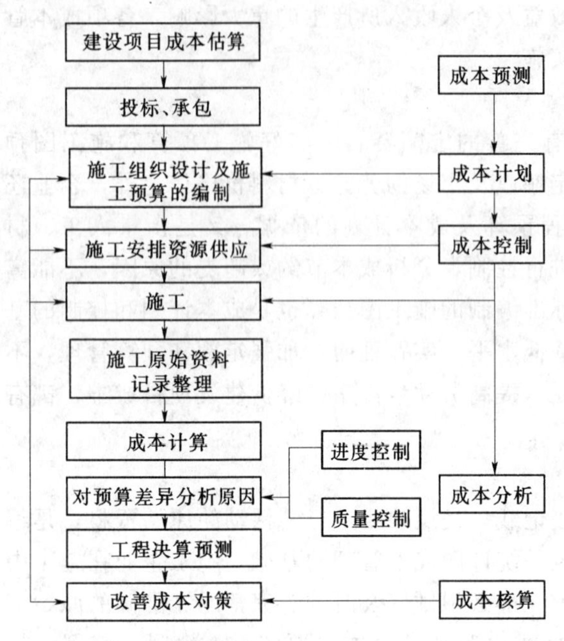

图5.23　建设项目成本管理的一般程序

（2）施工项目成本的决策。

施工项目成本决策是根据成本预测情况，经过认真分析作出决定，确定成本管理目标。成本决策是先提出几个成本目标方案，然后再从中选择理想的成本目标作出决定。

（3）施工项目成本计划的编制。

成本计划是实现成本目标的具体安排，是成本管理工作的行动纲领，是根据成本预测、决策结果，并考虑企业经营需要和经营水平编制的，它也是事先成本控制的环节之一。成本控制必须以成本计划作标准。

（4）成本计划的实施。

即是根据成本计划所作的具体安排，对施工项目的各项费用实施有效控制，不断收集实施信息，并与计划比较，发现偏差，分析原因，采取措施纠正偏差，从而实现成本目标。

（5）成本的核算。

施工项目成本核算是对施工中各项费用支出和成本及形成进行核算，项目经理部应作为企业的成本中心，大力加强施工项目成本核算，为成本控制各项环节提供必要的资料，成本核算应贯穿于成本控制的全过程。

（6）施工项目的成本检查。

成本检查是根据核算资料及成本计划实施情况，检查成本计划完成情况，以评价成本控制水平，并为企业调整与修正成本计划提供依据。

（7）成本分析与考核。

施工项目成本分析分为中间成本分析和竣工成本分析，是为了对成本计划的执行情况和成本状况进行的分析，也是总结经验教训的重要方法和信息积累的关键步骤。成本考核的目的在于通过考察责任成本的完成情况，调动责任者成本控制的积极性。

以上7个环节构成成本控制的PDCA循环，每个施工项目在施工成本控制中，不断地进行着大大小小（工程组成部分）的成本控制循环，促使成本管理水平不断提高。

3. 施工项目成本控制的手段

（1）计划控制。

即用计划的手段对施工项目成本进行控制。施工项目的成本上升预测和决策为成本计划的编制提供依据，编制成本计划首先要设计降低成本技术组织措施，然后编制降低成本计划，将承包成本额降低而形成成本计划。

（2）预算控制。

用预算控制成本可分为两种类型：

一是包干预算，即一次包死预算总额，不论中间有何变化，成本总额不予调整。

二是弹性预算，即先确定包干总额，但可根据工程的变化进行洽商，作相应的变动。我国目前大部分是弹性预算控制。

（3）会计控制。

会计控制，是以会计方法为手段，以记录实际发生的经济业务发生的合法凭证为依据，对成本支出进行核算与监督，从而发挥成本控制作用。会计控制方法系统性强、严格、具体、计算准确、政策性强，是理想的和必须的成本控制方法。

（4）制度控制。

制度是对例行性活动应遵循的方法、程序、要求及标准所作的规定。成本的制度控制就是通过制度成本管理制度，对成本控制作出具体规定，作为行动准则，约束管理人员和工人，达到控制成本的目的。如成本管理责任制度、技术组织措施制度、成本管理制度、劳动工资管理制度、固定资产管理制度等，都与成本控制关系非常密切。

在施工项目管理中，上述手段是同时综合使用，不应该孤立地使用某一种成本控制手段。

5.3.4.3　进行施工项目成本的预测

施工项目的预测是施工项目成本的事前控制，是施工项目成本形成之前的控制。它的任务是通过成本预测估计出施工项目的成本目标，并通过成本计划的编制作出成本控制的安排。因此施工项目成本的事前控制的目的是提出一个可行的成本控制实施纲领和作业设计。

1. 施工项目成本控制目标的依据

（1）施工项目成本目标预测的首要依据是施工企业的利润目标对企业降低工程成本的要求。企业要依据经营决策提出利润目标后，便对企业降低成本提出总目标。每个施工项目的降低成本率水平应等于或高于企业的总降低成本率水平，以保证降低成本总目标的实现，在此基础上才能确定施工项目的降低成本目标和成本目标。

（2）施工项目的合同价格。施工项目的合同价格是其销售价格，是所能取得的收入总额。施工项目的成本目标就是合同价格与利润目标是企业分配到该项目的降低成本要求。根据目标成本降低额，求出目标成本降低率，再与企业的目标成本降低率进行比较，如果前者等于或大于后者，则目标成本降低额可行；否则，应予调整。

（3）施工项目成本估算（概算或预算）是根据市场价格或定额价格（计划价格）对成本发生的社会水平作估计，它即是合同价格的基础，又是成本决策的依据，是量入为出的标准。这是最主要的依据。

（4）施工企业同类施工项目的降低水平。这个水平代表了企业的成本控制水平，是该施工项目可能达到的成本水平，可与成本控制目标进行比较，从而作出成本目标决策。

2. 施工项目成本预测的程序

第一步，进行施工项目成本估算，确定可以得到补偿的社会平均水平的成本。目前，主要是要根据概算定额或预算定额进行计算，市场经济则要求企业根据实物估计法进行科学的计算。

第二步，根据合同承包价格计算施工项目和承包成本，并与估算成本进行比较。一般

承包成本应低于估算成本。如高于估算成本，应对工程索赔和降低成本作出可行性分析。

第三步，根据企业利润目标提出的施工项目降低成本要求。企业同类工程的降低成本水平、以及合同承包成本，作出降低成本决策，计算出降低成本率，对降低成本率水平进行评估，在评估的基础上作出决策。

第四步，根据企业降低成本率决策计算出降低成本额和决策施工项目成本额，在此基础上定出项目经理部责任成本额。

3. 成本预测方法

成本预测方法可分为两大类：定性预测方法和定量预测方法。

(1) 成本的定性预测。

指成本管理人员根据专业知识实践经验，通过调查研究，利用已有材料，对成本的发展趋势及可能达到的水平所作的分析和推断。

由于定性预测主要依靠管理人员的素质和判断力，因而这种方法必须建立在对项目成本耗费的历史资料、现状及影响因素深刻了解的基础之上。这种方法简便易行，在资料不多、难以进行定量预测时最为适用。

定性预测方法有许多种，最常用的是调查研究判断法，即依靠专家预测未来成本的方法，所以也称为专家预测法。其具体方式有：座谈会法和函询调查法。

1) 座谈会法。

指以会诊形式集中各方面专家面对面的进行讨论，各自提出自己的看法和意见，最后综合分析，得出预测结论。这种方法的优点是能经过充分讨论，所测数值比较准确。缺点是有时可能出现会议准备不周、走过场，或者屈从于领导的意见。

2) 函询调查法。

也称为德尔菲法。该法是采用函询调查的方式，向有关专家提出所要预测的问题，请他们在互不商量的情况下，背对背的各自做出书面答复，然后将收集的意见进行综合、整理和归类，并匿名反馈给各个专家，再次征求意见，如此经过多交反复之后，就能对所需预测的问题取得较为一致的意见，从而得出预测结果。为了能体现各种预测结果的权威程度，可以针对不同专家预测的结果，分别给予重要性权数，再将他们对各种情况的评估作加权平均计算，从而得到期望平均值，做出较为可靠的判断。这种方法的优点是能最大限度地利用各个专家的能力，相互不受影响，意见易于集中，且真实。缺点是受专家的业务水平、工作经验和成本信息的限制，有一定的局限性。这是一种广泛应用的专家预测方法。

(2) 成本的定量预测。

定量预测是利用历史成本统计资料以及成本与影响因素之间的数量关系，通过数学模型来推测、计算未来成本的可能结果。在成本预测中，常用的定量预测方法有高低点法、加权平均法、回归分析法、量本利分析法。这里仅就回归分析法进行介绍。回归分析法根据变量之间的相互依存关系来预测成本的变化趋势。这种方法计算的数值准确，但计算过程相对繁琐些。

回归分析有一元线性回归，多元线性回归和非线性回归等。在这里，我们简单介绍一元线性回归在成本预测中的应用。

根据成本和产量之间的依存关系，以产量为自变量，用 X 表示；以成本为因变量，用 Y 表示，则有：

$$Y = a + bX \tag{5-14}$$

式中　a——固定成本；

b——单位变动成本。

在此公式的应用中，a、b 的计算是关键，通常是应用最小二乘法原理进行计算，a、b 的计算公式如下：

$$a = \frac{\sum y_i - b\sum x_i}{n}$$

$$b = \frac{n\sum x_i y_i - \sum x_i \cdot \sum y_i}{n\sum x_i^2 - (\sum x_i)^2} \tag{5-15}$$

利用一元线性回归这一数学模型，可以对建设项目进行成本预测。预测，常常利用预算成本和实际成本的相互依存关系，建立的线性模型 $Y = a + bX$（X 代表实际预算成本，Y 代表实际成本）中，根据此公式进行预测计算。

5.3.4.4　编制施工项目成本计划

成本计划是在多种成本预测的基础上，经过分析、比较、论证、判断之后，以货币形式预先规定计划期内生产的耗费和成本所要达到的水平，并且确定各个项目比上期预计要达到的降低额和降低率，提出保证成本费用计划事实所需要的主要措施方案。它是进行成本控制的主要依据。

施工项目成本计划应当由项目经理部进行编制，从而规划出实现项目经理成本承包目标的实施方案。施工项目成本计划的关键内容是降低成本措施的合理设计。

1. 施工项目成本计划的编制步骤

第一步，项目经理部按项目经理的成本承包目标确定施工项目的成本控制目标和降低成本控制目标，后两者之和应低于前者。

第二步，按分部分项工程对施工项目的成本控制目标和降低成本目标进行分解，确定各分部分项工程的成本目标。

第三步，按分部分项工程的目标成本实行施工项目内部成本承包，确定各承包队的成本承包责任。

第四步，由项目经理部组织各承包队确定降低成本技术组织措施并计算其降低成本效果，编制降低成本计划，与项目经理降低成本目标进行对比，经过反复对降低成本措施进行修改而最终确定降低计划。

第五步，编制降低成本技术组织措施计划表，降低计划表和施工项目成本计划表。

2. 施工项目成本计划的编制方法

项目成本计划的编制，是建立在成本预测和一定资料的基础上，具体编制需采用一定的方法。

（1）在成本计划降低指标试算平衡的基础上编制。

成本计划的试算平衡，是编制成本计划的一项重要步骤。试算平衡是指在正式编制成本之前，根据已有的资料，测算影响成本的各项因素。寻求切实可行的节约措施，提出符合成本降低目标的成本计划指标，以保证降低成本。

(2) 弹性预算。

这里所说的预算，就是通过有关数据集中而系统地反映出来的企业经营预测、决策所确定的具体目标。预算的种类很多，按静动区分，可分为固定预算和可变预算。固定预算又称静态预算，是根据预算期间内计划预定的一种活动水平（如施工产量水平）确定相应数据的预算水平。

如果按照预算期内可预见的多种生产经营活动水平，分别确定相应的数据，使编制的预算随着生产经营活动水平的变动而变动，这种预算就是可变预算，即弹性预算。因此，弹性预算是为一定活动范围而不是为了单一水平编制的。它比固定预算更便于落实任务、区分责任，并使预算执行情况的评价和考核建立在更加客观可比的基础上。

弹性预算主要适用于成本预算及一些间接费用、期间费用等的预算。

(3) 零基预算。

编制预算的传统方法，是以原有的费用水平为基础进行关量分析。其基本程序是：以本期费用预算的执行情况为基础，按预算期内有关业务量预期的增减变化，对现有费用水平作适当调整，以确定预算期的预算数。在指导思想上，是以承认现实的基本合理性作为出发点。而零基预算则不同，是一种全新的预算控制法。它的全称叫做“以零为基础的编制计划和预算方法”。零基预算的基本原理是：对于任何一个预算期，任何一种费用项目的开支数，不是从原有的基础出发，即根本不考虑基期的费用开支水平，而是像企业新创立时那样，一切从“零”为起点，从根本上来考虑各个费用项目的必要性及其规模。

零基预算的优点是：不受框框限制，不受现行财务预算情况的约束，能够充分发挥各级管理人员的积极和创造性，促进各级财务计划部门精打细算，量力而行，合理使用资金，提高经济效益，但编制预算的工作量较大。

(4) 滚动预算。

通常的财务预算，都是以固定的一个时期（如一年）为预算期的。由于实际经济情况是不断变化的，预算人员难以准确地对未来较远时期进行推测，所以这种预算往往不能适应实际中的各种变化。另外，在预算执行了一个阶段以后，往往会使管理人员只考虑剩下的一段时间，而缺乏长远打算。为了弥补这些缺陷，一些国家推广使用了滚动预算法编制预算。

滚动预算，也叫连续预算或永续预算。它是根据每一段预算执行情况相应调整下一阶段预算值，并同时将预算期向后移动一个时间阶段。这样使预算不断向前滚动，延伸，于是经常保持一定的预算期。

这种方法的优点是，在预算中可使管理者能够对未来一定时期生产经营活动经常保持一个稳定的视野，便于对不同时期的预算做出分析和比较，也使工作主动，不至于将原预算全部执行结束时，再组织编制新的预算，以免：“临渴掘井”。

3. 降低施工项目成本的技术组织措施设计

(1) 降低成本的措施要从技术方面和组织方面进行全面设计，技术措施要从施工作业所涉及的生产要素方面进行设计，以降低生产消耗为宗旨。组织措施要从经营管理方面，尤其是从施工管理方面进行筹划，以降低固定成本、消灭非生产性损失、提高生产效率和

组织管理效果为宗旨。

（2）从费用构成的要素方面考虑，首先应降低材料费用。材料费用占工程成本的大部分，降低成本的潜力最大，而降低材料费用首先应抓住关键性的材料，因为它们的品种少，而所占费用比重大，故不但容易抓住重点，而且易见成效。降低材料费用最有效的措施是改善设计或采用代用材料，它比改进施工工艺更有效，潜力更大。而在降低材料成本措施的设计中，ABC分类法和价值分析法是有效和科学手段。

（3）降低机械使用费的主要途径是设计提高机械利用率和机械效率、以充分发挥机械生产能力的措施。因此，科学的机械使用计划和完好的机械状态是必须重视的。随着施工机械化程度的不断提高，降低机械使用费的潜力越来越大，必须做好施工机械使用的技术经济分析。

（4）降低人工费用的根本途径是提高劳动生产率。提高劳动生产率必须通过提高生产工人的劳动积极性实现。提高工人劳动积极性则与适当的分配制度、激励办法、责任制及思想工作有关，要正确应用行为科学和理论，进行有效的"激励"。

（5）降低成本计划的编制必须以施工组织设计为基础。

在施工组织设计的施工方案中，必须有降低成本措施。施工进度计划所设计的工期，必须与成本优化相结合。施工总平面图无论对施工准备费用支出和施工的经济性都有重大影响。因此，施工项目管理规划既要作出技术和组织设计，也要作出成本设计。只有在施工项目管理规划基础上编制的成本计划，才是有可靠基础的、可操作的成本计划，也是考虑缜密的成本计划。

5.3.4.5　施工项目成本计划的实施

1. 注意主要环节

（1）加强施工任务单和限额领料单的管理，落实执行降低成本的各项措施，做好施工任务单的验收和限额领料单的结算。

（2）将施工任务单和限额领料单的结算资料进行对比，计算分部分项工程的成本差异，分析差异原因，并采取有效的纠偏措施。

（3）做好月度成本原始资料的收集和整理，正确计算月度成本，分析月度计划成本和实际差异，充分注意不利差异，认真分析有利差异的原因，特别重视盈亏比例异常现象的原因分析，并采取措施尽快消除异常现象。

（4）在月度成本核算的基础上实行责任成本核算。即利用原始的会计核算的资料，重新按责任部门或责任者归集成本费用，每月结算一次，并与责任成本进行对比，由责任者自行分析成本差异和产生的原因，自行采取纠正措施，为全面实现责任成本创造条件。

（5）经常检查承包合同履行情况，防止发生经济损失。

（6）加强施工项目成本计划执行情况的检查与协调。

（7）在竣工验收阶段搞好扫尾工作，缩短扫尾时间。认真清理费用，为结算创造条件，搞好结算。在保修期间搞好费用控制和核算。

2. 质量成本控制

质量成本是指为达到和保证规定的质量水平所消耗费用的那些费用。其中包括预防和鉴定成本（或投资）、损失成本（或故障成本）。

预防成本是致力于预防故障的费用；鉴定成本是为了确定保持规定质量所进行的试验、检验和验证所支出的费用；内部故障成本是由于交货前因产品或服务没有满足质量要求而造成的费用；外部故障成本是交货后因产品或服务没有满足质量要求而造成的费用。

质量成本控制应抓成本核算，计算各科目的实际发生额，然后进行分析（见表 5.8），根据分析找出关键因素采取有效措施加以控制。

表 5.8　　　　质量成本分析表

质量成本项目		金额（元）	质量本率（%）		对比分析
			占本项	占总额	
预防成本	质量管理工作费	1380	10.43	0.95	预算成本 4417500 元
	质量情报费	854	6.41	0.58	实际成本 3896765 元
	质量培训费	1875	14.08	1.28	降低成本 520.735 元
	质量技术宣传费	—	—	—	成本降低率 6.50%
	质量管理活动费	9198	69.08	6.28	$\frac{质量成本}{实际成本}=\frac{146482}{3896765}=3.76\%$
	小计	13316	100.00	9.08	
鉴定成本	材料检验费	1154	12.81	0.79	$\frac{质量成本}{预算成本}=\frac{146482}{4147500}=3.53\%$
	工序质量检查费	7851	87.19	5.36	
	小计	9005	100.00	6.15	$\frac{预防成本}{预算成本}=\frac{13315}{4147500}=0.32\%$
内部故障成本	返工损失	53823	49.80	36.74	
	返修损失	27999	25.91	19.1	$\frac{鉴别成本}{预算成本}=\frac{9005}{4147500}=0.22\%$
	事故分析处理费	1956	1.81	1.34	
	停工损失	2488	2.30	1.70	$\frac{内部故障成本}{预算成本}=\frac{108079}{4147500}=2.6\%$
	质量过剩支出	21813	20.18	14.89	
	技术超前支出费	—	—	—	$\frac{外部故障成本}{预算成本}=\frac{16082}{4147500}=0.39\%$
	小计	108079	10.00	73.76	
外部故障成本	回访修理费	4431	27.57	3.03	
	劣质材料额外支出	11648	72.43	7.95	
	小计	16082	100.00	10.98	
质量成本支出额		146482	100.00	100.00	

3. 施工项目成本计划执行情况检查与协调

项目经理部应定期检查成本计划的执行情况，并要在检查后及时分析，采取措施，控制成本支出，保证成本计划实现。

（1）项目经理部应根据承包成本和计划成本，绘制月度成本折线图。在成本计划实施过程中，按月在同一图上打点，形成实际成本折线，如图 5.24 所示，该图不但可以看出成本发展动态，还可以分析成本偏差。成本偏差有三种：

$$实际偏差 = 实际成本 - 承包成本 \tag{5-16}$$

$$计划偏差 = 承包成本 - 计划成本 \tag{5-17}$$

$$目标偏差 = 实际成本 - 计划成本 \tag{5-18}$$

应尽量减少目标偏差，目标偏差越小，说明控制效果越好，目标偏差为计划偏差与实际偏差之和。

（2）根据成本偏差，用因果分析图分析产生的原因，然后设计纠偏措施，制定对策，协调成本计划，对策要列成对策表，落实执行责任。最后应对责任的执行情况进行考核。

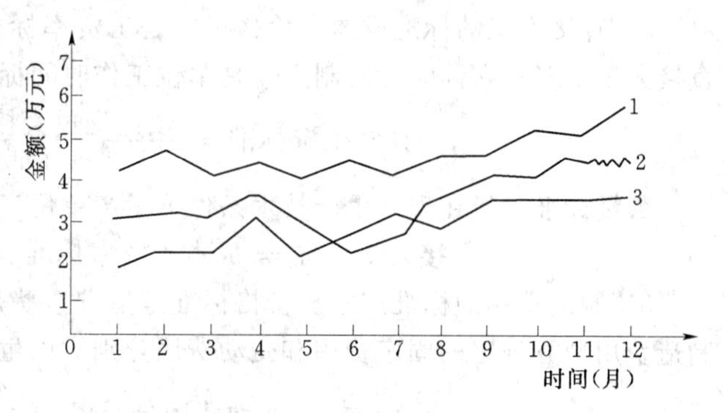

图5.24　成本控制折线图

1—承包成本；2—计划成本；3—实际成本

5.3.4.6　工程项目成本控制

成本控制，则指在生产经营过程中，按照规定的成本费用标准，对影响产品寿命周期成本费用的各种因素进行严格的监督和调节，及时揭示偏差，并采取措施加以纠正，使实际成本费用控制在计划范围内，保证实现成本目标。

1. 明确成本控制程序

（1）制定成本控制标准。

成本控制标准是对各费用开支和各种资源消耗所规定的数量界限。成本控制标准有多种形式，主在有目标成本、成本计划指标、费用预算、消耗定额等。

（2）实施成本控制。

即依据成本控制标准对成本的形成过程进行具体监督，并通过成本的信息反馈系统及时揭示成本差异，实行成本过程控制。

（3）确定差异。

通过对实际成本和成本标准比较，计算成本差异数额，分析成本脱离标准的程度和性质，确定造成成本差异的原因和责任归属。

（4）消除差异。

组织群众挖掘潜力，提出降低成本的新措施或修订成本建议，并对成本差异的责任部门进行相应的考核和奖惩，采取措施改进工作，达到降低成本的目的。

2. 标准成本控制

指预先确定标准成本，在实际成本发生后，以实际成本与标准成本相比，用来揭示成本差异，并对成本差异进行因素分析，据以加强成本控制的方法。其中标准成本是经过仔细调查、分析和技术测定而制定的（在正常生产经营条件下用以衡量和控制实际成本的一种预计成本）。通常按零件、部件、生产阶段，分别对直接材料、直接人工、制造费用等进行测定。

（1）标准成本的制定。

制定标准成本的基本形式均是以“价格”标准乘以“数量”标准，即：

$$标准成本=价格标准\times数量标准 \tag{5-19}$$

1）直接材料的标准成本。价格标准是指事先确定的购买材料应支付的标准价格，数量标准是指在现有生产技术条件下生产单位产品需用的材料数量，公式为：

$$直接材料标准成本=直接材料标准价格\times单位产品用量标准 \tag{5-20}$$

2）直接人工的标准成本。价格标准是工资率标准，在计件工资下，是单位产品支付直接人工工资；在计时工资制下，是单位工作时间标准应分配的工资。其计算公式为：

$$计时工资标准=\frac{预计支付直接人工工资总额}{标准总工时} \quad (5-21)$$

数量标准是指在现有生产技术条件下生产单位产品需用的工作时间。

$$直接人工标准=成本工资率标准\times单位产品工时标准 \quad (5-22)$$

3）制造费用的标准成本。价格标准是指制造费用分配标准，制造费用分配率是根据制造费用预算确定的固定费用和变动费用分别除以生产量标准的结果。其计算公式为：

$$每工时标准变动费用分配率=\frac{变动费用预算合计}{标准化总工时} \quad (5-23)$$

$$每工时标准固定费用分配率=\frac{固定费用预算合计}{标准总工时} \quad (5-24)$$

数量标准是指生产单位产品需用直接人工小时（或机器小时）。

$$变动费用标准=成本变动费用分配率\times工时定额 \quad (5-25)$$

$$固定费用标准=成本固定费用分配率\times工时定额 \quad (5-26)$$

根据上述计算的各个标准成本项目加以汇总，构成产品的标准成本。

（2）成本差异的计算分析。

成本差异就是实际成本与标准成本的差额。实际成本大于标准成本为逆差；实际成本小于标准成本为顺差。通过对成本差异的计算分析，可以揭示每种差异对生产成本影响程度的具体原因及其责任归属。

1）直接材料成本差异的计算分析。其计算公式为：

$$直接材料成本差异=实际价格\times实际数量-标准价格\times标准数量 \quad (5-27)$$

其中

$$标准数量=实际产量\times单位产品的用量标准 \quad (5-28)$$

直接材料成本差异包括直接材料价格差异和直接材料数量差异两部分。计算公式为：

$$材料价格差异=(实际价格-标准价格)\times实际耗用数量 \quad (5-29)$$

$$材料数量差异=标准价格\times(实际耕用数量-标准耗用数量) \quad (5-30)$$

在计算材料成本差异的基础上，进行成本差异的分析。以材料成本顺差或逆差为线索，按照产生的价差和量差，找出其具体原因，明确其责任归属。一般情况下，材料价格差异应由采购部门负责，有时则应由其他部门负责，比如由于生产上的临时需要进行紧急采购时，运输方式改变引起的价格差异，就应由生产部门负责。另外，材料数量差异一般应由生产部门负责，但也有例外。比如，由于采购部门购入劣质材料引起超量用料，就应由采购部门负责。

2）直接人工成本差异的计算分析。其计算公式如下：

$$直接人工成本差异=实际工资价格\times实际工时-标准工资价格\times标准工时 \quad (5-31)$$

其中

$$标准工时=实际产量\times单位产品工时耗用标准 \quad (5-32)$$

直接人工成本差异包括直接人工工资价格差异和直接人工效率差异两部分。计算公

式为：

$$人工工资价格差异 =（实际工资价格 - 标准工资价格）\times 实际工时 \quad (5-33)$$

$$直接人工效率差异 = 标准工资价格 \times（实际工时 - 标准工时） \quad (5-34)$$

对直接人工成本差异进行分析，工资价格差异是由于生产人员安排是否合理而形成的，故其责任应由劳动人事部门或生产部门负责。人工效率差异，或者是由于生产部门人员安排恰当与否引起的，由生产部门负责，或者是由于生产工艺流程的变化情况引起的，由技术部门负责。

3）变动制造费用差异的计算分析。其计算公式如下：

$$变动制造费用差异 = 实际分配率 \times 实际工时 - 标准分配率 \times 标准工时 \quad (5-35)$$

标准工时计算同前。

变动制造费用差异包括变动制造费用开支差异和效率差异两部分。计算公式为：

$$变动制造费用开支差异 =（实际分配率 - 标准分配率）\times 实际工时 \quad (5-36)$$

$$变动制造费用效率差异 = 标准分配率 \times（实际工时 - 标准工时） \quad (5-37)$$

4）固定制造费用差异的计算分析。其计算公式如下：

$$\begin{aligned}固定制造费用差异 &= 实际分配率 \times 实际工时 - 标准分配率 \times 标准工时\\ &= 实际固定制造费用 - 标准固定制造费用 \quad (5-38)\end{aligned}$$

标准工时的计算同前。

固定制造费用差异包括固定制造费用开支差异和能量差异两部分。计算公式为：

$$\begin{aligned}固定制造费用开支差异 &= 实际分配率 \times 实际工时 - 标准分配率 \times 预算工时\\ &= 实际固定制造费用 - 标准固定制造费用 \quad (5-39)\end{aligned}$$

$$\begin{aligned}固定制造费用能量差异 &= 标准分配率 \times（预算工时 - 标准工时）\\ &= 预算固定费用 - 标准固定费用 \quad (5-40)\end{aligned}$$

$$预算工时 = 计划产量 \times 单位产品标准工时 \quad (5-41)$$

3. 成本归口分级管理

为了有效地进行成本控制，项目要建立成本控制体系，实行成本归口分级管理。

成本归口管理是指各职能部门对成本的管理，按照各职能部门在成本管理方面的职责，把成本指标和降低成本目标分解下达给有关职能部门进行控制，负责完成，实行责权利相结合的一种管理形式。在公司总部统一领导、统一计划下，由财务部门负责把成本指标和降低成本目标按主管的职能部门进行分解下达。如原材料成本指标（或物资实物量指标）由物资供应部门归口控制；工资成本指标由劳动部门归口控制；改进产品设计和生产工艺的降低成本任务由技术部门负责实现；管理费用指标由行政部门归口控制等。

成本分级管理，是按照各施工生产单位成本管理的职责，把成本指标和降低成本目标分解下达给工程队、班组进行控制，负责完成，实行责权利相结合的一种管理形式。在我国，一般实行公司总部、工程处（工区）、施工队、班组四级成本管理。它一般采用逐级分解成本和降低成本目标的办法。公司总部的成本管理在公司总经理或总会计师领导下，由会计部门负责进行，并下达各工程外（工区）成本指标，计算实际成本，检查和分析指标情况。工程处（工区）根据总部下达的成本指标，分解下达给各施工队。各施工队再下达给班组，组织班组进行成本管理。班组是成本管理的最基层单位，直接费用的发生大多数是在班组中发生的，这一级成本的节约和浪费，直接影响成本高低，所以要加强班组成本控制。

5.3.4.7 进行项目成本核算

工程项目成本核算是指项目建设过程中所发生的各种费用和形成建设项目成本的核算。它包括两个基本环节：一是按照规定的成本开支范围对建设费用进行归集，计算出建设费用的实际发生额。二是根据成本核算对象，采取适当的方法，计算出该建设项目的总成本和单位成本。建设项目成本核算所提供的各种信息，是成本预算、成本计划、成本控制、成本分析和成本考核等各个环节的依据。因此，加强建设项目成本核算工作，对降低建设项目成本，提高企业的经济效益有着积极的作用。

成本核算，是审核、汇总、核算一定时期内生产费用发生额和计算产品成本工作的总称。正确进行成本核算，是加强成本管理的前提，核算得不准确、不及时，就无从实现成本的合理补偿，无从及时分析成本升降的原因，不利于及时采取措施，降低成本，提高经济效益。

1. 成本核算对象的划分

成本核算对象必须根据具体情况和施工管理的要求，具体进行划分。具体的划分方法为：

(1) 工业和民用建筑一般应以单位工程作为成本核算对象。

(2) 一个单位工程，如果有两个或两个以上施工单位共同施工时，各个施工单位都以同一单位工程为成本核算对象，各自核算自行完成的部分。

(3) 对于工程规模大、工期长，或者采用新材料、新工艺的工程，可以根据需要，按工程部位划分成本核算对象。

(4) 在同一个工程项目中，如果若干个单位工程结构类型、施工地点相同，开竣工时间接近，可以合并成一个成本核算对象。建筑群中如有创全优的工程，则应以全优工程为成本核算对象，并严格划清工料费用。

(5) 改建或扩建的零星工程，可以将开竣工时间接近的一批单位工程合并为一个成本核算对象。

2. 施工项目的“成本项目”

根据建设部“建筑安装费用项目组成”和新财务制度的规定，施工项目的“成本项目”见表5.9。

3. 施工项目成本核算要求

(1) 执行国家有关成本开支范围和费用开支标准，控制费用开支，节约使用人力、物力和财力。

(2) 正确及时记录施工项目的各项开支和实际成本。

(3) 划清成本、费用支出和非成本、费用的界限。

(4) 正确划分各种成本、费用的界限。

(5) 加强在本核算的基础工作。包括：建立各种财产、物资的收发、领退、转移、报废、清点、盘点、索赔制度，健全原始记录和工程量统计制度，建立各种内部消耗定额及

内部指导和工程量统计制度，建立各种内部消耗定额及内部指导价格，完善计量、检测、检验设施等。

表 5.9　　　　施工项目费用构用

工程费用组成	施工企业财务制度	异　同
侧重造价构成 一、直接工程费 1. 直接费 (1) 人工费 (2) 材料费 (3) 机械使用费 2. 其他直接费 3. 现场经费 (1) 临时设施费 (2) 现场管理费	侧重成本、费用支出和营业收入 一、直接成本 1. 人工费 2. 材料费 3. 机械使用费 4. 其他直接费（含临时设施） 二、间接成本 施工间接费	1. 工程项目成本包括直接成本和间接成本，有关管理费用、财务费用子目。 2. 临时设施“制度”划入其他直接费，“组成”划入现场经费，总之都构成项目成本。 3. 有些费用名称叫法不一，如企业管理费和管理费用。 4. 间接费和间接成本系两个不同概念
二、间接费 1. 企业管理费 2. 财务费用 3. 其他费用（代收代付） (1) 定额编制管理费 (2) 定额测定费 (3) 上级管理费 三、计划利润（差别利润率） 四、税金（营业税、城市维护建设税、教育费附加）按税法规定	项目成本（即制造成本） 三、期间费用 1. 管理费用 2. 财务费用 四、计划利润（属营业收入组成部分） 五、税金及附加 六、投资收益 七、营业收入 八、营业外支出	
计　费　基　数		
1. 土建工程费用计算基数 (1) 其他直接费、现场经费以直接费为基数计算。 (2) 间接费以直接工程费为基数计算	其中单独承包装饰工程其他直接费、现场经费、间接费均以人工费为基数计算	安装工程：其他直接费、现场经费、间接费均以人工费为基数计算
2. 计划利润计算基数 以直接工程费与间接费之和为基数计算	以人工费为基数	以人工费为基数

（6）有账有据。资料要真实、可靠、准确、完整、及时、审核无误、手续齐全、建立台账。

（7）要求具备成本核算内部条件（两层分开、内部市场等）和外部条件（定价方式、承包方式、价格状况、经济法规等）。

5.3.4.8　进行工程项目成本分析与考核

1. 工程项目成本分析的内容

工程项目成本分析，是对工程项目成本的形成过程和影响成本升降的因素进行分析，以寻求进一步降低成本的途径。通过成本分析可增强项目成本的透明度和可控性，为加强成本控制实现项目成本目标创造条件。工程项目成本进行分析的内容包括以下三个方面：

(1) 随着项目施工的进展而进行的成本分析。

1) 部分项目工程的成本分析。

2) 月（季）度成本分析。

3) 年度成本分析。

4) 竣工成本分析。

(2) 按成本项目进行的成本分析。

1) 人工费分析。

2) 材料费分析。

3) 机械费分析。

4) 其他直接费用分析。

5) 间接成本分析。

(3) 针对特定问题和与成本有关事项的分析。

1) 成本赢利异常分析。

2) 工期成本分析。

3) 资金成本分析。

4) 技术组织措施节约效果分析。

5) 其他有利因素和不利因素对成本影响的分析。

建设项目成本分析，应该随着项目施工的进展，动态地、多形式开展，而且要与生产诸要素的经营管理相结合。这是因为成本分析必须为生产经营服务。即通过成本分析，及时发现矛盾，及时解决矛盾，从而改善生产经营，同时又可降低成本。

2. 选择项目成本分析方法

成本分析的方法很多，随着科学技术经济的发展，在工程成本分析中，将出现越来越多的新的分析方法。由于建设项目成本涉及的范围很广，需要分析的内容也很多，应该在不同的情况下采取不同的分析方法。为了便于联系实际参考应用，我们按成本分析的基本方法、综合成本的分析方法、成本项目的分析方法和与成本有关事项的基本分析方法叙述如下。

(1) 比较分析法。

又称“指标对比分析法”，简称比较法。就是通过技术经济指标的对比，检查计划的完成情况，分析产生差异的原因，进而挖掘内部潜力的方法，这种方法，具有通俗易懂、简单易行，便于掌握的特点，因而得到了广泛的应用。在实际工作中，比较分析法通常有下列形式。

1) 实际成本与计划成本比较。

将实际成本与计划成本比较，以检查计划的完成情况，分析完成计划的积极因素和影响计划完成的原因，以便及时采取措施，保证成本目标的实现。比较时，计算出实际成本与计划成本的差异，如果是正数差异，说明成本计划完成；反之，负差说明成本超支，成本比例没有完成。

2) 本期实际成本与上期实际成本的比较。

通过这种对比，可以看出各项技术经济指标的动态情况，反映建设项目管理工作水平

的提高程度。在一般情况下，一个技术经济指标只能代表建设项目管理的一个侧面，只有成本指标才能是管理水平的综合反映。因此，成本指标的对比分析尤为重要，一定要真实可靠，而且要有深度。

3）与本行业平均水平，先进水平对比。

通过这种对比，可以反映本项目的技术管理和经济管理与其他项目的平均水平和先进水平的差距，进而采取措施赶超先进水平。

（2）因素分析法。

因素分析法又称连环替代法，它是用来确定影响成本计划完成情况的因素及其影响程度的分析方法。影响成本计划完成的因素是各种各样的，成本计划的完成与否，往往是受多种因素综合影响的结果。为了分析各个因素对成本的影响程度，就需要应用因素分析法来测定每一个因素的影响数值。测定时，要把其中一个因素当作可变因素，其他因素暂时不作变动，并按照各个因素的一定程度不同。必须注意，各个因素应根据其相互内在联系和所起的作用的主次关系，确定其排列顺序。各因素的排列顺序一经确定，不能任意改变，否则将会得出不同的计算结果，影响分析、评价的质量。

因素分析法的计算程序是：

1）确定分析对象，即将分析的各项成本指标，计算出实际数与计划数的差异，作为分析对象。

2）确定该成本指标，是由哪几个因素组成的，并按照各个因素之间相互联系，排列顺序。

3）以计划（预算）数为基础，将全部因素的计划（预算）数相乘，作替代的基础。

4）将各因素的实际数逐个替换其计划（预算）数，替换后的实际数应保留下来，每次替换后，都要计算出新的结果。

5）将每次替换所得的结果，与前一次计算的结果比较，二者差额，就是某一因素对计划完成情况的影响程度。

现以材料成本分析的方法为例来说明。影响材料成本的升降因素，主要有：

1）工程量的变动，即工程量比计划增加，材料消耗总值也会相应的增加。反之，工程量比计划减少，材料消耗总值也会随之减少。

2）单位材料消耗定额的变动。即单位产品的实际用料低于定额用料，材料成本可以降低。反之，实际用料高于定额用料，材料成本就会发生超支。

3）材料单价的变动。即材料实际单价小于计划单价，材料成本可以降低。反之实际单价大于计划单价，材料成本就会发生超支。

现将上述三个因素按工程量、单位材料消耗量、材料单价的排列顺序，列式如下：

1）计划数：　计划工程量×单位材料消耗定额×计划单价　(5-42)

2）第一次替代：　实际工程量×单位材料消耗定额×计划单价　(5-43)

3）第二次替代：　实际工程量×单位实际用料量×计划单价　(5-44)

4）第三次替代：　实际工程量×单位实际用料量×实际单价　(5-45)

式（5-43）与式（5-42）计算结果的差额，是由于工程量变动的结果。

式（5-44）与式（5-43）计算结果的差额，是由于材料消耗定额变动的结果。

式（5-45）与式（5-44）计算结果的差额，是由于材料单价变动的结果。

例如某工程材料成本资料见表5.10。用因素分析法分析各种因素的影响，可见表5.11。分析的顺序是：先绝对量指标，后相对量指标；先实物量指标，后货币量指标。

表5.10 材料成本情况表

项 目	单位	计划	实际	差异	差异率（%）
工程量	m^3	100	110	+10	+10.0
单位砖料耗量	kg	320	310	−10	−3.1
材料单价	元/kg	40	42	+2.0	+5.0
材料成本	元	1280000	1432200	+152200	+12.0

表5.11 材料成本影响因素分析法

计算顺序	替换因素	影响成本的变动因素			成本（元）	与前一次之差（元）	差异原因
		工程量（m^3）	单位材料耗量	单价（元）			
①替换基数		100	320	40.0	1280000		
②一次替换	工程量	110	320	40.0	1408000	128000	工程量增加
③二次替换	单耗量	110	310	40.0	1364000	−44000	单位耗量节约
④三次替换	半价	110	310	40.0	1432200	68200	单价提高
合计						15200	

（3）差额分析法。

差额分析法是因素分析法的简化形式。运用差额分析法的原则与运用因素分析法的原则基本相同，但其计算方式有所不同。差额分析法是利用指标的各个因素的实际数与计划数的差额，按照一定的顺序，直接计算出各个因素变动时对计划指标完成的影响程度的一种方法。

这是因素分析法的一种简化形式，仍按上例计算。

由于工程量增加使成本增加：

$$(110-100)\times320\times40=128000\text{（元）}$$

由于单位耗量节约使成本降低：

$$(310-320)\times110\times40=-44000\text{（元）}$$

由于单价提高使成本增加：

$$(42-40)\times110\times310=68200\text{（元）}$$

（4）比率分析法。

比率分析法，是指用两个以上的指标的比例进行分析的方法。它的基本特点是：先把对比分析的数值变成相对数，再观察其相互之间的关系。常用的比率法有以下几种：

1）相关比率。

由于项目经济活动的各个方面是互相联系，互相依存，又互相影响的，因而将两个性质不同而又相同的指标加以对比，求出比率，并以此来考查经营成果的好坏。例如：产值

和工资是两个不同的概念，但它们的关系又是投入与生产的关系。在一般情况下，都希望以最少的人工费支出完成最大的产值。因此，用产值工资率指标考核人工费的支出水平，就很能说明问题。

2）构成比率。

又称比重分析法或结构对比分析法。通过构成比率，可以考察成本总量的构成情况以及各成本项目占成本总量的比重，同时也看出量、本、利的比例关系（即预算成本、实际成本和降低成本的比例关系），从而为寻求低成本的途径指明方向。

3）动态比率。

动态比率法，就是将同类指标不同时期的数值进行比较，求出比率，以分析该项目指标的发展方向和发展速度。动态比率的计算，通常采用基期指数（或稳定比指数）和环比指数两种方法。

3. 综合成本的分析方法

所谓综合成本，是指涉及多种生产要素，并受多种因素影响的成本费用，如分部分项工程成本、月（季）成本、年度成本等。由于这些成本都随着项目施工的进展逐步形成的，与生产经营有着密切的关系。因此，做好上述成本的分析工作，无疑将促进项目的生产经营管理，提高项目的经营效益。

（1）分部分项工程成本分析。

分部分项工程成本分析是建设项目成本分析的基础。分部分项工程成本分析的对象为已完成分部分项工程。分析的方法是：进行预算成本、计划成本和实际成本的“三算”对比，分别计算实际偏差，分析偏差产生的原因，为今后的分部分项工程成本寻求节约的途径。

分部分项工程成本分析的资料来源是：预算成本来自施工图预算，计划成本来自施工预算，实际成本来自在施工任务单的实际工作量、实耗人工和限额领料单的实耗材料。

由于施工项目包括很多分部分项工程，不可能也没有必要对每一个分部分项工程都进行成本分析。特别是一些工程量小、成本费用微不足道的零星工程。但是，对于那些主要分部分项工程则必须进行成本分析，而且要做到从开工到竣工进行系统的成本分析。这是一项很有意义的工作，因为通过主要分部分项工程成本的系统分析，可以基本上了解项目成本形成的全过程，为竣工成本分析和今后项目成本管理提供一份宝贵参考资料。

（2）月（季）度成本分析。

月（季）度的成本分析，是建设项目定期的、经常性的中间成本分析。对于有一次性特点的建设项目来说，有着特别重要的意义。因为，通过月（季）度成本分析，可以及时发现问题，以便按照成本目标指示的方向进行监督和控制，保证项目成本目标的实现。

月（季）度的成本分析的依据是当月（季）的成本报表。分析方法，通常有以下几个方面：

1）通过实际成本与预算成本的对比，分析当月（季）的成本降低水平；通过累计实际成本与累计预算成本的对比，分析累计的成本降低水平；预测实现项目成本目标的前景。

2）通过实际成本与计划成本的对比，分析计划成本的落实情况，以及目标管理中的

问题和不足，进而采取措施，加强成本管理，保证成本计划的落实。

3）通过对各成本项目的成本分析，可以了解成本总量的构成比例和成本管理的薄弱环节。例如：在成本分析中，发现人工费、机械费和间接费等大幅度超支，就应该对这些费用的收支配比关系认真研究，并采取对应的增收节支措施，防止今后再超支。如果是属于预算定额规定的“政策性”亏损，则应从控制支出着手，把超支额压缩到最低限度。

4）通过主要技术经济指标的实际与计划的对比，分析产量、工期、质量、“三材”节约率、机械利用率等对成本的影响。

5）通过对技术组织措施执行效果的分析，寻求更加有效的节约途径。

6）分析其他有利条件和不利条件对成本的影响。

(3) 年度成本分析。

企业成本要求一年结算一次，不得将本年成本转入下一年度。而项目成本则以项目的寿命周期为结算期，要求从开工到竣工到保修期结束连续计算，最后结算出成本总量及其盈亏。由于项目的施工周期一般都比较长，除了要进行月（季）度成本的核算和分析外，还要进行年度成本的核算和分析。这不仅是为了满足企业成本管理的成绩和不足，为今后的成本管理提供经验和教训，从而可对项目成本分析更有效的管理。

年度成本分析的依据是年度成本报表。年度成本分析的内容，除了月（季）度成本分析的六个方面以外，重点是针对下一年度的施工进展情况规划切实可行的成本管理措施，以保证施工项目成本目标的实现。

(4) 竣工成本的综合分析。

凡是有几个单位工程而且是单独进行成本核算（即成本核算对象）的项目，其竣工成本分析应以各单位工程竣工成本分析资料为基础，再加上项目管理部的经营效益进行综合分析。如果施工项目只有一个成本核算对象（单位工程），就以该成本核算对象的竣工成本资料作为成本分析的依据。

单位工程竣工成本分析，应包括以下三方面的内容：

1）竣工成本分析。

2）主要资源节超对比分析。

3）主要技术节约措施及经济效果分析。

通过以上分析，可以全面了解单位工程的成本构成和降低成本的来源，对今后同类工程的成本管理很有参考价值。

(5) 特定问题和与成本有关事项的分析。

针对特定问题和与成本有关事项的分析，包括成本盈亏异常分析、工期成本分析、资金成本分析等内容。

1）成本盈亏异常分析。

成本出现盈亏异常情况，对建设项目来说，必须引起高度重视，必须彻底查明原因，必须立即加以纠正。检查成本盈亏异常的原因，应从经济核算的“三同步”入手。因为，项目经济核算的基本规律是：在完成多少产值、消耗多少资源、发生多少成本之间有着必然的同步关系。如果违背这个规律，就会发生成本的盈亏异常。

“三同步”检查是提高项目经济核算的有效手段，不仅适用于成本盈亏异常的检查，

也可用于月度成本的检查。“三同步”检查可以通过以下五方面的对比分析来实现。主要有：产值与施工任务单的实际工程量和形象进度是否同步？资源消耗与施工任务单的实耗人工、限额领料单的实耗材料、当期租用的周转材料和施工机械是否同步？其他费用（如材料价差、超高费、井点抽水的打拔费和台班费等）的产值统计与实际支付是否同步？预算成本与产值统计是否同步？实际成本与资源消耗是否同步？

实践证明，把以上五方面的同步情况查明以后，成本盈亏的原因自然一目了然。

2）工期成本分析。

工期的长短与成本的高低有着密切的关系。在一般情况下，工期超长费用支出越多，工期越短费用支出越少。特别是固定成本的支出，基本上是与实际工期成本的比增减的，这是进行工期成本的分析的重点。

工期成本分析，就是计划工期成本与实际工期成本的比较分析。所谓计划工期成本，是指在假定完成预期利润的前提下计划工期内所耗用的计划成本；而实际成本；则是在实际工期中耗用的实际成本。

工期成本分析的方法一般采用比较法，即将计划工期成本与实际工期成本进行比较，然后用“因素分析法”分析各种因素的变动对工期成本差异的影响程度。

进行工期成本分析的前提条件是，根据施工图预算和施工组织设计进行量本利分析，计算施工项目的产量、成本和利润的比例关系，然后用固定成本除以合同工期，求出每月支用的固定成本。

3）资金成本分析。

资金与成本的关系，就是工程收入与成本支出的关系。根据工程成本核算的特点，工程收入与成本支出有很强的配比性。在一般情况下，都希望工程收入越多越好，成本支出越少越好。

施工项目的资金来源，主要是工程款；而施工耗用的人、财、物的货币表现，则是工程成本支出。因此，减少人、财、物的消耗，即能降低成本，又能节约资金。

进行资金成本分析，通常应用“成本支出率”指标，即成本支出占工程款收入的比例。计算公式如下：

$$\text{成本支出率}=\frac{\text{计算期实际成本支出}}{\text{计算期实际工程款收入}}\times 100\% \qquad (5-46)$$

通过对“成本支出率”的分析，可以看出资金收入中用于成本支出的比重有多大，也可以通过加强资金管理来控制成本支出，还可联系储备金和结存资金的比重，分析资金使用的合理性。

4）技术组织措施执行效果分析。

技术组织措施是施工项目降低工程成本、提高经济效益的有效途径。因此，在开工以前就要根据工程特点编制技术组织措施计划，列入施工组织设计。在施工过程中，为了落实施工组织设计所列的技术组织措施计划，可以结合月度施工作业计划的内容编制月度组织措施计划。同时，还要对月度技术组织措施计划的执行情况进行检查和考核。

在实际工作中，往往有些措施已按计划实施，有些措施并未实施，还有一些措施则是计划以外的。因此在检查考核措施计划成本执行情况的时候，必须分析脱离计划和超出计划的具体原因，做出正确的评价，以免挫伤有关人员的积极性。

对执行效果的分析也要实事求是，既要按理论计算，也要联系实际，对节约的实物进行验收，然后根据实际节约效果论功行赏，以激励有关人员执行技术组织措施的积极性。

技术组织措施必须与实施项目的工程特点相结合。也就是，不同特点的施工项目，需要采取不同的技术组织措施，有很强的针对性和适应性（当然也有各施工项目通用的技术组织措施）。在这种情况下，计算节约效果的方法也会有所不同。但总的来说，不外乎：

$$措施节约效果 = 措施前的成本 - 措施后的成本 \quad (5-47)$$

对节约效果的分析，需要联系措施的内容和措施的执行经过来进行。有些措施难度比较大，但节约效果并不高；而有些措施难度并不大，但节约效果却很高。因此，在技术组织措施执行效果进行考核的时候，也要根据不同情况区别对待。

对于在项目施工管理中影响比较大、节约效果比较好的技术组织措施，应该以专题分析的形式进行深入详细的分析，以便推广应用。

5）其他有利因素和不利因素对成本影响的分析。

在项目施工过程中，必然会有很多有利因素，同时也会碰到不少不利因素。不管是有利因素还是不利因素，都将对项目成本造成影响。

对待这些有利因素和不利因素，首先有预见，有抵御风险的能力。同时还要把握机遇充分利用有利因素，积极争取转换不利因素。这样，就会更有利于项目施工，也更有利于成本上升的降低。

这些有利因素和不利因素，包括工程结构的复杂性和施工技术上的难度，施工现场的自然地理环境（如水文、地质、气候等），以及物资供应渠道和技术装备水平等。它们对项目成本的影响，需要具体问题具体分析。这里只能作为一项成本分析的内容提出来，有待今后根据施工中接触到的实际进行分析。

4. 施工项目成本管理考核

施工项目的成本考核分两个层次：一是对项目经理成本管理的考核。二是对施工项目经理所属职能部门和班组的成本管理考核。

对施工项目经理成本管理考核的内容有：项目成本目标和阶段成本目标的完成情况；建立以项目经理为核心的成本管理责任制的情况；成本计划的编制和落实情况；对各部门、各作业队和班组责任成本的检查和考核情况；在成本管理贯彻责权利相结合原则的执行情况。

对各部门成本管理考核的内容包括：本部门、本岗位责任成本的完成情况；本部门、本岗位成本管理责任的执行情况。

对作业队（承包队）成本管理考核的内容包括：对劳务合同的承包范围和承包内容的执行情况；劳务合同以外的补充收费情况；对班组施工任务单的管理情况；对班组完成施工任务后的考核情况。

对班组的成本管理考核是考核其责任成本（分部分项工程成本）的完成情况。

学习单元 5.4　施工项目安全的控制

5.4.1　学习目标

通过本单元的训练，懂得施工项目安全控制的基本原则，会进行施工项目不安全因素分析，建立施工项目安全组织系统和安全责任系统，采取的安全技术措施，安全检查的内容，能完成施工项目安全的控制任务。

5.4.2　学习任务

（1）施工项目安全控制的基本原则。

（2）施工项目不安全因素分析。

（3）施工项目安全组织系统和安全责任系统。

（4）安全技术措施。

（5）完成一个单位工程的安全控制。

5.4.3　任务分析

1. 人的不安全行为

控制靠人，人也是控制的对象。人的行为是安全的关键。人的不安全行为可能导致安全事故，所以要对人的不安全行为加以分析。

人的不安全行为是人的生理和心理特点的反映，主要表现在身体缺陷、错误行为和违纪违章三个方面。

身体缺陷指疾病、职业病、精神失常、智商过低、紧张、烦躁、疲劳、易冲动、易兴奋、行动迟钝、对自然条件和其他环境过敏、不适应复杂和快速工作、应变能力差等。

错误行为指嗜酒、吸毒、吸烟、赌博、玩耍、嬉闹、追逐、误视、误听、误嗅、误触、误动作、误判断、意外碰撞和受阻、误入险等。

违纪违章指粗心大意、漫不经心、注意力不集中、不履行安全措施、安全检查不认真、不按工艺规程或标准操作、不按规定使用防护用品、玩忽职守有意违章等。

统计资料表明：有88%的安全事故是由人的不安全行为所造成的，而人的生理和心理特点直接影响人的不安全行为。因此在安全控制中，定期检验抓住人的不安全行为这一关键因素，采取相应对策。在采取相应对策时，又必须针对人的生理和心理特点对安全的影响，培养劳动者的自我保护能力，以结合自身生理和心理特点预防不安全行为发生，增强安全意识，搞好安全控制。

2. 物的不安全状态

如果人的心理和生理状态能适应物质和环境条件，而物质和环境条件又满足劳动者生理和心理的需要，便不会产生不安全行为，反之就可能导致安全伤害事故。

物的不安全状态表现为三个方面：即设备和装备的技术性能降低、强度不够、结构不良、磨损、老化、失灵、腐蚀、物理和化学性能达不到要求等。作业场所的缺陷指施工场地狭窄、立体交叉作业组织不当、多工种交叉作业不协调、道路狭窄、机械拥挤、多单位同时施工等。物质和环境的危险源有化学方面的、机械方面的、电气方面的、环境方面的等。

物和环境均有危险源存在，是产生安全事故的另一类主要因素。在安全控制中，必须根据施工具体条件，采取有效措施断绝危险源。当然，在分析物质、环境因素对安全的影响时，也不能忽视劳动者本身生理和心理的特点。故在创造和改善物质、环境的安全条件时，也应从劳动者生理和心理状态出发，使两方面相互适应，解决采光照明，树立彩色标志，调节环境温度、加强现场管理等，都是将人的不安全行为导因和物的不安全状态的排除结合起来考虑以控制安全事故、确保安全的重要措施。

5.4.4 任务实施

5.4.4.1 施工项目安全控制的基本原则

1. 管生产必须管安全

安全蕴于生产之中，并对生产发挥促进与保证作用。安全和生产管理的目标及目的有高度的一致和完全的统一。安全控制是生产管理的重要组成部分，一切与生产有关的机构和人员，都必须参与安全控制并承担安全责任。

2. 必须明确安全控制的目的性

安全控制的目的是对生产中的人、物、环境因素状态的控制，有效地控制人的不安全和物的不安全状态，消除或避免事故，达到保护劳动者的安全与健康的目的。

3. 必须贯彻预防为主的方针

安全生产的方针是“安全第一、预防为主”。安全第一是从保护生产力的角度和高度，表明在生产范围内，安全与生产的关系，肯定安全在生产活动中的位置和重要性。

在生产活动中进行安全制度，要针对生产的特点，对生产因素采取管理措施，有效地控制不安全因素，把可能发生的事故消灭在萌芽状态，以保证生产活动中人的安全与健康。

贯彻预防为主，要端正对生产中不安全因素的认识，端正消除不安全因素的态度，选准消除不安全因素的时机。在安排与布置生产内容的时候，针对施工生产中可能出现的危险因素，采取措施予以消除。在生产活动过程中，经常检查、及时发现不安全因素，采取措施，明确责任，尽快地、坚决地予以消除。

4. 坚持动态管理

安全管理不只是少数人和安全机构的事，而是一切与生产有关的人共同的事。生产组织者在安全管理中的作用固然重要，但全员参与管理更重要。安全管理涉及到生产活动方方面面，涉及到从开工到竣工交付的全部生产过程、全部的生产时间和一切变化的生产要素。因此，生产活动中必须坚持全员、全过程、全方位、全天候的动态安全管理。

5. 不断提高安全控制水平

生产活动是在不断发展与变化的，导致安全事故的因素也处在变化之中，因此要随生产的变化调整安全控制工作，还要不断提高安全控制水平，取得更好的效果。

5.4.4.2 相关的法律法规

项目经理部应在学习国家、行业、地区、企业安全法规的基础上，制定自己的安全管理制度，并以此为依据，对施工项目安全施工进行经常性、制度化、规范化地管理。也就是执法。守法是按照安全法规的规定进行工作，使安全法规变为行动，产生效果。

有关安全生产的法规很多。中央和国务院颁布的安全生产法规有：《工厂安全生产规程》、《建筑安装工程安全技术操作规程》、《工人职员伤亡事故报告规程》。国务院各部委

颁发的安全生产条例和规定也很多，如建设部1991年颁发了《建筑安全监督管理规定》（即第13号令）。有关安全生产的标准与规程有：《建筑施工安全检查评分标准》（JGJ 59—88）、《液压滑动模板施工安全技术规程》（JGJ 46—88）、《中华人民共和国“高处作业分级”》等。另外，施工企业应建立安全规章制度（即企业的安全“法规”），如安全生产责任制、安全教育制度、安全检查制度、安全技术措施计划制度、分项工程工艺安全制度、安全事故处理制度、安全考核办法、劳动保护制度和施工现场安全防火制度等。

5.4.4.3 建立施工项目安全组织系统和安全责任系统

1. 组织系统

应建立“施工项目安全生产组织管理系统”，如图5.25所示。“施工项目安全施工责任保证系统”，如图5.26所示，为施工项目安全施工提供组织保证。

2. 项目经理的安全生产职责

（1）对参加施工的全体职工的安全与健康负责，在组织与指挥生产的过程中，把安全生产责任落实到每一个生产环节中，严格遵守安全技术操作规程。

（2）组织施工项目安全教育。对项目的管理人员和施工操作人员，按其各自的安全职责范围进行教育，建立安全生产奖励制度。对违章和失职者要予以处罚，对避免了事故，做出成绩者按照章程予以奖励。

（3）工程施工中发生重大事故时，立即组织人员保护现场，向主管上级汇报，积极配合劳动部门、安全部门和司法部门调查事故原因，提出预防事故重复发生和防止事故危害扩延的初步措施。

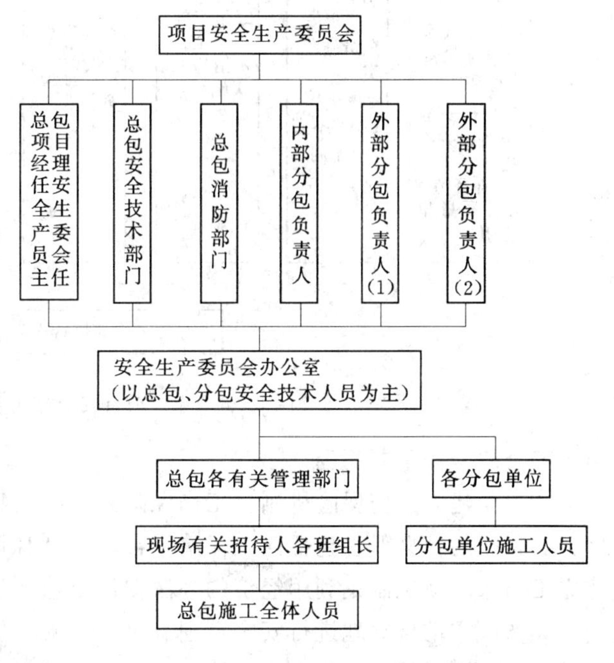

图5.25 施工项目安全生产组织管理系统

（4）配备安全技术员以协助项目经理履行安全职责。这些人应具有同类或类似工程的安全技术管理的经验，能较好地完成本职工作，取得了有关部门考核合格的专职安全技术人员证书，掌握了施工安全技术基本知识，热心于安全技术工作。

项目经理的安全管理内容是：定期召开安全生产会议，研究安全决策，确定各项措施执行人；每天对施工现场进行巡视，处理不安全因素及安全隐患；开展现场安全生产活动；建立安全生产工作日志，记录每天的安全生产情况。

3. 提高对施工安全控制的认识

（1）要认识到，建筑市场的管理和完善与施工安全紧密相关。施工安全与业主责任制的健全有关。只有健全招投标制，才能促使企业自觉地重视施工安全管理，要使施工安全与劳动保护成为合同管理工作的重要内容，体现宪法劳动保护的原则，建设监理也是搞好

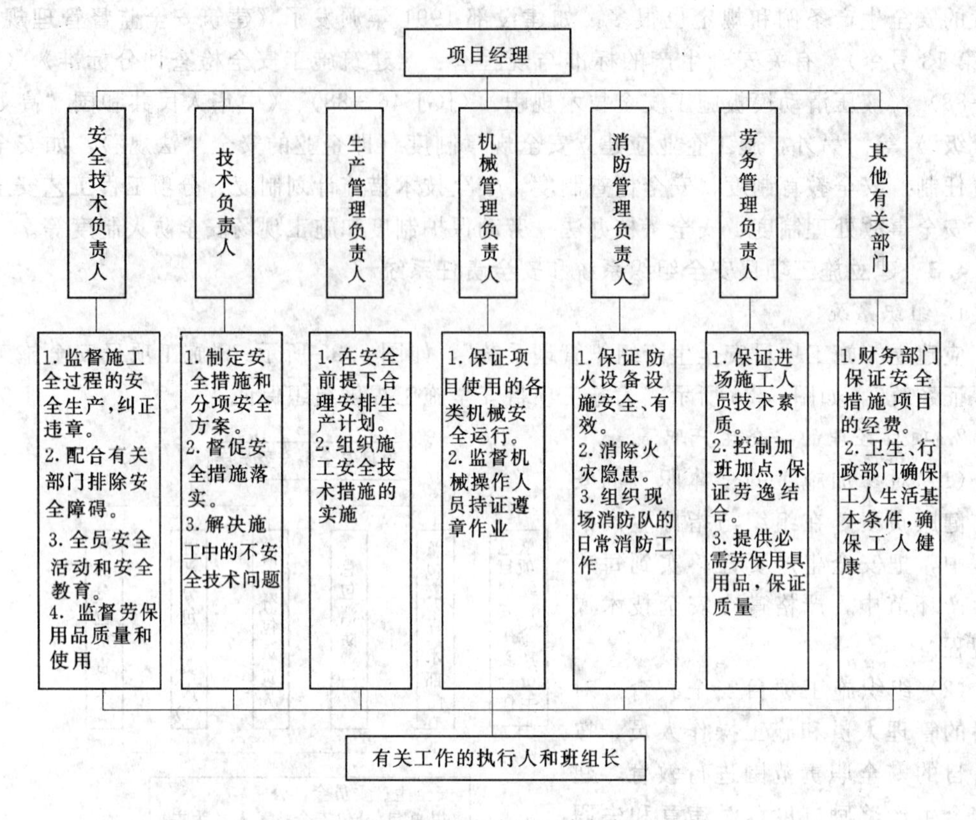

图 5.26　施工项目安全施工责任保证系统

施工安全的一条重要途径。

（2）要建立工伤保险机制。工伤保险是一种人身保险，也是社会保险体系的重要组成部分。我国的社会保险包括四大保险种：即待业保险、养老保险、医疗保险和工伤保险。建立工伤保险新机制是利用经济的办法促使企业、工人及社会各方面与施工安全都有切身利益关系，主动自觉地进行安全管理。

（3）工程质量与施工安全是统一的，只要工程建设存在，就有质量和安全问题。质量和安全体现了产品生产中的统一性，安全是工作质量的体现。

（4）在市场经济条件中，增强施工安全和法制观点，法制观念的核心是责任制。

（5）建立安全效益观念，即安全的投入会带来更大的效益。安全好，工伤伤亡少，损失少，效益好，信誉就高。竞争力强，则效益大。安全是企事业文化和企业精神的反映，既是物质文明建设的重要内容，又是精神文明建设的重要内容，安全好坏也是文明建设的好坏，是效益高低的所在。

（6）建立系统安全管理的观念。事故的结果具体，事故的原因很复杂，要从系统上进行分析，加强组织管理。

（7）开展国际交往，学习国际惯例。国际上每年召开一次国际劳动安全会议，我们要多接触，了解国际上的安全管理经验。按建设部的部署，抓好国际劳工组织167号公约—《施工安全公约》在我国的试行工作。

4. 加强安全教育

安全教育包括安全思想教育和安全技术教育，目的是提高职工的安全施工意识，法人代表的安全教育、三总师（即：总工程师、总经济师、总会计师）和项目经理的安全教育。安全专业干部的培训都要加强，安全教育要正规化、制度化、采取有力措施。要特别重视民工的安全教育。无知蛮干不仅伤害自己，还会伤及别人。使用民工者负责他们的安全教育和安全保障，培训考核上岗，建立职工培训档案制度。换工种、换岗位、换单位都要先教育，后上岗。

5.4.4.4　采取的安全技术措施

1. 有关技术组织措施的规定

为了进行安全生产、保障工人的健康和安全、必须加强安全技术组织措施管理，编制安全技术组织措施计划，进行预防，并有下列有关规定。

（1）所有工程的施工组织设计（施工方案）都必须有安全技术措施。爆破、吊装、水下、深坑、支模、拆除等大型特殊工程，都要编制单项安全技术方案，否则不得开工。安全技术措施要有针对性，要根据工程特点，施工方法、劳动组织和作业环境来制定，防止一般化。施工现场道路、上下水及采暖管道、电气线路、材料堆放、临时和附属设施等的平面布置，都要符合安全、卫生和防火要求，并要加强管理，做到安全生产和文明生产。

（2）企业在编制生产技术、财务计划的同时，必须编制安全技术措施计划。安全技术措施所需的设备、材料应列入物资、技术供应计划。对于每项措施，应该确定实现的期限和负责人。企业的领导人应该对安全技术措施计划编制的贯彻执行负责。

（3）安全技术措施计划的范围，包括以改善劳动条件（主要指影响安全和健康的），防止伤亡事故，预防职业病和职业中毒为目的的各项措施，不要与生产、基建和福利等措施混淆。

（4）安全技术措施计划所需的经费，按照现行规定，属于增加固定资产的，由国家拨款，属于其他的支出摊入生产成本。企业不得将劳动保护费的拨款挪作他用。

（5）企业编制和执行安全技术措施计划，要组织群众定期检查，以保证计划的实现。

2. 施工现场预防工伤措施

（1）参加施工现场作业人员，要熟记安全技术操作规程和有关安全制度。

（2）在编制施工组织设计时，要有施工现场安全施工技术组织措施。开工前要做好安全技术组织措施。

（3）按施工平面图布置的施工现场，要保证道路畅通，布置安全稳妥。

（4）在高压线下方10m范围内，不准堆放物料，不准搭设临时设施，不准停放机械设备。在高压线或其他架空线一侧进行起重吊装时，要按劳动部颁发的《起重机械安全管理规程》的规定执行。

（5）施工现场要按平面布置图设置消防器材。在消火栓周围3m范围内不准堆放物料，严禁在现场吸烟，吸烟者要进入吸烟室。

（6）现场设围墙及保护人员，以便防火，防盗、防坏人破坏机电设备及其他现场设施。

（7）大型工地要设立现场安全生产领导小组，小组成员包括参加施工各单位的负责人及安全部门、消防部门的代表。

(8) 安全工作要贯彻预防为主的一贯方针，把安全工作当成一个系统来抓。把发现事故隐患、预防隐患引起的危险，对照过去的经验教训选择安全措施方案，实现安全措施计划，对措施效果进行分析总结，进一步研究改进防范措施的6个环节，作为安全管理的周期性流程，使事故减少到最低限度，达到最佳安全状态。

另外，还要专门制订预防高空坠落的技术组织措施；预防物体打击事故的技术组织措施；预防机械伤害事故的技术组织措施；防止触电事故的技术组织措施；电焊、气焊安全技术组织措施；防止坍塌事故的技术组织措施；脚手架安全技术组织措施；冬雨季施工安全技术措施；分项工程工艺安全规程等等。

5.4.4.5　安全检查

安全检查是发现不安全行为和不安全状态的重要途径，是消除事故隐患，落实整改措施，防止事故伤害，改善劳动条件的重要工作方法。安全检查的形式有普遍检查、专业检查和季节性检查。

1. 安全检查的内容主要是查思想、查管理、查制度、查现场、查隐患和查事故处理

2. 安全检查的组织

(1) 建立安全检查制度，按制度要求的规模、时间、原则、处理、报偿全面落实。

(2) 成立由第一责任人、业务部门、人员参加的安全检查组织。

(3) 安全检查必须做到有计划、有目的、有准备、有整改、有总结、有处理。

3. 安全检查方法

1) 一般方法。常采用看、听、嗅、问、查、测、验、析等方法。

看：看现场环境和作业条件、看实物和实际操作、看记录和资料等。

听：听汇报、听介绍、听反映，听意见或批评，听机械设备的运转响声或承重物发出的微弱声等。

嗅：对挥发物、腐蚀物、有毒气体进行辨别。

问：对影响安全问题，详细询问，寻根究底。

查：查明问题、查对数据、查清原因、追查责任。

测：测量、测试、监测。

验：进行必要的试验或化验。

析：分析安全隐患、原因。

2) 安全检查表法。是一种原始的、初步的定性分析方法，它通过事先拟定的安全检查明细表或清单，对安全生产进行初步的诊断和控制。

学习单元5.5　施工项目现场管理

5.5.1　学习目标

通过本单元的学习与训练，懂得施工项目现场管理的意义，施工项目现场管理的内容、方法，会进行施工项目现场管理评价，完成施工项目现场管理的任务。

5.5.2　学习任务

根据施工进度计划和工程实际的状态学习与训练以下内容：

（1）施工项目现场管理的作用。

（2）施工项目现场管理的内容、方法。

（3）施工项目现场管理评价。

（4）完成一个单位工程的现场管理工作。

5.5.3　任务分析

施工项目现场指从事工程施工活动经批准占用的施工场地。该场地既包括红线以内占用的建筑用地和施工用地，又包括红线以外现场附近经批准占用的临时施工用地。施工项目现场管理是指这些用地如何科学筹划合理使用，并与环境各因素保持协调关系，成为文明施工现场。施工项目现场管理的任务，从以下四个方面分析：

（1）良好的施工项目现场有助于施工活动正常进行。施工现场是施工的“枢纽站”，大量的物资进场后“停站”于施工现场。活动于现场的大量劳动力、机械设备和管理人员，通过施工活动将这些物资一步步地转变成建筑物或构筑物。这个“枢纽站”管理好坏，涉及到人流、物流和财流是否畅通，涉及到施工生产活动是否顺利进行。

（2）施工现场是一个“绳结”，把各个专业管理联系在一起。在施工现场，各项专业管理工作按合同分工分头进行，而又密切协作，相互影响，相互制约，很难完全分开。施工现场管理的好坏，直接关系到各专业管理的技术经济效果。

（3）工程施工现场管理是一面“镜子”，能照出施工单位的面貌。通过观察工程施工现场，施工单位的精神面貌、管理面貌，施工面貌赫然显现，一个文明的施工现场有着重要的社会效益，会赢得很好的社会信誉。反之也会损害施工企业的社会信誉。

（4）工程施工现场管理是贯彻执行有关法规的“焦点”。施工现场与许多城市管理法规有关，诸如：地产开发、城市规划、市政管理、环境保护、市容美化、环境卫生、城市绿化、交通运输、消防安全、文物保护、居民安全、人防建设、居民生活保障、工业生产保障、文明建设等。每一个在施工现场从事施工和管理工作的人员，都应当有法制观念，执法、守法、护法。每一个与施工现场管理发生联系的单位都关注工程施工现场管理。所以施工现场管理是一个严肃的社会问题和政治问题，不能有半点疏忽。

5.5.4　任务实施

5.5.4.1　施工现场平面布置的管理

1. 合理规划施工用地

首先要保证场内占地的合理使用。当场内空间不充分时，应会同建设单位按规定向规划部门和公安交通部门申请，经批准后才能获得并使用场外临时施工用地。

2. 按施工组织设计中施工平面图设计布置现场

施工现场的平面布置，是根据工程特点和场地条件，以配合施工为前提合理安排的，有一定的科学根据。但是，在施工过程中，往往会出现不执行现场平面布置，造成人力、物力浪费的情况。例如：

（1）材料、构件不按规定地点堆放，造成二次搬运，不仅浪费人力，材料、构件在搬运中还会受到损失。

（2）钢模和钢管脚手等周转设备，用后不予整修并堆放不整齐，而是任意乱堆乱放，既影响场容整洁，又容易造成损失，特别是将周转设备放在路边，一旦车辆开过，轻则变形，重则报废。

(3) 任意开挖道路，又不采取措施，造成交通中断，影响物资运输。

(4) 排水系统不畅，遇雨则现场积水严重，造成不安全事故，对材料产生影响。

3. 根据施工进展的具体需要，按阶段调整施工现场的平面布置

不同的施工阶段，施工的需要不同，现场的平面布置亦应进行调整。当然，施工内容变化是主要原因，另外分包单位也随之变化，他们也对施工现场提出新的要求。因此，调整也不能太频繁，以免造成浪费。一些重大设施应基本固定，调整的对象应是浪费不大、规模小的设施，或已经实现功能失去作用的设施，代之以满足新需要的设施。

4. 加强对施工现场使用的检查

现场管理人员应经常检查施工现场布置是否按平面布置图进行，是否符合各项规定，是否满足施工需要，还有哪些薄弱环节，从而为调整施工现场布置提供有用的信息，也使施工现场保持相对稳定，不被复杂的施工过程打乱或破坏。

5.5.4.2　文明施工现场的建立

文明施工现场即指按照有关法规的要求，使施工现场和临时占地范围内秩序井然，文明安全，环境得到保持，绿地树木不被破坏，交通畅通，文物得以保存，防火设施完备，居民不受干扰，场容和环境卫生均符合要求。建立文明施工现场有利于提高工程质量和工作质量，提高企业信誉。为此，应当做到主管挂帅，系统把关，普遍检查，建章建制，责任到人，落实整改，严明奖惩。

(1) 主管挂帅。即公司和分公司均成立主要领导挂帅，各部门主要负责人参加的施工现场管理领导小组，在企业范围内建立以项目管理班子为核心的现场管理组织体系。

(2) 系统把关。即各管理业务系统对现场的管理进行分口负责，每月组织检查，发现问题及时整改。

(3) 普遍检查。即对现场管理的检查内容，按达标要求逐项检查，填写检查报告，评定现场管理先进单位。

(4) 建章建制。即建立施工现场管理的检查规章制度和实施办法，按法办事，不得违背。

(5) 责任到人。即管理责任不但明确到部门，而且各部门要明确到人，以便落实管理工作。

(6) 落实整改。即对各种问题，一旦发现，必须采取措施纠正，避免再度发生。无论涉及到哪一级、哪一部门、哪一个人，决不能姑息迁就，必须整改落实。

(7) 严明奖惩。如果成绩突出，便应按奖惩办法予以奖励；如果有问题，要按规定给予必要的处罚。

(8) 及时清场转移。施工结束后，项目管理班子应及时组织清场，将临时设施拆除，剩余物资退场，组织向新工程转移，以便整治规划场地，恢复临时占用工地，不留后患。

5.5.4.3　现场安全生产管理

现场安全管理的目的，在于保护施工现场的人身安全和设备安全，减少和避免不必要的损失。要达到这个目的，就必须强调按规定的标准去管理，不允许有任何细小的疏忽。否则，将会造成难以估量的损失，其中包括人身、财产和资金等损失。

（1）不遵守现场安全操作规程，容易发生工伤事故，甚至死亡事故，不仅本人痛苦，家属痛苦，项目还要支付一笔可观的医药、抚恤费用，有时还会造成停工损失。

（2）不遵守机电设备的操作的规程，容易发生一般设备事故，甚至重大设备事故，不仅会损坏机电设备，还会影响正常施工。

（3）忽视消防工作和消防设施的检查，容易发生火警和对火警的有效抢救，其后果更是不可想象。

5.5.4.4 施工现场防火

1. 施工现场防火及其特点

（1）建筑工地易燃建筑物多，现场狭小，缺乏有效的安全距离，因此，一旦起火，容易蔓延成灾。

（2）建筑工地易燃材料多，如木材、木模板、脚手架、沥青、油漆、乙炔发生器、保温材料和油毡等。因此，应特别加强管理。

（3）建筑工地临时用电线路多，容易漏电起火。

（4）在施工期间，随着工程的发展，工种增多，施工方法不同，会出现不同的火灾隐患。

（5）建筑工地临时现场产生火灾的危险性大，交叉作业多，管理不善，水灾隐患不易发现。

（6）施工现场消防水源和消防道路均系临时设置，消防条件差，一旦起火，灭火困难。

总之，建筑施工现场产生火灾的危险性大，稍有疏忽，就有可能发生火灾事故。

2. 施工现场的火灾隐患

（1）石灰受潮发热起火。工地储存的生石灰，在遇水和受淹后，便会在熟化的过程中达到800℃左右，遇到可燃烧的材料后便会引火燃烧。

（2）木屑自燃起火。大量木屑堆积时，就会发热，积热量增多后，再吸收氧气，便可能自燃起火。

（3）熬沥青作业不慎起火。熬制沥青温度过高或加料过多，会沸腾外溢，或产生易燃蒸气，接触火源而起火。

（4）仓库内的易燃物触及明火就会燃烧起火。这些易燃物有塑料、油类、木材、油漆、燃料、防护品等。

（5）焊接作业时火星溅到易燃物上引火。

（6）电气设备短路或漏电，冬季施工用电热法养护不慎起火。

（7）乱扔烟头，遇易燃物引火。

（8）烟囱、炉灶、火炕、冬季炉火取暖或养护，管理不善起火。

（9）雷击起火。

（10）生活用房不慎起火，蔓延至施工现场。

3. 火灾预防管理工作

（1）对上级有关消防工作的政策、法规、条例要认真贯彻执行，将防火纳入领导工作的议事日程，做到在计划、布置、检查、总结、评比时均考虑防火工作，制定各级领导防火责任制。

(2) 企业建立以下防火责任制度。

1) 各级安全责任制。

2) 工人安全防火岗位责任制。

3) 现场防火工具管理制度。

4) 重点部位安全防火制度。

5) 安全防火检查制度。

6) 火灾事故报告制度。

7) 易燃、易爆物品管理制度。

8) 用火、用电管理制度。

9) 防火宣传、教育制度。

(3) 建立安全防火委员会。由现场施工负责人主持，进入现场后立即建立。有关技术、安全保卫、行政等部门参加。在项目经理的领导下开展工作。其职责是：

1) 贯彻国家消防工作方针、法律、文件及会议精神，结合本单位具体情况部署防火工作。

2) 定期召开防火检查，研究布置现场安全防火工作。

3) 开展安全消防教育和宣传。

4) 组织安全防火检查，提出消防隐患措施，并监督落实。

5) 制定安全消防制度及保证防火的安全措施。

6) 对防火灭火有功人员奖励，对违反防火制度及造成事故的人员批评、处罚直至追究责任。

(4) 设专职、兼职防火员，成立消防组织。其职责是：

1) 监督、检查、落实防火责任的情况。

2) 审查防火工作措施并监督实施。

3) 参加制定、修改防火工作制度。

4) 经常进行现场防火检查，协助解决问题，发现火灾隐患有权指令停止生产或查封，并立即报告有关领导研究解决。

5) 推广消防工作先进经验。

6) 对工人进行防火知识教育，组织义务消防队员培训和灭火练习。

7) 参加火灾事故调查、处理、上报。

5.5.4.5　施工项目现场管理评价

为了加强施工现场管理，提高施工现场管理水平，实现文明施工，确保工程质量的安全，应该对施工现场管理进行综合评价。评价内容应包括经营行为管理、工程质量管理、文明施工管理及施工队伍管理五个方面。

1. 经营行为管理评价

经营行为管理评价的主要内容是合同签订及履约、总分包、施工许可证、企业资质、施工组织设计及实施情况。不得有下列行为：未取得许可证而擅自开工；企业资质等级与其承担的工程任务不符；层层转包；无施工组织设计；由于建筑施工企业的原因严重影响

合同履约。

2. 工程质量评价

工程质量评价的主要内容是质量体系建立运转的情况、质量管理状态、质量保证资料情况。不得有下列情况：无质量体系，工程质量不合格；无质量保证资料。工程质量检查按有关标准规范执行。

3. 施工安全管理评价

施工安全管理评价的主要内容是：安全生产保证体系及执行，施工安全各项措施情况等。不得有下列情况：无安全生产保证体系；无安全施工许可证；施工现场的安全设施不合格；发生人员死亡事故。

4. 文明施工管理评价

文明施工管理的主要内容是场容场貌、料具管理、消防保卫、环境保护、职工生活状况等。不准有下列情况：施工现场的场容场貌严重混乱，不符合管理要求；无消防设施或消防设施不合格；职工集体食物中毒。

5. 施工队伍管理评价

施工队伍管理评价的主要内容是项目经理及其他人员持证上岗、民工的培训和使用、社会治安综合治理情况等。

6. 评价方法

(1) 进行日常检查制，每个施工现场一个月综合评价一次。

(2) 检查之后评分，5个方面评分比重不同。假如总分满分为100分，可以给经营行为管理、工程质量管理、施工安全管理、文明施工管理、施工队伍管理分别评为20分、25分、25分、20分、10分。

(3) 结合评分结果可用作对企业资质实行动态管理的依据之一，作为企业申请资质等级升级的条件，作为对企业进行奖罚的依据。

(4) 一般说来，只有综合评分达70分及其以上，方可算作合格施工现场。如为不合格现场，应给施工现场和项目经理警告或罚款。

学习情境6　工程项目收尾的实施

学习单元6.1　工程项目竣工验收

6.1.1　学习目标

通过本单元的学习与训练，懂得在工程收尾阶段的主要工作的内容、要求，能完成工程项目交工之前的工作任务。具有编制竣工验收文件、组织能力，口才表达的能力。

6.1.2　学习任务

在工程项目施工结束后，根据工程交工之前的要求，学习与训练以下的任务：

（1）工程项目收尾管理的内容。

（2）工程项目竣工验收范围和依据。

（3）工程项目竣工验收的标准、程序和内容。

（4）竣工图的绘制。

（5）竣工资料移交。

（6）工程保修与回访。

（7）对一单位工程项目的收尾工作进行管理。

6.1.3　任务分析

项目收尾管理是项目收尾阶段各项管理工作的总称。项目收尾管理是建设工程项目管理全过程的最后阶段，没有这个阶段，建设工程项目就不能顺利交工，就不能投入使用，就不能最终发挥投资效益，还要熟悉工程项目保修的规定。

在项目竣工验收前，项目经理部应检查合同约定的哪些工作内容已经完成，或完成到什么程度，将检查结果记录并形成文件。总分包之间还有哪些连带工作需要收尾接口，项目近外层和远外层关系还有什么工作需要沟通协调等，以保证竣工收尾顺利完成。

项目竣工验收，是项目完成设计文件和图纸规定的工程内容，由项目业主组织项目参与各方进行的竣工验收。项目的交工主体应是合同当事人的承包主体，验收主体应是合同当事人的发包主体，其他项目参与人则是项目竣工验收的相关组织。

工程项目竣工验收交付使用，是项目周期的最后一个程序，它是检验项目管理好坏和项目目标实现程度的关键阶段，也是工程项目从实施到投入运行的使用的衔接转换阶段。

从宏观上看，工程项目竣工验收，是国家全面考核项目建设成果、检验项目决策、设计、施工、设备制造、管理水平、总结工程项目建设经验的重要环节。一个工程项目建成交付使用后，能否取得预想的宏观效益，需经过国家权威性的管理部门按照技术规范、技术标准组织验收确认。

从投资者角度看，工程项目竣工验收是投资者全面检验项目目标实现程度、并就工程投资、工程进度和工程质量进行审查认可的关键。它不仅关系到投资者在投资建设周期的经济利益，也关系到项目投产后的运营效果，因此，投资者应重视和集中力量组织好竣工

验收，并督促承包者抓紧收尾工程，通过验收发现隐患，消除隐患，为项目正常生产，迅速达到设计能力创造良好条件。

从承包者角度看，工程项目竣工验收是承包者对所承担的施工工程接受全面检验，按合同全面履行义务、按完成的工程量收取工程价款，积极主动配合接受投资者组织好试生产、办理竣工工程移交手续的重要阶段。

工程项目竣工验收有大量检验、签证和协作配合，容易产生利益冲突，故应严格管理。国家规定，凡已具备验收和投产条件，3个月内不办理验收投产和移交固定资产手续的，取消建设部门和主管部门（或地方）的基建试车收入分成，由银行监督全部上交财政，并由银行冻结其基建贷款或停止贷款。3个月内办理验收和移交固定资产手续确有困难、经验收部门批准，期限可适当延长，竣工验收对促进建设项目及时投入生产、发挥投资效益，总结建设经验，有着重要的作用。

建设项目的竣工验收主要由建设单位（或监理单位）负责组织和进行现场检查，收集与整理资料、设计、施工、设备制造单位有提供有关资料及竣工图纸的责任，要在未办理竣工验收手续前，建设单位（或监理单位）对每一个单项工程要逐个组织检查，包括检查工程质量情况、隐蔽工程验收资料、关键部位施工记录、按图施工情况、有无漏项等，使工程达到竣工验收的条件。同时还要评定每个单位工程和整个工程项目质量的优劣、进度的快慢、投资的使用等情况以及尚需处理的问题和期限等。

大中型建设项目和指定由省、自治区，直辖市或国务院组织验收的，为使正式验收的准备工作做得充分，有必要组织一次验收，这对促进全面竣工、积极收尾和完善验收都有好处。预验收的范围和内容，可参照正式验收进行。对于小型建设项目的竣工验收，根据国家有关规定，结合项目具体情况，适当简化验收手续。

6.1.4　任务实施

6.1.4.1　工程项目竣工验收

主要收尾工作分解结构如图6.1所示。

6.1.4.2　竣工验收的范围和依据

凡列入固定资产投资计划的建设项目或单项工程，按照上级批准的设计文件所规定的内容和施工图纸的要求全部建成，工业项目经符合试车考核或生产期能够正常生产合格产品，非工业项目符合设计要求、能够正常使用，不论新建、扩建、改造项目，都要及时组织验收，并办理固定资产交付事业的移交手续，事业技术改造资金进行的基本建设项目或技术改造项目，按现行的投资规模限额规定，亦应按国家关于竣工验收规定，办理竣工验收手续。

按国家现行规定，竣工验收的依据是经过上级审批机关批准的可行性研究报告、初步或扩大初步设计（技术设计）、施工图纸和说明、设备技术说明书、招标文件和过程承包合同、施工过程中的设计修改签证、现行的施工技术验收标准、规范以及主管部门有关审批、修改、调整文件等。建设项目的规模、工艺流程、工艺管线、土地使用、建筑结构形式、建筑面积、外形装饰、技术装备、技术标准、环境保护、单项工程等，必须与各种批准文件内容或工程承包合同内容相一致。其他协议规定的某一个国家或国际通用的工艺流程技术标准、从国外引进技术或成套设备项目及中外合资建设的项目，还应该按照签定的

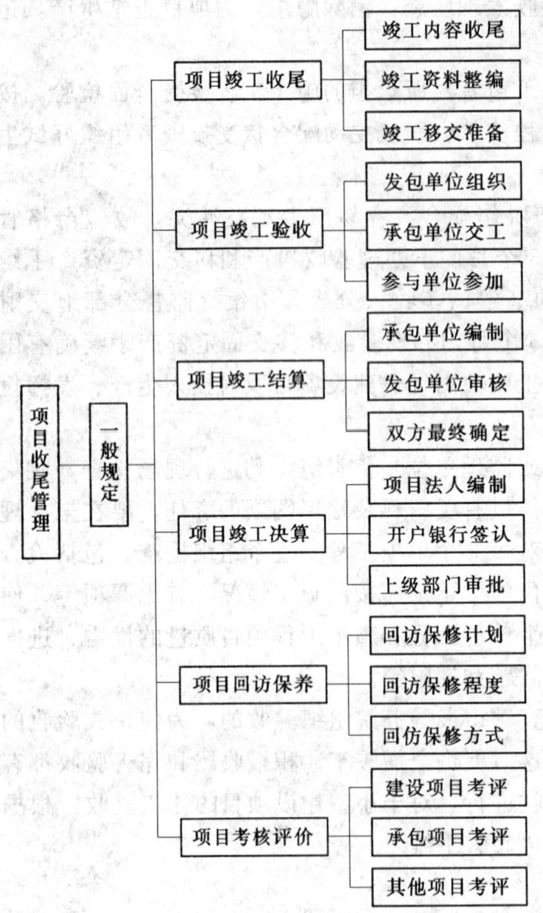

图6.1 项目收尾工作分解结构图

合同和国外提供的设计文件等资料进行验收。国外引进的项目合同中未规定标准的，按设计时采用的国内有关规定执行。若国内也无明确规定标准的按设计单位规定的技术要求执行。由国外设计的土木、建筑、结构安装工程验收标准，中外规范不一致时。参照有关规定协商，提出适用的规范。

6.1.4.3 竣工验收的标准

建设项目竣工验收，交付生产和使用，必须有相应的标准以便遵循。一般有土建工程、安装工程、人防工程、管道工程、桥梁工程、电气工程及铁路建筑安装工程等的验收标准。此外，还可根据工程项目的重要性和繁简程度，对单位工程、分部工程和分项工程，分别指定国家标准、部门有关标准以及企业标准。

对于技术改造项目，可参照国家或部门有关标准，根据工程性质提出各自适用的竣工验收标准。

1. 竣工验收交付生产和使用标准

(1) 生产性工程和辅助公用设施，已按设计要求建完，能满足生产使用。

(2) 主要工艺设备配套，设备经联动符合试车合格，形成生产能力，能够生产出设计文件所规定的产品。

(3) 必要的生活设施已按设计要求建成。

(4) 环境保护设施，劳动安全卫生设施、消防设施等已按设计要求与主体工程同时建成使用。

2. 土建安装、人防、大型管道必须达到竣工验收标准

(1) 土建工程。

凡是生产性工程、辅助公用设施及生活设施，按照设计图纸、技术说明书在工程内容上按规定全部施工完毕；室内工程全部做完室外的明沟勒角、踏步斜道全部做完，内外粉刷完毕；建筑物、构筑物周围2m以内场地平整，障碍物清除，道路、给排水、用电、通讯畅通，经验收组织单位按验收规范进行验收，使工程质量符合各项要求。

(2) 安装工程。

凡是生产性工程，其工艺、物料、热力等各种管道均已安装完，并已做好清洗，试压、吹扫、油漆、保温等工作，各种设备、电气、空调、仪表、通讯等工程项目全部安装结束，经过单机、联机无负荷及投料试车，全部符合安装技术的质量要求，具备生产的条

件，经验收组织单位按验收规范进行合格验收。

（3）人防工程。

凡有人防工程或集合建设项目搞人防工程的工程竣工验收，必须符合人防工程的有关规定。应按工程登记，安装好防护密闭门。室外通道在人防防护密闭门外的部位，增设防雨便门、设排风孔口。设备安装完毕，应做好内部粉饰并防潮。内部照明设备完全通电，必要的通讯设施安装通话，工程无漏水，做完回填土，使通道畅通无阻等。

（4）大型管道工程。

大型管道工程（包括铸铁管、钢管、混凝土管和钢筋混凝土预应力管等）和各种泵类电动机按照设计内容、设计要求、施工规范全部（或分段）按质按量铺设和安装完毕，管道内部积存物要清除，输油管道、自来水管道、热力管道等还要经过清洗和消毒，输气管道还要经过赶气、换气。这些管道均应做打压实验。在施工前，要对管道材质及防腐层（内壁和外壁）根据规定标准进行验收，钢管要注意焊接质量，并进行质量评定和验收。对设计中选项的闸阀产品质量要慎重检验。地下管道施工后，回填土要按施工规范要求分层夯实。经验收组织单位按验收规范验收合格，方能办理竣工手续，交付使用。

6.1.4.4　竣工验收的程序和内容

1. 由施工单位作好竣工验收的准备

（1）作好施工项目的收尾工作。

项目经理要组织有关人员逐层、逐段、逐房间进行查项，看有无丢项、漏项，一旦发现丢项、漏项，必须确定专人逐项解决并加强检查。

对已经全部完成的部位或查项后修补完成的部位，要组织清理，保护好成品防止损坏和丢失。高标准装修的建筑工程（如高级宾馆、饭店、医院、使馆、公共建筑等），每个房间的装修和设备安装一旦完毕，立即加封，乃至派专人按层段加以看管。

要有计划地拆除施工现场的各种临时设施、临时管线、清扫施工现场，组织清运垃圾和杂物。有步骤地组织材料、工具及各种物资回收退库、向其他施工现场转移和进行相应处理。

做好电器线路和各种管道的交工前检查，进行电气工程的全负荷实验和管道的打压实验。有生产工艺设备的工程项目，要进行设备的单体试车，无负荷联动试车和有负荷联动试车。

（2）组织工程技术人员绘制竣工图，清理和准备各项需向建设单位移交的工程档案资料，编制工程档案、资料移交清单。

（3）组织预算、生产、管理、技术、财务、劳资等相关专职人员编制竣工结算表。

（4）准备工程竣工通知书、工程竣工报告、工程竣工验收说明书、工程保修证书。

（5）组织好工程自检，报请上级领导部门进行竣工验收检查，对检查出的问题及时进行处理和修补。

（6）准备好工程质量评定的各项资料。按结构性能、使用功能、处理效果等方面工程的地基基础、结构、装修及水、暖、电、卫、设备的安装等各个施工阶段所有质量检查资料，进行系统的整理，为评定工程质量提供依据，为技术档案移交归档作准备。

2. 进行工程初验

施工单位决定正式提请验收后，应向监理单位或建设单位送交验收申请报告，监理工程师或单位收到验收报告后，应根据工程承包合同、验收标准进行审查，若认为可以进行验收，则应组织验收班子对竣工的工程项目进行初验，在初验中发现质量问题后，及时以书面通知或备忘录的形式告诉施工单位，并责令施工单位按有关质量要求进行修理甚至返工。

3. 正式验收

规模较小或较简单的工程项目，可以一次进行全部项目的验收。规模较大或较复杂的工程项目，可分两个阶段验收。

第一阶段验收是单项工程验收，又称交工验收。是指一个总体建设项目中，一个单项工程（或一个车间）已按设计规定的内容建成，能满足生产要求或具备使用条件，且已预验和初验，施工单位提出“验收交接申请报告”，说明工程完成情况、验收准备情况、设备试运转情况及申请办理交接日期，便可组织正式验收。

由几个建筑施工企业负责施工的单项工程，当其中某一个企业所负责的部分已按设计完成，也可组织正式验收，办理交工手续，但应请总包单位参加。

对于建成的住宅，可分幢进行正式验收。对于设备安装工程，要根据设备技术规范说明书的要求，逐项进行单体试车、无负荷联动试车、负荷联动试车。

验收合格后，双方要签订“交工验收证明”。如发现有需要返工、修补的工程，要明确规定完成期限，在全部验收时，原则上不再办理验收手续。

第二阶段是全部验收。全部验收又称动用验收，是指整个建设项目按设计规定全部建成，达到竣工验收标准，可以使用（生产）时，由验收委员会（小组）组织进行的验收。

全部验收工作首先要由建设单位会同设计、施工单位或施工监理单位进行验收准备。其主要内容有：

(1) 财务决算分析凡决算超过概算的，要报主管财务部门批准。

(2) 整理汇总技术资料（包括工程竣工图），装订成册，分类编目。

(3) 核实未完工程。列出未完工程一览表，包括项目、工程量、预算造价、完成日期等内容。

(4) 核实工程量并评定质量等级。

(5) 编制固定资产构成分析表，列出各个竣工决算所占的百分比。

(6) 总结试车考核情况。

整个工程项目竣工验收，一般要经现场初验和正式验收的两个阶段，即验收准备工作结束后，由上级主管部门组织现场初验。要对各项工程进行检验，进一步核实验收准备工作情况，在确认符合设计规定和工程配套的前提下，按有关标准对工作作出评价对发现的问题提出处理意见，公正、合理地排除验收工作中的争议，协调对外有关方面的关系。如把铁路、公路、电力、电讯等工程移交有关部门管理等。现场初验要草拟“竣工验收报告书”和“验收鉴定书”。对在现场初验中提出的问题处理完毕后，经竣工验收机构复验或抽查，确认对影响生产或使用的所有问题都已经解决，即可办理正式交接手续，竣工验收机构成员要审查竣工验收报告，并在验收鉴定书上签字，正式验收交接工作即告结束，迅

速办理固定资产交付使用的转账手续。

竣工验收的证明文件包括：建筑工程竣工验收证明文件；设备竣工验收证明书；建设项目交工、验收鉴定书；建设项目统计报告。

6.1.4.5 竣工验收的组织

1. 验收组织的要求

国有资产投资的工程项目竣工验收的组织，要根据建设项目的重要性、规模大小和隶属关系而定。大中型和限额以上基本建设和技术改造项目（工程），有国家计委或由国家计委委托项目主管部门、地方政府部门组织验收；小型和限额以下基本建设和技术改造项目（工程），由项目主管部门或地方政府部门组织验收。竣工验收要根据工程规模大小，复杂程度组织验收委员会或验收小组。验收委员会或验收小组应由银行、物资、环保、劳动、统计、消防及其他有关部门组成，建设单位、接管单位、施工单位、勘察设计的单位、施工监理单位参加验收工作。

2. 验收组织的职责

验收委员会或验收小组，负责审查工程建设的各个环节，听取各有关单位的工作报告，审阅工程档案资料并实地检查建筑工程和设备安装情况并对工程设计、施工和设备质量等方面作出全面评价。不合格的工程不予验收，对遗留问题提出具体解决意见，限期落实完成。其具体职责是：

（1）制定竣工验收工作计划。

（2）审查各种交工技术资料。

（3）审查工程决算。

（4）按验收规范对工程质量进行鉴定。

（5）负责试生产的监督与效果评定。

（6）签发工程项目竣工验收证书。

（7）对遗留问题作出处理和决定。

（8）提出竣工验收总结报告。

6.1.4.6 竣工资料的移交

各有关单位（包括设计、施工、监理单位）应在工程准备开始就建立起工程技术档案，汇集整理有关资料。把这项工作贯穿到整个施工工程，直到工程竣工验收结束。这些资料由建设单位分类立卷，在竣工验收时移交给生产单位（或使用单位）统一保管，作为今后维护、改造、扩建、科研、生产组织的重要依据。

凡是列入技术档案的技术文件、资料，都必须经有关技术负责人正式审定。所有的资料、文件都必须如实反映情况，不得擅自修改、伪造或事后补作。工程技术档案必须严加管理，不得遗失损坏，人员调动要办理交接手续，重要资料（包括隐蔽工程照相）还应分别报送上级领导机关。技术资料的主要内容有以下几个方面。

1. 土建方面

（1）开工报告。

（2）永久性工程的坐标位置、建筑物和构筑物以及主要设备基础轴线定位、水平定位和复核记录。

(3) 混凝土和砂浆试块的验收报告、砂垫层测试记录和防腐质量检验记录、混凝土抗渗实验资料。

(4) 预制构件、加工件、预应力钢筋出厂的质量合格证明和张拉记录，原材料检验证明。

(5) 隐蔽工程验收记录（包括打桩、试桩、吊装记录）。

(6) 屋面工程施工记录、沥青玛蹄脂等防水材料试配记录。

(7) 设计变更资料。

(8) 工程质量事故调查报告和处理记录。

(9) 安全事故处理记录。

(10) 施工期间建筑物、构筑物沉陷和变形测定记录。

(11) 建筑物、构筑物使用要点。

(12) 未完工程的中间交工验收记录。

(13) 竣工验收证明。

(14) 竣工图。

(15) 其他有关该项工程的技术决定。

2. 安装方面

(1) 设备质量合格证明（包括出厂证明、质量保证书）。

(2) 设备安装记录（包括组装）。

(3) 设备单机运转记录和合格证。

(4) 管道和设备等焊接记录。

(5) 管道安装、清洗、吹扫、试漏、试压和检查记录。

(6) 截门、安全阀试压记录。

(7) 电器、仪表检验及电机绝缘、干燥等检查记录。

(8) 照明、动力、电讯线路检查记录。

(9) 安全事故处理记录。

(10) 隐蔽工程验收单。

(11) 竣工图。

3. 建设单位和设计单位方面

(1) 可行性研究报告及其批准文件。

(2) 初步设计（扩大初步设计、技术设计）及其审批文件。

(3) 地质勘探资料。

(4) 设计变更及技术核定单。

(5) 试桩记录。

(6) 地下埋设管线的实际坐标、标高资料。

(7) 征地报告及核定图纸、补偿拆迁协议书、征（借）土地协议书。

(8) 施工合同。

(9) 建设过程中有关请示报告和审批文件以及往来文件、动用专线及专业铁路线的申请报告和批复文件。

（10）单位工程图纸总目录及施工图（绘竣工图）。

（11）系统联动试车记录和合格证、设备联动运转记录。

（12）采用新结构、新技术、新材料的研究资料。

（13）技术等新建议的实验、采用、改进的记录。

（14）有关重要技术决定和技术管理的经验总结。

（15）建筑物、构筑物使用要点。

6.1.4.7　竣工图的绘制

1. 竣工图绘制程序

建设项目竣工图，是完整、真实记录各种地下、地上建筑物、构筑物等详细情况的技术文件，是工程竣工验收、投产交付使用后的维修、扩建、改造的依据，是生产（使用）单位必须长期妥善保存的技术档案。按现行规定绘制好竣工图是竣工验收的条件之一，在竣工验收前不能完成的，应在验收时明确商定补交竣工图的期限。

建设单位（或施工监理单位）要组织、督促和协调各设计、施工单位检查自己负责的竣工图绘制工作情况，发现有延期、不准确或短缺时，要及时采用措施解决。

2. 竣工图绘制要求

（1）按图施工没有变动的，可由施工单位（包括总包和分包）在原施工图上加盖“竣工图”标志，既作为竣工图。在施工中，虽有一般性设计变更，但能将原施工图加以修改补充作为竣工图的，可不再重新绘制，由施工单位负责在原施工图（必须是新蓝图）上注明修改的部分，并附以设计变更通知单和施工说明加盖“竣工图”标志后，即可作为竣工图。

（2）结构形式改变、工艺改变、平面布置改变、项目改变以及其他重大的改变，不宜在原施工图上修改、补充的，应重新绘制改变后的竣工图。由设计原因造成的，由设计单位负责重新绘制；由施工单位原因造成的，由施工单位重新绘制。施工单位负责在新图上加盖“竣工图”标志，并附以有关记录和说明，作为竣工图。重大的改建、扩建工程涉及原有工程项目变更时，应将相关项目的竣工图资料统一整理归档，并在原有案卷内增补必要的说明。

（3）各项基本建设工程，在施工过程中就应着手准备，现场技术人员负责，在施工时作好隐蔽工程检验记录整理好设计变更文件，确保竣工图质量。

（4）施工图一定要与实际情况相符，要保证图纸质量，做到规格统一、图面整洁、字迹清楚、不得用圆珠笔或其他易于褪色的墨水绘制，并要经过承担施工的技术负责人审核签字。大中型建设项目和城市住宅小区建设的竣工图，不能少于两套，其中一套移交生产使用单位保管，一套交基本建设工程，特别是基础、地下建（构）筑物、管线、结构、井巷、洞室、桥梁、隧道、港口、水坝以及设备安装等隐蔽部位都要绘制竣工图。各种竣工图报送主管部门或技术档案部门长期保存。关系到全国性特别重要的建设项目，应增加一套给国家档案馆保存。小型建设项目的竣工图至少具备一套，移交生产使用单位保管。

6.1.4.8　工程技术档案资料的管理

做好建设项目的工程技术档案资料工作，对保证各项工程建成后顺利的交付生产、使用以及为将来的维修、扩建、改建都有着十分重要的作用。各建设项目的管理、设计、施工、监理单位应对整个工程建设从建设项目的提出到竣工投产、交付使用的各个阶段所形成的文字资料、图纸、图表、计算材料、照片、录像、磁带归档，并努力保管好。技术档案管理资料内容如下：

在建设项目的提出、调研、可行性研究、评估、决策、计划安排、勘测、设计、施工、生产准备、竣工投产交付使用的全过程中，有关的上级主管机关、建设单位、勘察设计单位、施工单位、设备制造单位、施工监理单位以及有关的环保、市政、银行、统计等部门，都应重视该建设项目文件资料的形成、积累、整理、归档和保管工作，尤其要管好建筑物、构筑物和各种管线、设备的档案资料。

(1) 在工程建设过程中，现场的指挥管理机构要有一位负责人分管档案资料工作，并建立与档案资料工作相适用的管理部门，配备能胜任工作的人员，制定管理制度，集中统一地管理好建设项目的档案资料。

(2) 对于引进技术、引进设备的建设项目，应做好引进技术、设备的各种技术图纸、文件的收集工作。无论通过何种渠道得到的与引进技术、设备有关的档案资料都应交档案部门集中统一管理。

(3) 竣工图是建设项目的实际反映，是工程的重要档案资料，施工单位的施工中要做好施工记录、检验记录、整理好变更文件，并及时做出竣工图，保证竣工图质量。

各级建设主管部门以及档案部门，要负责检查和指导本专业、本地区建设项目的档案资料工作，档案管理部门参加工程竣工验收中档案资料验收工作。

6.1.4.9　工程项目的用后管理

1. 工程项目的保修

工程竣工投产交付使用之后，建立保修制度，是施工单位对工程正常发挥工程项目功能负责的集中体现，通过保修可以听取和了解使用单位对工程施工质量的评价和改进意见，维护自己的信誉，提高企业的管理水平。建设单位与施工单位应在签定工程施工承包合同中根据不同行业，不同的工程情况，协商指定“建筑安装工程保修证书”，对工程保修范围、保修时间、保修内容等作出具体规定。

保修范围：

以建筑安装工程而论，按制度要求，各种类型的工程乃其各个部位，都应实行保修。保修的范围如下：

(1) 屋面、地下室、外墙、阳台、浴室以及厨房、厕所等处渗水，漏水者。

(2) 各种通水管道（包括自来水、热水、污水、雨水等）漏水者，各种气体管道漏气以及通气孔和烟道不通者。

(3) 水泥路面有较大的空鼓、裂缝或起砂者。

(4) 内墙抹灰有较大面积起泡，乃至空鼓脱落或墙面浆活起碱脱皮者，外墙粉刷自动脱落者。

(5) 暖气管线安装不良，局部不热，管线接口处及卫生磁活接口处不严而造成漏水者。

(6) 其他由于施工不良而造成的无法使用或使用功能不能正常发挥的工程部位。

凡是由于用户使用不当而造成建筑功能不良或损坏者，不属于保修范围。凡属工业产

品项目发生问题，亦不属保修范围。以上两种情况由建设单位自行修理。

保修时间：

(1) 民用与公用建筑、一般工业建筑、构筑物的土建工程为1年，其中屋面防水工程为3年。

(2) 建筑物的电气管线、上下水管线安装工程为6个月。

(3) 建筑物的供热及供冷为一个采暖期及供冷期。

(4) 室外的上下水和小区道路等市政公用工程为1年。

(5) 其他特殊要求的工程，其保修期限由建设单位和施工单位在合同中规定。

保修做法：

(1) 发送保修证书(或称《房屋保修卡》)。

在工程竣工验收的同时(最迟不应超过3天到一周)，由施工单位向建设单位发送《建筑安装工程保修证书》。保修证书目前在国内没有统一的格式或规定，应由施工单位拟定并统一印刷。保修证书一般的主要内容包括：工程简况、房屋使用管理要求；保修范围和内容；保修时间；保修说明；保修情况记录。此外，保修证书还应附有保修单位(即施工单位)的名称、详细地址、电话、联系接待部门(如科、室)和联系人，以便于建设单位联系。

(2) 要求检查和修理。

在保修期内，建设单位或用户发现房屋的使用功能不良，又是由于施工质量而影响使用者，可以用口头或书面方式同施工单位的有关保修部门，说明情况，要求派人前往检查修理。施工单位自接到保修通知书日起，必须在两周内到达现场，与建设单位共同明确责任方，商议返修内容。属于施工单位责任的，如施工单位未能按期到达现场，建设单位应再次通知施工单位。施工单位自接到再次通知书起的一周内仍不能到达时，建设单位有权自行返修，所发生的费用由原施工单位承担。不属施工单位责任的，建设单位应与施工单位联系，商议维修的具体期限。

(3) 验收。

在发生问题的部门或项目修理完毕以后，要在保修证书的“保修记录”栏内做好记录，并经建设单位验收签认，已表示修理工作完结。

维修的经济责任处理：

(1) 施工单位未按国家有关规范、标准和设计要求施工，造成的质量缺陷，由施工单位负责返修并承担经济责任。

(2) 由于设计方面造成的质量缺陷，由设计单位承担经济责任，由施工单位负责维修，其费用按有关规定通过建设单位向设计单位索赔，不足部分由建设单位负责。

(3) 因建筑材料、构配件和设备质量不合格引起的质量缺陷，属于施工单位采购的或经其验收同意的，由施工单位承担经济责任；属于建设单位采购的，由建设单位承担经济责任。

(4) 因使用单位使用不当造成的质量缺陷，由使用单位自行负责。

(5) 因地震、洪水、台风等不可抗拒原因造成的质量问题，施工单位、设计单位不承担经济责任。

2. 工程项目的回访

(1) 回访的方式。

回访的方式一般有三种：一是季节性回访。大多数是雨季回访屋面、墙面的防水情况，冬季回访锅炉房及采暖系统的情况，发现问题采取有效措施，及时加以解决。二是技术性的回访。主要了解在工程施工过程中采用的新材料、新技术、新工艺、新设备等的技术性能和使用后的效果，发现问题及时加以补救和解决；同时也便于总结经验，获取科学依据，不断改进与完善，并为进一步推广创造条件。这种回访既可定期进行，也可以不定期地进行。三是保修期满前的回访。这种回访一般是在保修即将届满之前进行回访，既可以解决出现的问题，又标志着保修期即将结束。使建设单位注意建筑物的维修和使用。

(2) 回访的方法。

应由施工单位的领导组织生产、技术、质量、水电（也可以包括合同、预算）等有关方面的人员进行回访，必要时还可以邀请科研方面的人员参加。回访时，由建设单位组织座谈会或意见听取会，并查看建筑物和设备的运转情况等。回访必须解决问题，并应该作出回访记录，必要时应写出回访纪要。

学习情境7　工程施工项目合同的管理

学习单元7.1　施工项目的合同管理

7.1.1　学习目标

根据签订的施工合同和实施过程中出现的情况，懂得施工合同的主要条款、施工合同履行过程中的管理、工程施工合同索赔的主要内容，能完成施工项目的合同管理工作。

7.1.2　学习任务

工程施工合同即建筑安装工程承包合同，是建设项目的主要合同，是由具有法人资格的发包人（业主或总承包单位等）和承包人（施工单位或分包单位）为完成商定的建筑安装工程，明确双方权利和义务关系的合同，也是控制工程建设质量、进度、投资的主要依据。因此，要求承发包双方必须具备相应的资质条件和履行合同的能力，才有可能签订建筑工程施工合同。

任务是通过合同管理的训练与学习，针对不同的工程进行工程施工合同的签订，制定项目合同实施计划，从不同的角度（发包人、监理单位和承包人），对合同实施进行控制。(包括合同交底、合同实施监督、合同跟踪、合同实施诊断、调整措施的选择、合同变更管理等)，进行合同的争议的解决、索赔与反索赔。

7.1.3　任务分析

1. 工程合同的法律特征分析

（1）合同主体的严格性。

建设工程合同主体一般只能是法人。发包人应是经过批准能够进行工程建设的法人，同时必须有国家批准的项目建设文件和相应的组织项目建设的能力。承包人必须具备法人资格，同时具备从事相应工程勘察、设计、施工的资质条件。公民个人和无营业执照或承包资质的单位不能作为建设项目的承包人，资质等级低的单位也不能越级承包建设项目。

（2）合同标的特殊性。

建设工程合同的标的是各类建设项目，属于不动产。决定了每个建设工程合同的标的都是特殊的，具有不可替代性。

（3）合同履行的长期性。

由于建设项目结构复杂、工程量浩大，使合同的履行期限都比较长。在合同履行过程中还可能会因为一些技术因素、人为因素及不可抗力等原因导致合同履行期限的延长。

（4）合同管理的计划性和程序性。

建设项目大部分是有关国计民生的大项目，国家对此有着严格的管理制度，决定了工程合同管理过程中的严格的计划性和程序性。对于国家的重大建设工程项目，其建设工程合同必须根据国家规定的程序和批准的建设投资计划选择和任务书签订。其他项目也要按国家规定的程序签订和履行合同。

2. 项目合同管理任务分析

(1) 施工合同的签订，首先应对《建设工程施工合同示范文本》中的范围、条款、重点进行深入理解，特别是《专用条款》是对《通用条款》所作必要修改和补充，使《通用条款》和《专用条款》成为双方统一意愿的体现。

(2) 施工合同的签订与审查非常重要，在签订施工合同时应重点考虑的问题必须仔细研究，尽可能细化。

(3) 施工合同的管理是本单元的重点，需要各级行政管理机关、建设行政主管部门、金融机构以及业主方、监理单位、承包方依照法律和行政法规、各种规章制度，采取法律和行政的手段对施工合同关系进行组织、指导、协调和监督，保护合同当事人的合法权益，处理施工合同纠纷，防止和制裁违法行为，保证施工合同的全面履行。

(4) 合同实施的控制，一定要把合同责任具体落实到各责任人和合同实施的具体工作上，实施过程中合同的实施监督是重心，按照合同实施计划，对各利益方的权利、责任、义务全方位的监督，适时进行合同实施诊断，发现问题及时解决。

(5) 索赔与反索赔是合同管理的重要工作之一，关键是预测、寻找和发现索赔与反索赔的机会，其次是具有索赔与反索赔的证据和理由，再次是索赔处理。

7.1.4 任务实施

7.1.4.1 施工合同的签订

工程施工合同签订的法律依据主要包括:《中华人民共和国经济合同法》、《建设安装工程承包合同条例》、《建设工程施工合同》示范文本、《建设工程施工合同管理办法》等。

1. 施工合同的签订条件

签订工程施工合同必须遵守国家法律，符合国家基本建设的方针和政策，同时应具备以下条件：

(1) 承包工程的初步设计和总概算已经批准，施工图能满足施工进度的要求。

(2) 承包工程所需的投资和统配物资已列入国家基本建设计划。

(3) 签订合同的当事人双方均具有法人资格和均有履行合同的能力。

(4) 施工用地已征购，施工队伍可随时进入施工现场。

2. 施工合同的主要内容

在工程施工合同的法律关系中，合同的主体是业主和承包商，合同的客体是建筑安装工程项目，合同的内容是经过双方协商确定的权利和义务，在签订工程施工合同时，均应以《建设工程施工合同 GF—91—0201》为示范文本。

《建筑施工合同》示范文本由《建设工程施工合同条件》和《建设工程施工合同条款》两部分组成。《建设工程施工合同条件》共 41 条，属于共性条款，合同当事人必须充分研究，以防止出现遗漏或表达含糊等合同缺陷。

《建设工程施工合同协议条款》，是为签订合同当事人补充协议而提供的参考提纲或模式，它包括的主要内容为：工程概况、合同语言文字标准、合同验收标准、合同适用法律标准、合同标的、合同双方的权利和义务、合同其他必要条款、合同保险和违约责任等条款。

建设安装承包合同应采用书面形式，对其内容必须明确规定，文字含义要清楚，对有

关工程的主要条款必须作详细规定。一般情况下，建设安装工程承包合同包括以下主要条款内容：

（1）工程名称和地点。

（2）工程范围和内容。

（3）开工、竣工日期及中间交工工程的交工、竣工日期。

（4）工程质量保修期及保修条件。

（5）工程造价。

（6）工程价款的支付、结算及交工验收办法。

（7）设计文件及概预算和技术资料的提供日期。

（8）材料和设备的供应、进场期限。

（9）双方相互协作事项。

（10）签订单位、时间、地点及当事人。

（11）违约责任与赔偿、纠纷的调解与仲裁。

必须指出，在工程承包合同的履行过程中，双方协商同意的有关修改承包合同的设计变更文件、洽商记录、会议纪要以及资料、图表等，也是工程承包合同的组成内容之一。

3. 建筑施工合同的签订程序与审查

（1）施工合同签订的程序。

建设项目施工合同作为合同的一种，其签订也要经过要约和承诺两个阶段。一般情况下，工程建设的施工都应通过招标投标的方式选择和确定施工企业。中标通知书发出30天内，中标单位与建设单位签订书面合同。签订合同的必需是中标的施工企业，投标书中已确定的合同条款在签订时不得更改，合同价应与中标价相一致。如果是中标人拒绝与发包人签订合同，发包人有权不再返还其投标保证金，中标人还应当依法承担法律责任。

（2）签订施工合同应遵循的原则。

1）遵守国家的法律、法规和国家计划的原则。

2）平等、自愿、公平的原则。

3）诚实信用的原则。

（3）签订施工合同必须具备的条件。

1）初步设计已经批准。

2）工程项目已经列入年度建设计划。

3）有能够满足施工需要建筑材料设备来源已经落实。

4）建设资金和主要建筑材料设备来源已经落实。

5）招投标工作的中标通知书已经下达。

（4）签订施工合同应重点考虑的问题。

1）合同签订应该遵守的基本原则，如工期、质量标准、价格水平的可接受条件。

2）合同签订的程序。

3）合同的文件组成及其主要内容。

4）合同签订的形式，主要指合同形式的选择，如总价合同、单价合同、成本加酬金合同等。

4. 施工合同的审查

发包方需在施工合同正式签订前，将双方协商一致的合同草案，送建设行政主管部门或其授权机构审查。审查的主要内容有：

是否有违反法律和违反合同签订原则的条款。

1）双方是否具备相应资质和履行合同的能力。

2）有无损害国家、社会和第三者利益的条款。

3）是否具备签订合同的必要条件。

4）合同条款是否完备、内容是否详尽准确。

5）双方驻工地代表是否具备规定的资质条件。

6）工期、质量和合同价款等条款是否符合有关规定。

5. 合同双方的责任和义务

(1) 发包方的责任和义务。

1）发包人及时向承包人提供所需的指令、批件、图纸，并履行其他约定的义务。

2）办理土地征用、青苗树木赔偿、房屋拆迁、清除地面、架空和地下障碍等工作，将施工所需水、电、电讯线路从施工场地外部接至协议条款约定地点，开通施工场地与城乡公共道路的通道，使施工场地具备施工条件。

3）向乙方提供施工场地的工程地质和地下管道和地下管网线路资料，保证数据真实准确。

4）办理施工所需各种证件、批件和临时用地、占地及铁路专用线路的申报批准手续(证明乙方自身资质的证件除外)。

5）将水准点与坐标控制点以书面形式交给乙方，并进行现场交验。

6）协调处理施工现场周围地下管线和邻近建筑物、构筑物的保护，并承担有关费用。

7）组织乙方和设计单位进行图纸会审，向乙方进行设计交底。

8）按工程进度支付款项，并有权要求承包人的施工质量达到合同所规定的质量标准。

甲方不按合同约定完成以上工作造成延误，承担由此造成的经济支出，赔偿乙方有关损失，工期相应延迟。

(2) 承包方的责任和义务。

1）在其资格证书允许的范围内，按发包人的要求完成施工组织设计、施工图设计和其他配套设计，由发包人代表或监理工程师批准后使用。

2）向发包人代表或监理工程师提供年、季、月工程进度计划和相应的进度统计报表及工程事故报告。

3）按工程需要提供并维护施工使用的照明、围栏等设施，并做好值班看守和警卫工作。

4）按协议条款约定的数量和要求，向发包人代表或监理工程师提供施工现场办公或生活设施发生费用由发包人承担。

5）遵守地方政府和有关部门对施工现场交通、噪声等的管理规定。

6）按协议条款约定负责对已经完成的工程和成品保护工作，如发生损坏要负责维修。

7）保证施工现场的清洁符合有关的规定，交工前清理现场达到合同文件的要求。

8）按协议条款约定和工程进度获得工程价款，与发包人签订提前竣工协议。有权获得提前竣工奖励或其他收益。

9）由于发生的不可预见事件而引起的合同中断或延期履行，承包人有权提出解除施工合同或索赔要求。

7.1.4.2　发包人和监理单位对施工合同管理的实施

发包人和监理单位（由监理工程师代表）对施工合同的管理工作主要是合同的签订管理、履行管理和档案管理。

1. 施工合同的签订管理

在发包人具备了与承包人签订施工合同的前提下，发包人或者监理工程师可以对承包人的资格、资信和履约能力进行预审，招标工程可以通过招标预审进行，非招标工程可以通过社会调查进行。

除了对承包人的预审外，发包人或监理工程师还应做好施工合同的谈判和签订的管理工作。根据《建设工程施工合同示范文本》及合同条件，逐条与承包人进行谈判。在双方对施工合同的内容和条款意见一致的情况下，即可签订施工合同文件。

2. 施工合同的履行管理

（1）发包人在施工合同履行时的职责。

发包人和监理工程师在施工合同履行时，要严格按合同规定的条款履行应尽的职责和义务。一般来讲，发包人除了做好项目开工前期的准备工作外，在施工合同履行阶段，还有以下几个方面的职责：

1）选定业主代表、任命监理工程师（必要时可撤换），并以书面形式通知承包商，如是国际贷款项目还应该通知贷款方。

2）根据合同要求履约解决工程用地征用手续以及移民等施工前期准备工作问题。

3）批准承包商转让部分工程权益的申请，批准履约保证和承保人，批准承包商提交的保险单。

4）在承包商有关手续齐备后，及时向承包商拨付有关款项。

5）负责为承包商证明、以便承包商为工厂的进口材料、设备以及承包商的施工装备等办理海关、税收等有关手续问题。

6）主持解决合同中的纠纷、合同条款必要的变动和修改（需经双方讨论同意）。

7）及时签发工程变更命令（包括工程量变更和增加新项目等），并确定这些变更的单价与总价。

8）批准监理工程师同意上报的工程延期报告。

9）对承包商的信函及时给予答复。

10）负责编制并向上级及外资 单位报送财务年度用款计划，财务结算及各种统计报表等。

11）协助承包商（特别是外国承包商）解决生活物质供应、运输等问题。

12）负责组成验收委员会进行整个工程或局部工程的初步验收和最终竣工验收，并签写有关证书。

13）如果承包商违约。业主有权终止合同并授权其他人去完成合同。

(2) 以发包人和监理工程师对施工合同履行的管理。

在合同履行阶段，发包人也要行使自己的权利对承包人的施工活动进行监督和检查。发包人对施工合同履行的管理是通过发包人代表或监理工程师进行的，最关键的是进度，质量和投资的管理和控制。

1) 进度管理。接合同规定，要求承包人在开工前提出包括分月、分阶段施工的进度计划，并进行审核。根据经审核的月份、分阶段进度计划进行实际施工进度的检查。若实际进度落后于计划进度，要对影响进度的因素进行分析，采取补救的措施或进行计划的调整。对属于发包人影响工程进度的原因，要及时、主动解决。对属于承包人影响工程进度的原因，应监督其迅速解决。对承包人提出的进度计划调整和修改，要进行审核。对工程的延期，要进行审核和确认。

2) 质量管理。检查工程使用的材料、设备质量；检验工程使用的半成品的构件质量；按合同的规定，监督、检查施工质量；按合同规定的程序，验收隐蔽工程和需要进行中间验收的工程质量；验收新单项工程的质量；参与验收全部竣工工程质量等。

3) 投资管理。严格进行合同约定的价款管理，当出现合同约定的调价情况时，对合同价款进行调整。对预汇的工程款进行管理工作，对工程量进行核实和确认，并以此为依据进行工程款的结算和支付。对变更价款进行确定，对施工中涉及的其他费用进行管理，办理竣工结算，对工程的保修金进行管理等。

3. 施工合同的档案管理

发包人和监理工程师应做好施工合同的档案管理工作。工程全部竣工后，应将全部合同文件和各种资料加以系统整理并建档保管。在某些方面合同履行过程中，对合同文件、有关的签证、记录、协议、补充合同、备忘录、函件、电报、电传等都应做好系统分类，认真管理。

7.1.4.3　承包商对施工合同管理的实施

在工程施工合同签订后，承包商必须就合同履行作出具体安排，制定合同实施计划。承包商的工程施工项目的目标就是为了完成一份工程施工合同。所以从总体上说，承包商的工程项目实施规划就包括了合同实施计划。合同实施计划重点突出如下内容：

合同实施的总体策略；合同实施总体安排；工程分包策划；合同实施保证体系。

1. 合同实施的总体策略

合同实施策略是承包商按企业和工程具体情况确定的执行合同的基本方针。它对合同的实施有总体指导作用。

(1) 承包商必须考虑该工程在企业同期许多工程中的地位、重要性，确定优先等级。对有重大影响的工程，如对企业信誉有重大影响的创牌子工程，大型、特大型工程，对企业准备发展业务的地区的工程，必须全力保证，在人力、物力、财力上优先考虑。在合同实施中，以与业主的关系为重，以工程顺利实施为重。

(2) 确定合同的实施策略。包括：项目范围内的工作哪些由企业内部完成，哪些准备委托（分包）出去；对材料和设备所采用的供应方式，是由自己采购，或由分包商采购；与分包工程相关的风险的分配；如何有效地控制分包商和供应商。

(3) 承包商必须以积极合作的态度和热情圆满地履行合同。在工程中，特别在遇到重

大问题时积极与业主合作，以赢得业主的信赖，赢得信誉。例如在中东，有些合同在签订后，或在执行中遇到不可抗力（如战争、动乱），按规定可以终止合同，但有些承包商理解业主的困难，暂停施工，同时采取有效措施，保护现场，降低业主损失。待干扰事件结束后，继续履行合同。这样不仅保住了合同，取得了利润，而且赢得了信誉，扩大了市场。

（4）对明显导致亏损的工程，特别是企业难以承受的亏损，或业主资信不好，难以继续合作，有时不惜以撕毁合同来解决问题。有时承包商主动地终止合同，比继续执行合同的损失要小。特别当承包商已跌入"陷阱"中，合同不利，而且风险已经发生时。

（5）在工程施工中，由于非承包商责任引起承包商费用增加和工期拖延，承包商提出合理的索赔要求，但业主不予解决。承包商在合同执行中可以通过控制进度，通过直接或间接地表达履约热情和积极性，向业主施加压力和影响以求得合理的解决。

如果通过合同诊断，承包商已经发现业主有恶意，不支付工程款或自己已经坠入合同陷阱中，或已经发现合同亏损，而且估计亏损会越来越大，则要及早确定合同执行战略，采取措施。例如及早撕毁合同，降低损失；或争取道义索赔，取得部分补偿；或采用以守为攻的办法，拖延工程进度，消极怠工等。在这种情况下，常常承包商投入资金越多，工程完成得越多，承包商就越被动，损失会越大。待到工程结束，交付给业主，则承包商的主动权就没有了。

2. 分包策划

承包商必须对工程项目范围内的工程、供应或工作的承担者作出安排。通常分为由承包商企业内单位承担和企业外单位承担。承包商必须进行分包策划。

（1）分包在工程中最为常见。分包常常出于以下原因：

1）技术上需要。总承包商不可能，也不必具备总承包合同工程范围内的所有专业工程的施工能力。通过分包的形式可以弥补总承包商技术、人力、设备、资金等方面的不足。同时总承包商又可通过这种形式扩大经营范围，承接自己不能独立承担的工程。

2）经济上的目的。对有些分项工程，如果总承包商自己完成会亏损，而将它分包出去，让报价低同时又有能力的分包商承担，则不仅可以避免损失，而且可以取得一定的经济效益。

3）转嫁或减少风险。通过分包，可以将总包合同中与分包工程相关的部分风险转嫁给分包商。这样，大家共同承担总承包合同风险，提高经济效益。

4）业主的要求。业主指令总承包商将一些分项工程分包出去。例如对于某些特殊专业或需要特殊技能的分项工程，业主仅对某专业承包商信任和放心，可要求或建议总承包商将这些工程分包给该专业承包商，即业主指定分包商。

（2）业主对分包商有较高的要求，也要对分包商作资格审查。没有工程师（业主代表）的同意，承包商不得随便分包工程。由于承包商向业主承担全部工程责任，分包商出现任何问题都由总包负责，所以分包商的选择要十分慎重。一般在总承包合同报价前就要项目合同实施计划确定分包商的报价，商谈分包合同的主要条件，甚至签订分包意向书。国际上许多大承包商都有一些分包商作为自己长期的合作伙伴，形成自己外围力量，以增强自己的经营实力。

(3) 当然，过多的分包，如专业分包过细、多级分包，会造成管理层次增加和协调的困难，业主会怀疑承包商自己的承包能力，这对合同双方来说都是极为不利的。

(4) 承包商要加强对分包商和供应商的选择和控制工作，防止由于他们的能力不足，或对本工程没有足够的重视而造成工程和供应的拖延，进而影响整个合同的实施。

(5) 分包合同策划包括以下工作内容。

1) 分包合同范围的划定。在项目范围内准备分解几个分包（和供应）合同，各个分包合同的工作范围和界限，通过具体的分类、打包和发包，形成一个个独立的，同时又是互相影响的分包合同。

2) 进行与具体分包合同相关的策划。包括每一份分包合同种类的选择，合同风险分配策划，项目相关各个合同之间的协调等。

3) 各个分包的招标文件和合同文件的起草。

3. 建立合同实施保证体系

(1) 将各种合同实施工作责任分解落实到各工程小组或分包商，使他们对合同实施工作表（任务单，分包合同），施工图纸、设备安装图纸、详细的施工说明等，有十分详细的了解。并对工程实施的技术的和法律的问题进行解释和说明，如工程的质量、技术要求和实施中的注意点、工期要求、消耗标准、相关事件之间的搭接关系、各工程小组（分包商）责任界限的划分、完不成责任的影响和法律后果等。

(2) 在合同实施前与其他相关的各方面，如业主、监理工程师、承包商沟通，召开协调会议，落实各种安排。在现代工程中，合同双方有互相合作的责任。包括：

1) 互相提供服务、设备和材料。

2) 及时提交各种表格、报告、通知。

3) 提交质量管理体系文件。

4) 提交进度报告。

5) 避免对实施过程和对对方的干扰。

6) 现场保安、保护环境等。

7) 对对方明显的错误提出预先警告，对其他方（如水电气部门）的干扰及时报告。但对这些在更大程度上是承包商的责任。因为承包商是工程合同的具体实施者，是有经验的。合同规定，承包商对设计单位、业主的其他承包商，指定分包承担协调责任，对业主的工作（如提供指令、图纸、场地等），承包商负有预先告知，及时的配合，对可能出现的问题提出意见、建议和警告的责任。

(3) 合同责任的完成必须通过其他经济手段来保证。

对分包商，主要通过分包合同确定双方的责权利关系，保证分包商能及时地按质按量地完成合同责任。如果出现分包商违约行为，可对他进行合同处罚和索赔。

对承包商的工程小组（或相应的组织）可通过内部的经济责任制来保证。在落实工期、质量、消耗等目标后，应将它们与工程小组经济利益挂钩，建立一整套经济奖罚制度，以保证目标的实现。

(4) 建立合同管理工作程序。

在工程实施过程中，合同管理的日常事务性工作很多。为了协调好各方面的工作，使

合同管理工作程序化、规范化，应订立如下几个方面的工作程序：

1）定期和不定期的协商会办制度。在工程过程中，业主、工程师和各承包商之间，承包商和分包商之间以及承包商的项目管理职能人员和各工程小组负责人之间都应有定期的协商会办。

2）建立合同实施工作程序。对于一些经常性工作应订立工作程序，使大家有章可循，合同管理人员也不必进行经常性的解释和指导，如图纸批准程序，工程变更程序，承（分）包商的索赔程序，承（分）包商的账单审查程序，材料、设备、隐蔽工程、已完工程的检查验收程序，工程进度付款账单的审查批准程序，工程问题的请示报告程序等。

这些程序在合同中一般都有总体规定，在这里必须细化、具体化。在程序上更为详细，并落实到具体人员。

3）建立合同文档系统。

①在合同实施过程中，业主、承包商、工程师、业主的其他承包商之间有大量的信息交往。承包商的项目经理部内部的各个职能部门（或人员）之间也有大量的信息交往。

作为合同责任，承包商必须及时向业主（工程师）提交各种信息、报告、请示。这些是承包商证明其工程实施状况（完成的范围、质量、进度、成本等），并作为继续进行工程实施、请求付款、获得赔偿、工程竣工的条件。

②在招标投标和合同实施过程中，承包商做好现场记录，并保存记录是十分重要的。

许多承包商忽视这项工作，不喜欢文档工作，最终削弱自己的合同地位，损害自己的合同权益，特别妨碍索赔和争执的有利解决。最常见的问题有：附加工作未得到书面确认，变更指令不符合规定，错误的工作量测量结果、现场记录、会谈纪要未及时反对，重要的资料未能保存，业主违约未能用文字或信函确认等。在这种情况下，承包商在索赔及争执解决中取胜的可能性是极小的。

③合同管理人员负责各种合同资料和工程资料的收集、整理和保存工作。这项工作非常繁琐和复杂，要花费大量的时间和精力。

（5）工程过程中严格的检查验收制度。

承包商有自我管理工程质量的责任。承包商应根据合同中的规范、设计图纸和有关标准采购材料和设备，并提供产品合格证明，对材料和设备质量负责，达到工程所在国法定的质量标准（规范要求）基本要求。如果合同文件对材料的质量要求没有明确的规定，则材料应具有良好的质量，合理地满足用途和工程目的。

合同管理人员应主动地抓好工程和工作质量，做好全面质量管理工作，建立一整套质量检查和验收制度，例如：

1）每道工序结束应有严格的检查和验收。

2）工序之间、工程小组之间应有交接制度。

3）材料进场和使用应有一定的检验措施。

4）隐蔽工程的检查制度等。

防止由于承包商自己的工程质量问题造成被工程师检查验收不合格，试生产失败而承担违约责任。在工程中，由此引起的返工、窝工损失，工期的拖延应由承包商自己负责，得不到赔偿。

(6) 建立报告和行文制度。

承包商和业主、工程师、分包商之间的沟通都应以书面形式进行，或以书面形式作为最终依据。这是合同的要求，也是法律的要求，也是工程管理的需要。在实际工作中这项工作特别容易被忽略。报告和行文制度包括以下几方面内容：

1) 定期的工程实施情况报告。如日报、周报、旬报、月报等。应规定报告内容、格式、报告方式、时间以及负责人。

2) 工程过程中发生的特殊情况及其处理的书面文件，如特殊的气候条件，工程环境的变化等，应有书面记录，并由工程师签署。对在工程中合同双方的任何协商、意见、请示、指示等都应落实在纸上，尽管天天见面，也应养成书面文字交往的习惯，相信"一字千金"，切不可相信"一诺千金"。

在工程中，业主、承包商和工程师之间要保持经常联系，出现问题应经常向工程师请示、汇报。

3) 工程中所有涉及双方的工程活动，如材料、设备、各种工程的检查验收，场地、图纸的交接，各种文件（如会议纪要，索赔和反索赔报告，账单）的交接，都应有相应的手续，应有签收证据。

7.1.4.4　合同实施控制

1. 合同交底工作

在合同实施前，必须对项目管理人员和各工程小组负责人进行"合同交底"，把合同责任具体地落实到各责任人和合同实施的具体工作上。

"合同交底"，就是组织大家学习合同和合同总体分析结果，对合同的主要内容作出解释和说明，使大家熟悉合同中的主要内容、各种规定、管理程序，了解承包商的合同责任和工程范围，各种行为的法律后果等，使大家都树立全局观念，工作协调一致，避免在执行中的违约行为。

(1) 现代市场经济中必须转变到"按合同施工"上来。特别在工程使用非标准的合同文本或项目经理部不熟悉的合同文本时，这个"合同交底"工作就显得更为重要。

(2) 合同交底又是向项目经理部介绍合同签订的过程和其中的各种情况的过程，是合同签订的资料和信息的移交过程。

(3) 合同交底又是对人员的培训过程和各职能部门的沟通过程。

(4) 通过合同交底，使项目经理部对本工程的项目管理规则、运行机制有清楚的了解。同时加强项目经理部与企业的各个部门的联系，加强承包商与分包商，与业主、设计单位、咨询单位（项目管理公司和监理单位）、供应商的联系。

2. 合同交底的内容

(1) 合同的主要内容。主要介绍：承包商的主要合同责任、工程范围和权力；业主的主要责任和权力；合同价格、计价方法、补偿条件；工期要求和补偿条件；工程中的一些问题的处理方法和过程，如工程变更、付款程序、工程的验收方法、工程的质量控制程序等；争执的解决；双方的违约责任等。

(2) 在投标和合同签订过程中的情况。

(3) 合同履行时应注意的问题、可能的风险和建议等。

(4) 合同要求与相关方期望、法律规定、社会责任等相关注意事项。

3. 合同实施监督

承包商合同实施监督的目的是保证按照合同完成自己的合同责任。主要工作有：

(1) 合同管理人员与项目的其他职能人员一齐落实合同实施计划，为各工程小组、分包商的工作提供必要的保证。如施工现场的安排，人工、材料、机械等计划的落实，工序间的搭接关系的安排和其他一些必要的准备工作。

(2) 在合同范围内协调业主、工程师、项目管理各职能人员、所属的各工程小组和分包商之间的工作关系，解决合同实施中出现的问题。

(3) 对各工程小组和分包商进行工作指导，作经常性的合同解释，使各工程小组都有全局观念。对工程中发现的问题提出意见、建议或警告。

(4) 会同项目管理的有关职能人员检查、监督各工程小组和分包商的合同实施情况，保证自己全面履行合同责任。在工程施工过程中，承包商有责任自我监督，发现问题，及时自我改正缺陷，而不一定是工程师指出的。

1) 审查、监督完全按照合同所确定的工程范围施工，不漏项，也不多余。无论对单价合同，还是总价合同，没有工程师的指令，漏项和超过合同范围完成工作，都得不到相应的付款。

2) 承包商及时开工，并以应有的进度施工，保证工程进度符合合同和工程师批准的详细的进度计划的要求。通常，承包商不仅对竣工时间承担责任，而且应该及时开工，以正常的进度开展工作。

3) 按合同要求，采购材料和设备。承包商的工程如果超过合同规定的要求部分，只能得到合同所规定的付款。承包商对工程质量的义务，不仅要按照合同要求使用材料、设备和工艺，而且要保证它们适合业主所要求的工程使用目的。

应会同业主及工程师等对工程所用材料和设备开箱检查或作验收，看是否符合图纸和技术规范等的质量要求。

进行隐蔽工程和已完工程的检查验收，负责验收文件的起草和验收的组织工作。

审查和监督施工工艺。承包商有责任采用可靠的、技术性良好、符合专业要求、安全稳定的方法完成工程施工。

4) 在按照合同规定由工程师检查前，应首先自我检查核对，对未完成的工程，或有缺陷的工程指令限期采取补救措施。

(5) 承包商对业主提供的设计文件、材料、设备、指令进行监督和检查。

1) 承包商对业主提供的设计文件（图纸、规范）的准确性和充分性不承担责任。但业主提供的规范和图纸中明显的错误，或是不可用的，承包商有告知的义务，应作出事前警告。只有当这些错误是专业性的，不易发现的，或时间太紧，承包商没有机会提出警告，或者曾经提出过警告，业主没有理睬，承包商才能免责。

2) 对业主的变更指令，做出的调整工程实施的措施可能引起工程成本、进度、使用功能等方面的问题和缺陷，承包商同样有预警责任。

3) 应监督业主按照合同规定的时间、数量、质量要求及时提供材料和设备。如果业主不按时提供，承包商有责任事先提出需求通知。如果业主提供的材料和设备质量、数量存在问题，应及时向业主提出申诉。

(6) 会同造价工程师对向业主提出的工程款账单和分包商提交来的收款账单进行审查和确认。

(7) 合同管理工作一经进入施工现场后，合同的任何变更，都应由合同管理人员负责提出。对向分包商的任何指令，向业主的任何文字答复、请示，都须经合同管理人员审查，并记录在案。承包商与业主、与总（分）包商的任何争议的协商和解决都必须有合同管理人员的参与，并对解决结果进行合同和法律方面的审查、分析和评价。这样不仅保证工程施工一直处于严格的合同控制中，而且使承包商的各项工作更有预见性，更能及早地预计行为的法律后果。

由于在工程实施中的许多文件，例如业主和工程师的指令、会谈纪要、备忘录、修正案、附加协议等也是合同的一部分，所以它们也应完备，没有缺陷、错误、矛盾和二义性。它们也应接受合同审查。在实际工程中这方面问题也特别多。

(8) 承包商对环境的监控责任。对施工现场遇到的异常情况必须作出记录，如在施工中发现影响施工的地下障碍物，发现古墓、古建筑遗址、钱币等文物及化石或其他有考古、地质研究等价值的物品时，承包商应立即保护好现场及时以书面形式通知工程师。

承包商对后期可能出现的影响工程施工，造成合同价格上升，工期延长的环境情况进行预警，并及时通知业主。业主应及时对此进行评估，并将决定反馈承包商。

7.1.4.5　合同跟踪

1. 合同跟踪的依据

(1) 合同和合同分析的结果，如各种计划、方案、合同变更文件等，它们是比较的基础，是合同实施的目标和依据。

(2) 各种实际的工程文件，如原始记录，各种工程报表、报告、验收结果等。

(3) 工程管理人员每天对现场情况的直观了解，如通过施工现场的巡视、与各种人谈话、召集小组会议、检查工程质量、量方等。这是最直观的感性知识。通常可以比通过报表、报告更快地发现问题，更能透彻地了解问题，有助于迅速采取措施减少损失。

这就要求合同管理人员在工程过程中一直立足于现场。对合同可能的风险应及时予以监控。

2. 合同跟踪的对象

合同跟踪的对象，通常有以下几个层次。

(1) 具体的合同实施工作。对照合同实施工作表的具体内容，分析该工作的实际完成情况。例如：

1) 工作质量是否符合合同要求，如工作的精度、材料质量是否符合合同要求，工作过程中有无其他问题。

2) 工程范围是否符合要求，有无合同规定以外的工作。

3) 是否在预定期限内完成工作，工期有无延长，延长的原因是什么。

4) 成本有无增加或减少。

经过上面的分析可以得到偏差的原因和责任，从这里可以发现索赔机会。

(2) 对工程小组或分包商的工程和工作进行跟踪。一个工程小组或分包商可能承担许

多专业相同、工艺相近的分项工程或许多合同实施工作，所以必须对它们实施的总情况进行检查分析。在实际工程中常常因为某一工程小组或分包商的工作质量不高或进度拖延而影响整个工程施工，合同管理人员在这方面应给他们提供帮助。例如协调他们之间的工作，对工程缺陷提出意见、建议或警告，责成他们在一定时间内提高质量、加快工程进度等。

作为分包合同的发包商，总承包商必须对分包合同的实施进行有效的控制，这是总承包商合同管理的重要任务之一。

（3）对业主和工程师的工作进行跟踪。业主和工程师是承包商的主要合同伙伴，对他们的工作进行监督和跟踪是十分重要的。

（4）对工程总体进行跟踪。对工程总的实施状况的跟踪可以通过以下几方面进行：

1）工程整体施工秩序状况。如果出现以下情况，合同实施必然有问题。

现场混乱、拥挤不堪；承包商与业主的其他承包商、供应商之间协调困难；合同事件之间和工程小组之间协调困难；出现事先未考虑到的情况和局面；发生较严重的工程事故等。

2）已完工程没能通过验收，出现大的工程质量问题，工程试生产不成功，或达不到预定的生产能力等。

3）施工进度未能达到预定计划，主要的工程活动出现拖期，在工程周报和月报上计划和实际进度出现大的偏差。

4）计划和实际的成本曲线出现大的偏离。

7.1.4.6　合同实施诊断

在合同跟踪的基础上可以进行合同诊断。合同诊断是对合同执行情况的评价、判断和趋向分析、预测。它包括以下内容。

1. 合同实施差异的原因分析

通过对不同监督和跟踪对象的计划和实际的对比分析，不仅可以得到差异，而且可以探索引起这些差异的原因。原因分析可以采用鱼刺图、因果关系分析图（表）、成本量差、价差分析等方法定性地，或定量地进行。

例如，引起计划和实际成本偏离的原因可能有以下几种。

（1）整个工程加速或延缓。

（2）工程施工次序被打乱。

（3）工程费用支出增加，如材料费、人工费上升。

（4）增加新的附加工程，以及工程量增加。

（5）工作效率低下，资源消耗增加等。

进一步分析，还可以发现更具体的原因，如引起工作效率低下的原因可能有以下两种干扰：

内部干扰：施工组织不周全，夜间加班或人员调遣频繁；机械效率低，操作人员不熟悉新技术，违反操作规程；缺少培训；经济责任不落实；工人劳动积极性不高等。

外部干扰：图纸出错、设计修改频繁、气候条件差、场地狭窄、现场混乱、施工条件（如水、电、道路等）受到影响。

2. 合同差异责任分析

即指这些原因由谁引起，该由谁承担责任，这常常是索赔的理由。一般只要原因分析详细，有根有据，则责任分析自然清楚。责任分析必须以合同为依据，按合同规定落实双方的责任。

3. 合同实施趋向预测

分别考虑不采取调控措施和采取调控措施，以及采取不同的调控措施情况下，合同的最终执行结果。承包商有义务对工程可能的风险、问题和缺陷提出预警。

(1) 最终的工程状况，包括总工期的延误、总成本的超支、质量标准、所能达到的生产能力（或功能要求）等。

(2) 承包商将承担什么样的后果，如被罚款、被清算、甚至被起诉、对承包商资信、企业形象、经营战略的影响等。

(3) 最终工程经济效益（利润）水平。

综合上述各方面，即可以对合同执行情况作出综合评价和判断。

7.1.4.7　调整措施选择

1. 广义地说，对合同实施过程中出现的问题的处理有以下四类措施

(1) 技术措施。例如变更技术方案，采用新的更高效率的施工方案。

(2) 组织和管理措施。如增加人员投入、重新进行计划或调整计划、派遣得力的管理人员、暂时停工、按照合同指令加速。在施工中经常修订进度计划对承包商来说是有利的。

(3) 经济措施。如改变投资计划，增加投入、对工作人员进行经济激励、动用暂定金额等。

(4) 合同措施。例如按照合同进行惩罚、进行合同变更、签订新的附加协议、备忘录、通过索赔解决费用超支问题等。

2. 这四类措施，又可以归纳为两种

(1) 对实施过程的调整，例如变更实施方案，重新进行组织。

(2) 对工程项目目标的调整，如增加投资、延长工期、修改工程范围，甚至调整项目产品的方向等。

从合同的角度，从双方合同关系和责任的角度，它们都属于合同的变更，或都通过合同变更完成的。

3. 对合同实施过程中出现的差异和问题，业主和承包商有不同的出发点和策略

(1) 业主和工程师遇到工程问题和风险通常首先着眼于解决问题，排除干扰，使工程顺利实施，然后才考虑到责任和赔偿问题。这是由于业主和工程师考虑问题是从工程整体利益角度出发的。

工程师可以在他的权力范围内对承包商发出指令调整工程施工过程，如加速施工，调整实施计划，要求承包商在规定时间内将不符合合同要求的材料、设备，运出施工现场，重新采购符合要求的产品。对不符合要求的工程，按时修复，或拆除并重新施工。如果这些问题是由于承包商责任引起，则承包商承担由此发生的费用，工期不予顺延。

(2) 在施工中出现任何工程问题和风险，承包商也首先考虑采用技术、组织和管理措

施。承包商在施工过程中出现工程暂时的不合格，或工作有缺陷的情况是难免的。但承包商应该及时纠正缺陷，及时自我完善。对工程师发出的不合格工程和工作修改指令，承包商应及时、有效地执行。同时要考虑，如何保护和充分行使自己的合同权力。例如通过索赔降低自己的损失。如何利用合同使对方的要求（权利）降到最低，即如何充分限制对方的合同权力，找出业主的责任。

7.1.4.8 合同变更管理

1. 合同变更范围

合同变更是合同实施调整措施的综合体现。合同变更的范围很广，一般在合同签订后所有工程范围、进度、工程质量要求、合同条款内容、合同双方责权利关系的变化等都可以被看作为合同变更。

（1）涉及合同条款的变更，合同条件和合同协议书所定义的双方责权利关系，或一些重大问题的变更。这是狭义的合同变更，以前人们定义合同变更即为这一类。

（2）工程变更。指在工程施工过程中，工程师或业主代表在合同约定范围内对工程范围、质量、数量、性质、施工次序和实施方案等作出变更，这是最常见和最多的合同变更。

（3）合同主体的变更。如由于特殊原因造成合同责任和权益的转让，或合同主体的变化。

2. 合同变更的处理要求

（1）变更尽可能快地作出。在实际工作中，变更决策时间过长和变更程序太慢会造成很大的损失，例如：

1）施工停止，承包商等待变更指令或变更会谈决议。等待变更为业主责任，通常可提出索赔。

2）变更指令不能迅速作出，而现场继续施工，造成更大的返工损失。

这不仅要求提前发现变更需求，而且要求变更程序非常简单和快捷。

（2）迅速、全面、系统地落实变更指令。变更指令作出后，承包商应迅速、全面、系统地落实变更指令，全面修改相关的各种文件，例如图纸、规范、施工计划、采购计划等，使它们一直反映和包容最新的变更。在相关的各工程小组和分包商的工作中落实变更指令，并提出相应的措施，对新出现问题作解释和对策，同时又要协调好各方面工作。

（3）保存原始设计图纸、设计变更资料、业主书面指令、变更后发生的采购合同、发票以及实物或现场照片。

（4）对合同变更的影响作进一步分析。合同变更是索赔机会，应在合同规定的索赔有效期内完成对它的索赔处理。在合同变更过程中就应记录、收集、整理所涉及到的各种文件，如图纸、各种计划、技术说明、规范和业主的变更指令，以作为进一步分析的依据和索赔的证据。在实际工作中，合同变更必须与提出索赔同步进行，甚至对重大的变更，应先进行索赔谈判，待达成一致后，再实施变更。在这里赔偿协议是关于合同变更的处理结果，也作为合同的一部分。

（5）合同变更的评审。

在对合同变更的相关因素和条件进行分析后，应该及时进行变更内容的评审。评审包括：合理性、合法性、可能出现的问题及措施等。

由于合同变更对工程施工过程的影响大，会造成工期的拖延和费用的增加，容易引起双方的争执。所以合同双方都应十分慎重地对待合同变更问题。按照国际工程统计，工程变更是索赔的主要起因。

3. 合同变更程序和申请

合同变更应有一个正规的程序，应有一整套申请、审查、批准手续。

(1) 对重大的合同变更，由双方签署变更协议确定。合同双方经过会谈，对变更所涉及到的问题，如变更措施、变更的工作安排、变更所涉及的工期和费用索赔的处理等，达成一致。然后双方签署备忘录、修正案等变更协议。

在合同实施过程中，工程参加者各方定期会（一般每周一次）商讨研究新出现的问题，讨论对新问题的解决办法。例如业主希望工程提前竣工，要求承包商采取加速措施，则可以对加速所采取的措施和费用补偿等进行具体地评审、协商和安排，在合同双方达成一致后签署赶工协议。

有时对于重大问题，需很多次会议协商，通常在最后一次会议上签署变更协议。

双方签署的合同变更协议与合同一样有法律约束力，而且法律效力优先于合同文本。所以，对它也应与对待合同一样，进行认真研究，审查分析，及时答复。

(2) 业主或工程师行使合同赋予的权力，发出工程变更指令。在实际工程中，这种变更在数量上极多。工程合同通常明确规定工程变更的程序。

在合同分析中常常须作出工程变更程序图。对承包商来说，最理想的变更程序是，在变更执行前，合同双方已就工程变更中涉及到的费用增加和工期延误的补偿协商达成一致。

但按该程序实施变更，时间太长，合同双方对于费用和工期补偿谈判常常会有反复和争执，这会影响变更的实施和整个工程施工进度。所以在一般工程中，特别在国际工程中较少采用这种程序。

在国际工程中，承包合同通常都赋予业主（或工程师）以直接指令变更工程的权力。承包商在接到指令后必须执行，而合同价格和工期的调整由工程师和承包商在与业主协商后确定。

(3) 工程变更申请。

在工程项目管理中，工程变更通常要经过一定的手续，如申请、审查、批准、通知（指令）等。工程变更申请表的格式和内容可以按具体工程需要设计。

7.1.4.9 工程施工合同的索赔

施工单位在履行建筑安装承包合同的过程中，会经常发生额外的费用支出，这种支出又不属于合同规定的承包人应承担的义务，即可根据合同中有关条款的规定，通过一定的程序，要求建设单位给以适当的补偿，称为施工索赔。

由于建筑安装工程项目内容复杂，某些局部的设计变更是难以避免的，再加上施工现场条件和气候等因素的变化，以及招标文件和设计文件可能有说明不确切、遗漏、甚至错误，在施工过程中，索赔的事件或多、或少总要发生。特别是在建筑市场不景气，竞争激烈的情况下，施工单位的索赔能力如何，往往会影响施工企业的生存与发展。因此，国外

的承包企业都非常重视施工索赔问题，有的不惜重金聘请索赔专家，专门负责处理索赔事宜。由此可见，施工索赔是工程建设管理的一项重要内容，必须给予足够的重视。

工程项目各参加者属于不同的单位，它们的经济利益并不一致。施工合同是在工程实施前签订的，合同规定的工期和价格，是基于对环境状况和工程状况预测的基础上，同时又假设合同各方面都能正确地履行合同中所规定的责任。工程实践证明，在工程实施过程中，常常会由于以下几方面的原因产生索赔：

（1）由于业主（包括业主的项目管理者）没能正确地履行合同义务，应当给予的补偿。例如，未及时交付施工场地、提供施工图纸；未及时交付由业主负责的材料和设备；下达了错误的指令，或错误的图纸、招标文件；超出合同中的有关规定，不正确地干预承包商的施工过程等。

（2）由于业主（包括业主的代理人）因行使合同规定的权力，而增加了承包商的费用和延长了工期，按合同规定应给予的补偿。例如，增加工程量，增加合同内的附加工程，或要求承包商完成合同中未注明的工作，要求承包商作合同中未规定的检查项目，而检查结果表明承包商的工程（或材料）完全符合合同的要求等。

（3）由于某一个承包商完不成合同中的责任，而造成的连锁反应损失，也应当给予补偿。例如，由于设计单位未及时交付施工图纸，造成了土建、安装工程的中断或推迟，土建和安装的承包商可以向业主提出索赔。

（4）由于环境的巨大变化，也会发生施工索赔。例如，战争、动乱、市场物价上涨、法律政策变化、地震、洪涝灾害、反常的气候条件、异常的地质状况等，则按照合同规定应该延长工期，调整相应的合同价格。

1. 施工索赔的程序

施工索赔的目的不外乎延长工期或赔偿损失。不论是出于哪一种目的，都应提出比较确切的数额。索赔数额的确定应遵循以下两个原则：一是要实事求是，发生的什么索赔事项，就提出什么索赔，实际损失多少，就要求赔偿多少。二是要计算准确，这就需要熟练地运用计算方法和计价范围。

建筑安装工程在施工过程中如果发生了索赔事项，一般可按下列步骤进行索赔：

（1）明确索赔的依据。

（2）确定索赔的事项。

（3）向建设单位代表（监理工程师）通话或面谈，即先打招呼，使监理工程师先有思想准备。

（4）准备施工索赔依据（如合同文件、有关法规和资料凭据等），计算出索赔数额，经审核无误后，即可编写索赔文件，由施工承包单位法人代表签字，送交建设单位代表（监理工程师）。

（5）监理工程师接到索赔文件后，根据提供的索赔事项和依据，进行认真审核。经审核并经签名后，即可签发付款证明，由建设单位支付赔偿款项，索赔即告结束。

在审核施工索赔文件中，如果监理工程师对索赔文件内容有疑义，施工承包单位应作出口头或书面解释，必要时应补充凭证资料，直到监理工程师承认索赔有理。如果监理工程师拒不接受索赔，则应对施工单位进行说服交涉，直到达成协议。说服交涉后仍不能达成协议的，则可按合同规定提请仲裁机构调解仲裁或向人民法院提起诉讼。

2. 明确索赔的依据

施工索赔的依据，一是合同，二是资料，三是法规。每一项施工索赔事项的提出，都必须做到有理、有据、合法。也就是说，索赔事项是工程承包合同中规定的，提出来是有理的；提出的施工索赔事项，必须有完备的资料作为凭据；如果施工索赔发生争议，依据法律、条例、规程规范、标准等进行论证。

上述依据，合同是双方事先签订的，法规是国家主管部门统一制定的，只有资料是动态的。资料随着施工的进展不断积累和发生变化，因此，施工单位与建设单位签订施工合同时，要注意为索赔创造条件，把有利于解决施工索赔的内容写进合同条款，并注意建立科学的管理体系，随时搜集、整理工程的有关资料，确保资料的准确性和完备性，满足工程施工索赔管理的需要，为施工索赔提供翔实、正确的凭据，这是工程承包单位不可忽视的重要日常工作。这方面的资料主要包括：

(1) 招标文件、工程施工合同签字文本及其附件。

这些是经过双方签证认可、最基本的书面资料，也是最容易执行施工索赔的依据。当施工单位发现施工中实际与招标文件等资料不符时，可以以此向监理工程师提出，要求施工索赔。

(2) 经签证认可的工程图纸、技术规范和实施性计划。

这些是最直接的资料，也是施工索赔主要的依据。如实施性计划——各种施工进度表，工程工期是否延误，从施工进度表中最容易反映出来。施工单位对开工前和施工中编制的施工进度表都应妥善保存，就连监理工程师和施工分包企业所编制的施工进度表，也应设法收集齐全，作为施工索赔的依据。

(3) 合同双方的会议纪要和来往信件。

建设单位与施工总承包单位，施工总承包单位与设计单位、分包单位之间，经常因工程的有关问题进行协调和确定，施工单位应当派专人或直接参加者作会议记录，对一致意见或未确定事项认真记下来。以此，作为施工过程中执行的依据，也作为施工索赔的资料。

有关工程来往信件，包括某一时期工程进展情况的总结及与工程有关的当事人和具体事项，这些信件中的有关内容和签发日期，对计算工程延误时间很有参考价值，所以必须全部妥善保存，直到合同履行完毕、所有施工索赔事项全部解决为止。

(4) 与建设单位代表的定期谈话资料。

建设单位的监理工程师及工程师代表，对合同及工程实际情况最为清楚。施工单位有关人员定期与他们交谈是大有好处的，交谈中可以摸清施工中可能会发生的意外情况，以便做到事前心中有数。一旦发生进度延误，施工单位可提出延误原因。并能以充分理由说明延误原因是建设单位造成的，为施工索赔提出根据。

(5) 施工备忘录。

凡施工中产生的影响工期或工程资金的所有重大事项，按年、月、日顺序编号，汇入施工备忘录存档，以便查找。如工程施工送停电和送停水记录，施工道路开通或封闭的记录，因自然气候影响施工正常进行的记录，以及其他的重大事项等。

（6）工程照片或录像。

保存完整的工程照片或录像，能有效真实地反映工程的实际情况，是最具有说服力的资料。因此，除标书中规定需要定期拍摄的工程照片外，施工单位也应注意自已拍摄一些必要的工程照片或录像。特别是涉及变更、修改和隐蔽部分的工程，既可以作为施工索赔的资料，又可以作为证明施工质量合格的凭据，还可以作为工程阶段验收和竣工验收的依据。所有工程照片或录像都应标明日期、地点和内容简介。

（7）检查和验收报告。

由监理工程师签字的工程检查和验收报告，反映出某单项工程在某特定阶段的施工进度和质量，并记载了该单项工程竣工和验收的具体时间、人员。一旦出现工程索赔事项，可以有效地利用这些由监理工程师签字的资料。

（8）工资单据和付款单据。

工人或雇用人员的工资单据，是工程项目管理中一项非常重要的财务开支凭证，工资单上数据的增减，能反映工程内容的增减情况和起止时间。各种付款单据中购买材料设备的发票和其他数据证明，能提供工程进度和工程成本资料。当出现施工索赔事项时，施工单位向建设单位提出的索赔数额，以上资料对于合理索赔是重要依据。

（9）其他有关资料。

除以上所述的在施工过程中应搜集的资料外，还有许多需要搜集的其他有关资料。例如：监理工程师填制的施工汇录表、财务和成本表、各种原始凭据、施工人员计划表、施工材料和机械设备使用报表、实施过程的气象资料、工程所在地官方物价指数和工资指数、国家有关法律和政策文件等。

3. 确定的索赔事项

除以上所讲到的施工索赔主要起因外，总结国内外建筑安装承包企业的实践经验，详细分析建筑安装工程中的施工索赔事项，大致有以下几种情况：

（1）建设单位未按合同规定的时间内提供施工所需要的图纸或指令，致使施工单位延误了施工进度，并导致施工费用增加。

（2）施工单位无法预见，并为监理工程师确认的不利自然条件（如洪水、暴风等）和人为障碍所造成的额外支出费用。

（3）因意外风险（如战争、动乱等）使工程遭受破坏，按监理工程师的要求和指定范围进行修理或修复所发生的费用。

（4）根据监理工程师的要求，进行钻探工程量清单中未列入的探孔或开挖探坑而发生的费用。

（5）在现场施工中遇到文物古迹，为保护文物古迹而支付的费用。

（6）按监理工程师的要求，由建设单位雇用的在现场工作的人员提供服务所发生的费用。

（7）经监理工程师同意，由于运送大机械设备，而对可能受损的桥梁、道路进行补强加固所支付的费用。

（8）凡是合同未明确规定提供样品进行抽样检验的材料，按监理工程师的要求，提供材料样品并进行检验所发生的费用。

(9) 对已竣工或部分竣工的工程，须经一定的荷载试验或检验，方能确定其是否达到设计要求，但合同中未作规定，而监理工程师要求进行试验或检验，而且经试验或检验符合设计要求，由此所发生的费用。

(10) 经监理工程师批准覆盖或掩埋的隐蔽工程，而后又要求开挖钻孔复验，并查明工程符合合同规定的标准，开挖、钻孔及再恢复原状所发生的费用。

(11) 并非由于施工单位违约、天气影响或意外风险，监理工程师命令工程的全部或部分暂停施工并妥善保护，由此导致的额外费用支出。

(12) 根据监理工程师的命令，或由于非施工单位所能控制的原因，而不能在投标书所规定的期限内开工引起的误工费用。

(13) 建设单位未能按合同规定，按施工单位提交给监理工程师的施工进度计划，及时提供施工场地，由此引起延误工期而增加的费用。

(14) 因合同未规定的附加工程量，或非由施工单位违约的其他原因而延长工期，由施工单位在28天内向监理工程师申明理由，并经审查批准的附加工程量费用或误工费用。

(15) 在工程施工和保修期内，按照监理工程师的要求，对工程缺陷进行调查和维修，如果缺陷不是因施工质量或施工单位未遵守合同义务所造成的，而且监理工程师也已确认，由此而发生的费用支出。

(16) 根据监理工程师的指令，施工过程中改变合同规定的工作内容或数量（如改变工程部分标高、基线、尺寸、位置，增加额外工作量等），由此而增加的支付费用。

(17) 因战争、暴乱等特殊风险，致使工程已运进现场及现场附近或者运往途中的建筑材料，或者已用于或拟用于工程的、属于施工单位的其他财产遭到破坏或损坏时，对遭到破坏项目内容进行更换、修复所发生的费用，但不包括特殊风险发生前已由监理工程师宣布为不合格工程的重建费用。

(18) 由于特殊风险或建设单位与施工单位都无法控制的其他情况而导致合同终止，施工单位将施工机械设备撤离现场，并运回注册的基地或其他目的地所需用的费用，以及施工单位为该项工程施工所雇用职工的返回费用。

(19) 按合同规定，在施工过程中因人工、材料价格上涨而应增加的费用，以及工程所在国家或地区的法律，法规变更（如税收提高）而导致工程增加的费用。

(20) 由于工程所在国政府或其他授权的金融管理机构变更合同规定支付工程所用货币汇率或实行汇税限额，由此而使施工单位受到的损失。

4. 编制索赔的文件

索赔文件是施工承包单位向建设单位正式提出的索赔文书，目前虽然没有规定标准的固定格式和内容，在施工索赔中却起着非常重要的作用。索赔文件应主要说明：告诉建设单位发生了什么样的索赔事项，根据什么提出赔偿，赔偿金额以及在什么期限内赔偿，请建设单位确认。为此，编制的索赔文件一般应包括以下内容：

(1) 提出所发生的索赔事项。要开门见山、简单扼要，说明问题。

(2) 用简练的语言，清楚地讲明索赔事项的具体内容。

(3) 提出索赔的合法依据，通常是讲明是根据合同（或法律法规有其他凭据）哪一条款而提出索赔的。

(4) 提出索赔数及计算凭证。索赔数额要实事求是，计算要符合国家的政策，计算凭证一定要真实，不可涂抹造假。

(5) 提出对方应在收到文件后予以答复的时间（一般应按合同规定的时间，如14天）。

施工索赔涉及工程技术、经济、法律等多方面，因此，从事建筑工程索赔的工作人员，应具有丰富的施工管理经验，既要懂得建筑施工技术，又要熟悉承包业务与建筑法规，还要具有预算和财务会计业务知识，更要有严谨细致和实事求是的工作作风。

施工索赔的管理，在日常工作中必须对承包合同的具体内容十分清楚，经常及时地掌握工程的动态，善于利用工程管理的信息系统，注意积累与索赔有关的资料，不失时机地提出索赔文件。同时，还要与建设单位代表（监理工程师）搞好协作共事关系，以认真务实的工作态度和通情达理的处事方法，去博得对方的尊重和同情。